CHRIS GUILLEBEAU

TOPJOB

So machen Sie Ihren
Beruf zur Berufung!

Die Originalausgabe erschien unter dem Titel
Born For This: How to Find the Work You Were Meant to Do
ISBN 978-1-101-90398-8

Illustrationen von Doug Neill / www.dougneill.com
Illustration auf Seite 241: Fred Haynes

Übersetzung: Marion Reuter
Gestaltung Cover: Johanna Wack
Gestaltung und Satz: Denksportler Grafikmanufaktur
Gestaltung Umschlag und Herstellung: Martina Köhler
Lektorat: Karla Seedorf
Druck: CPI books GmbH, Leck, Germany

ISBN 978-3-86470-422-2

Bibliografische Information der Deutschen Nationalbibliothek:
Die Deutsche Nationalbibliothek verzeichnet diese Publikation in der Deutschen Nationalbibliografie; detaillierte bibliografische Daten sind im Internet über <http://dnb.d-nb.de> abrufbar.

BÖRSEN MEDIEN
AKTIENGESELLSCHAFT

Postfach 1449 • 95305 Kulmbach
Tel: +49 9221 9051-0 • Fax: +49 9221 9051-4444
E-Mail: buecher@boersenmedien.de
www.books4success.de
www.facebook.com/books4success

Für Kenneth L. B. Dauer,
meinen Bruder und Freund

INHALT

ANGRIFFSPLAN

Eine Schlagzeile aus der Satirezeitschrift *Onion* lautete „Mann überzeugt sich selbst davon, dass er seinen Traumjob hat". Der Job ist, wie man es von einer Satirezeitschrift erwartet, nervtötend und langweilig. Da der Mann jedoch keine Alternative sieht, entscheidet er sich dafür, ihn wirklich zu mögen. „Es ist wunderbar, dass ich für die absehbare Zukunft hier festsitze", sagt er.

Die besten Satiren beziehen sich irgendwie auf das wahre Leben. Viele Leute sitzen tatsächlich in nervtötenden Jobs fest, ohne dass ein Ausweg in Sicht wäre. Wenn Sie ebenfalls das Gefühl haben, für die absehbare Zukunft festzusitzen, haben Sie zwei naheliegende Optionen: sich damit abfinden oder einen Kompromiss eingehen.

Im ersten Szenario akzeptieren Sie, dass es keinen Ausweg gibt, und Sie arbeiten weiterhin in dem nervtötenden Job, der Ihnen Ihre Lebensfreude stiehlt. Sie verbringen ein Drittel Ihres Lebens damit, etwas zu tun, was Ihnen zuwider ist, sind jedoch nicht bereit, irgendwelche Maßnahmen zur Änderung dieser Situation zu ergreifen. Dieses erste Szenario ist gar nicht so ungewöhnlich – viele Leute verhalten sich so. Sie sehen keine Alternativen, also verlieren sie das Interesse an der Arbeit und versuchen, ihren Lebenssinn anderswo zu finden.

Im zweiten Szenario entscheiden Sie sich dafür, genügsam zu leben und in einem Job zu arbeiten, mit dem Sie Ihre Grundbedürfnisse finanzieren können, ohne dass er Ihre ganze Zeit in Anspruch nimmt. Sie mögen Ihre Arbeit zwar nicht, aber das ist in Ordnung, weil Sie andere Dinge mögen. Oder vielleicht ist die Arbeit, die Sie gut finden, nicht besonders toll bezahlt, und Sie sind bereit, dafür ein gewisses finanzielles Opfer zu bringen.

Keine dieser Optionen ist grundlegend falsch, aber es ist auch keine besonders spannend. Was ist, wenn Sie sich *nicht* abfinden wollen? Was, wenn Sie eine Arbeit finden möchten, die Sie wirklich mögen, und trotzdem *nicht* jeden Abend Ramen-Nudeln essen wollen? Warum können Sie nicht beides haben?

Zum Glück ist dies möglich. Wie Sie beim Lesen dieses Buches erfahren werden, schaffen es einige Leute, eine solche Arbeit zu finden. Sie haben in der Karrierelotterie gewonnen, und die Ergebnisse wurden nicht alle vom Zufall bestimmt. Ob nun durch ihren eigenen Scharfsinn oder, was wahrscheinlicher ist, als Ergebnis von Versuch und Irrtum, sie haben die Arbeit gefunden, für die sie bestimmt waren – und das hat alles grundlegend verändert.

Dieses Buch wird Ihnen dabei helfen, ebenfalls fündig zu werden. Wenn Sie nicht zwischen den beiden unattraktiven Optionen wählen wollen, zeigt es Ihnen einen dritten Weg.

Das Buch besteht aus zwei großen Abschnitten. Im ersten Abschnitt lernen Sie eine Reihe von Lektionen, die Ihnen dabei helfen zu verstehen, was Sie wollen und wie Sie es erreichen. Im zweiten Abschnitt erkunden Sie verschiedene Optionen, die Ihnen mittels einer Reihe von Strategien und Taktiken bei der Umsetzung dieser Lektionen helfen sollen.

Alles, was Sie in beiden Abschnitten lernen, ist äußerst praktisch. Zwar wird nicht alles auf Sie zu treffen, aber das macht nichts – es ist ja ein dickes Buch. Wählen Sie aus, was Sie begeistert, und konzentrieren Sie sich darauf, was Sie Ihren Zielen näher bringt.

Dieses Buch wird auch viele populäre Annahmen über unseren Lebens- und Arbeitsstil infrage stellen. Wie Sie sehen werden, sind einige dieser konventionellen Annahmen darüber, wie eine Traumkarriere aussehen sollte, töricht oder einfach falsch. Zum Glück gibt es einen besseren Weg, einen Weg, der Sie zu der Arbeit führen wird, für die Sie geboren sind. Dieses Buch wird Ihnen helfen, ihn zu finden.

EINSATZREGELN

Da wir zusammen die Welt verändern, enthält das Buch einige Wörter und Redewendungen, denen Sie vorher vielleicht noch nicht begegnet sind. Hier finden Sie kurze Erläuterungen:

- *Entfesselungskunst:* die Kunst, einen Job oder eine Situation zu verlassen, die nicht Ihren Bedürfnissen entspricht
- *serielles Zurücksetzen:* das Konzept, alle paar Jahre Ihr Leben zu ändern und Ihre Arbeit zu wechseln
- *Flow:* das allumfassende Gefühl, das Sie haben, wenn Sie gut an etwas arbeiten, was Ihnen gefällt
- *digitales Asset:* ein Projekt zum Geldverdienen, das ausschließlich online betrieben wird
- *Goldrausch:* eine kurzfristige Gelegenheit, viel Geld zu verdienen
- *„Umbrella-Beruf“:* eine Karriere, die aus verschiedenen Jobs oder Rollen besteht, die alle einem gemeinsamen Thema zugeordnet werden können (umbrella (engl.) = Schirm)

Ich hoffe, dass Ihnen nach dem Lesen des Buches mit diesen Begriffen – und den vielen anderen, die Sie lernen werden – nicht nur ein ganz neues Vokabular zur Verfügung steht, sondern auch eine ganz neue Denkweise im Hinblick darauf, wie Sie leben und arbeiten.

DIE ZIELE DER MISSION

Dieses Buch erzählt Ihnen nicht, wie Sie Ihren Job kündigen und selbstständig arbeiten (ein solches habe ich bereits geschrieben). Es gibt kein Modell für eine Traumkarriere, die für jeden passend ist, und es will auch nicht jeder völlig allein arbeiten.

Selbst wenn Sie ein regelmäßiges Gehalt bekommen und nicht die Absicht haben, ein Unternehmen zu gründen, sollten Sie verstehen, dass Sie dennoch im Wesentlichen selbstständig sind. Niemand wird nämlich so sehr auf Ihre Interessen achten wie Sie selbst – daher sollten Sie aktiv Entscheidungen treffen und in möglichst hohem

Maße Verantwortung für Ihren eigenen Erfolg übernehmen. Durch dieses Buch werden Sie in beiden Bereichen einen Vorteil erlangen. Selbst wenn Sie keinerlei Wunsch verspüren, ein Unternehmen zu gründen, und absolut zufrieden mit einer Tätigkeit als Arbeitnehmer sind, gibt es viele Taktiken und Strategien, um diesen Job zu einer Arbeit zu machen, für die Sie geboren wurden.

Beachten Sie schließlich, dass dieses Buch handlungsorientiert ist. Sie werden lernen, warum es wichtig ist, bestimmte Dinge zu tun, aber Sie können auch sofort eine Reihe von Werkzeugen nutzen. Für den Fall, dass Sie es eilig haben, habe ich unten einige Lesezeichen zu Sofort-Aktionsplänen aufgelistet. Um beste Ergebnisse zu erzielen, sollten Sie jedoch nicht das Freude-Geld-Flow-Modell überspringen, das auf Seite 32 beginnt. Wir werden uns im weiteren Verlauf des Buches immer wieder darauf beziehen.

- mehr Geld verdienen: Seiten 127 bis 151
- die Jobsuche meistern: Seiten 184 bis 186
- Karriere-Dilemmas lösen: Seiten 111 bis 113
- den aktuellen Job erfolgreich meistern: Seiten 197 bis 202
- den Job zu guten Bedingungen kündigen: Seite 73
- ein besseres Gehalt oder bessere Sozialleistungen aushandeln: Seiten 197 bis 202
- einen Nebenjob in einen Vollzeitjob verwandeln: Seiten 163 bis 164
- der beste Chef sein, den Sie jemals hatten: Seiten 71 bis 74
- eine Karriere auf Ihren vielen Fertigkeiten, Leidenschaften und Interessen aufbauen: Seiten 241 bis 243

In den folgenden 13 Kapiteln finden Sie viele Strategien und Aktionspläne. Jedes soll Ihnen dabei helfen, große Veränderungen und Verbesserungen in Ihrer Karriere vorzunehmen.

Wenn Sie bis hierhin gelesen haben, dann gehe ich davon aus, dass Sie sich nicht mit dem Gegebenen abfinden und leiden wollen. Lassen Sie uns also zusammenarbeiten, um etwas *viel* Besseres zu finden.

„Lange Zeit dachte ich, dass ich irgendeine Leidenschaft finden sollte. Nun begreife ich, dass eine Leidenschaft nicht entdeckt, sondern geschaffen wird. Die meisten Leute wenden jedoch nie genug Energie auf, um so gut in einer Sache zu werden, dass sie beginnen, diese zu lieben. Ich denke, der Leidenschaftsmythos ist der wichtigste Grund dafür, dass meine Freunde unglücklich in ihren Jobs sind.“

– MELODIE, 25
SYSTEM- UND PROZESSARCHITEKTIN

KAPITEL 1

DAS SKRIPT UMSCHREIBEN

ZIEL: Das Gewinnlos für Ihre Karrierelotterie auswählen

Es gibt nicht nur einen möglichen Weg zum Karriereerfolg, aber Sie wollen den besten finden – die Sache, für die Sie geboren wurden. Sie wollen in der Karrierelotterie gewinnen und Ihre Berufung finden oder einen Job, der Ihnen nicht wie Arbeit vorkommt. Das Erreichen dieses Zieles wird Veränderungen in Ihrer Denkweise, Ihrer Strategie und Ihren Handlungen erfordern.

Wäre Ihr Leben anders, wenn Sie morgen in der Lotterie gewinnen würden?

Einige Leute würden sich sofort ein Luxusauto beschaffen und dann mit ihrem glänzenden neuen Spielzeug nach Hause fahren, bevor sie einen Karibikurlaub buchen.

Andere würden möglicherweise ihre Schulden abzahlen und den Rest in eine angenehme Zukunft investieren.

Wieder andere würden vielleicht achselzuckend das Geld einer Wohltätigkeitsorganisation spenden.
Im Hinblick auf ihre Jobs und Karrieren würden unterschiedliche Mitglieder unserer Gruppe hypothetischer Lotteriegewinner wahrscheinlich unterschiedliche Reaktionen wählen. Einige würden sofort kündigen und grußlos das Büro verlassen. Andere würden die Gelegenheit nutzen, um darüber nachzudenken, was sie *wirklich* tun wollen, und sich dann mit der Sicherheit des nötigen Geldes im Rücken an die Verwirklichung ihrer Träume machen – ob es nun darum geht, ein Geschäft für Surfzubehör in Bora Bora zu eröffnen, eine Wohltätigkeitsorganisation im subsaharischen Afrika zu gründen oder ein Technologie-Start-up aufzubauen.

Einige Leute, vielleicht die wirklich glücklichen, würden ihre Lotteriegewinne anschauen und sagen: „Nun ja, das Geld ist großartig, aber ich mache meinen Job gerne genug, um zu bleiben. Vielleicht mache ich mal diesen Urlaub am Strand und vielleicht kaufe ich dieses Auto, das ich immer wollte, aber dann fahre ich nach einer Woche Sonnenbaden damit zurück zu meinem Büro."

Falls Sie selbst sich die Frage stellen: Keine dieser Antworten ist die einzig „richtige". Wenn Sie in der Lotterie gewinnen, können Sie mit Ihrem Geld anstellen, was Sie wollen. Und selbst wenn Sie Ihren Job mögen, würde ein Lotteriegewinn Sie wahrscheinlich zu einer Neubewertung ermutigen. Mögen Sie Ihren Job so sehr, dass Sie ihn machen würden, wenn Sie das Geld nicht bräuchten?

Arbeit ist nicht alles im Leben, aber wir verbringen einen Großteil unseres Lebens damit. Einige Leute haben anscheinend das große Los gezogen. Diese Leute finden Gefallen an ihrer Tätigkeit, als wäre sie das absolut Passendste für sie – als wären sie dafür geboren, eine bestimmte Rolle auszufüllen. Falls Sie jemals an etwas gearbeitet haben, was Ihnen großes Vergnügen bereitet hat, und auch noch dafür bezahlt wurden, wissen Sie, was ich meine. Wenn Sie diese erfreuliche Erfahrung in Ihrem Berufsleben noch nicht gemacht haben, haben Sie es vielleicht bei anderen beobachtet.

Sind Sie jemals einem Freund oder einer Freundin aus der Kindheit begegnet, den/die Sie viele Jahre lang aus den Augen verloren hatten? Vielleicht taucht er plötzlich in einem sozialen Netzwerk auf oder Sie begegnen ihr zufällig im Café. Wo auch immer, Sie hören, was diese Person die letzten 10 oder 20 oder mehr Jahre getan hat, und Sie begreifen, dass es absolut Sinn macht. *Natürlich* wurde sie Rechtsanwältin – sie war immer detailverliebt und wissbegierig. *Natürlich* wurde er Lehrer – er war immer geduldig und ging systematisch an alles heran.

Das sind die Gewinner der Karrierelotterie: Leute, die ihre Berufung gefunden haben. Sie sind dadurch glücklicher und wahrscheinlich auch erfolgreicher.

Welchen Beruf Sie auch immer ergriffen haben, diese Leute haben praktisch ein Gewinnlos als Eintrittskarte in die Welt der Arbeit gezogen. Das ist das Ziel für uns alle: eine Arbeit zu finden, die sich wie ein Spiel anfühlt, aber gleichzeitig sinnvoll ist *und* ein gutes Gehalt bietet.

Zig Millionen Dollar in der Lotterie zu gewinnen wäre nett, aber es ist viel wichtiger, dass Sie den Job finden, zu dem Sie berufen sind. Dieses Buch wird Ihnen dabei helfen, in einer anderen Art von Lotterie zu gewinnen – nicht in der Lotterie, bei der jemand mit einem übergroßen Scheck auf Ihre Türschwelle tritt, um Sie direkt zu dem erwähnten Autohaus oder zu einem Prada-Geschäft zu schicken.

Es ist viel besser.

„WAS MACHEN SIE BERUFLICH?"

Wahrscheinlich haben Sie diese Frage schon tausend Mal gehört, sei es auf Partys, bei Netzwerk-Veranstaltungen, beim Fußballspiel Ihrer Kinder oder an allen möglichen anderen Orten. Je nachdem, was in diesem Moment gerade in Ihrem Leben geschieht, kann diese Frage bei Ihnen Begeisterung, Schrecken oder etwas dazwischen auslösen.

Mitunter fragen die Leute auch: „Was machen Sie so?", aber damit meinen sie natürlich: „Was machen Sie beruflich?" Als ich dieses Buch schrieb, stellte ich diese Frage Hunderten von Leuten. Hier sind einige der Antworten in abgekürzter Form:

Die Akupunkteurin: „Ich helfe Leuten mit gesundheitlichen Problemen, die sich durch die Schulmedizin nicht erklären oder behandeln lassen, und Menschen, die eine ganzheitlichere Herangehensweise in Bezug auf Gesundheit und Wohlbefinden suchen."

Der Online-Community-Manager: „Ich mache den ganzen Tag eine Sisyphusarbeit. Im Klartext heißt das: Ich bin ein Community-Manager.

Ich mache alles, angefangen bei Seminaren für Unternehmer über Pressearbeit, Partyplanung, Sponsorensuche für Veranstaltungen, Community-Marketing in sozialen Medien bis hin zu Trollbekämpfung spät in der Nacht."

Die Töpferin: „Ich sage zu den Leuten, dass ich in den Ruhestand gegangen bin. Nachdem ich so viele Jahre für einen Chef gearbeitet habe, erscheint es mir nun tatsächlich so, als wäre ich in Rente. Aber das täuscht – tatsächlich arbeite ich härter als jemals zuvor, aber ich mag, was ich tue, daher fühlen sich nur etwa 20 Prozent wie Arbeit an, und das ist das Marketing und die Buchführung."

Der Nomade: „Ich habe noch keine Standardantwort. Manchmal sage ich, ich bin Schriftsteller. Manchmal sage ich auch, ich bin Filmemacher. Wenn ich gerade besonders kühn bin, sage ich auch schon mal, ich lebe in einem Wohnwagen und reise, und belasse es dabei."

Die Antworten auf die Frage „Was machen Sie?" können viel vielfältiger und interessanter sein, als die meisten Leute denken, insbesondere wenn diese Antwort über vage Beschreibungen wie „Ich bin Lehrer" oder „Ich arbeite für eine Zeitschrift" hinausgehen. Noch interessanter als die Antworten auf „Was machen Sie?" ist jedoch die seltene Frage danach, was die Leute zu ihrer Antwort *geführt* hat. Wie findet man angesichts der unzähligen möglichen Karrierewege und Optionen letztendlich die eine Sache, für die man geboren wurde?

„WIE SIND SIE DAZU GEKOMMEN?"

Vielleicht gibt es ja ein paar Übermenschen, die seit ihrem fünften Lebensjahr genau wissen, was sie machen wollen, wenn sie erwachsen sind, und wie sich dies gestalten soll. Für uns Normalsterbliche ist es fast nie so einfach. Jobs und Karrieren fallen uns schließlich nicht vom Himmel vor die Füße, sodass wir sie einfach aufheben und als perfekt passend für unser Leben annehmen könnten.

Einfach gesagt, der Entdeckungsprozess entwickelt sich für die meisten Menschen etwas anders. Die meisten von uns haben in ihrer Karriere (oder in einer Reihe von Karrieren) eine Anzahl unterschiedlicher Arbeitserfahrungen, die sowohl frustrierend als auch großartig sein können. Man kann natürlich von jedem Job etwas lernen, aber die meiste Zeit lernen wir ebenso viel darüber, was wir *nicht* wollen, wie darüber, was wir wollen.

Als ich Hunderte von Personen, welche die Arbeit, für die sie „geboren wurden", gefunden hatten, danach fragte, welche Wege sie beschritten hatten, um Akupunkteurin, Behördenmitarbeiterin, Lehrer oder was auch immer zu werden, zog ein Thema sich durch all ihre Antworten: Die Suche kostete Zeit und Mühe, und der Weg war oft steinig und verschlungen, aber sie arbeiteten alle auf ihr Ziel hin. Sie glaubten an das Ziel, und wenn ihnen Hindernisse begegneten, fanden sie Wege, diese zu überwinden.

Vielleicht kennen Sie „The Road not Taken" (Der unbegangene Weg), das klassische Gedicht von Robert Frost. In dem Gedicht geht es darum, dass jemand an einer Weggabelung steht und sich für eine Richtung entscheiden muss. Am Ende wählt der Dichter den am „wenigsten ausgetretenen Pfad" und wird erfahren, dass es „allen Unterschied gemacht" hat. Ein großartiges Gedicht! Aber wissen Sie was? Vielleicht spielte die Wahl des Weges letztendlich gar keine Rolle. Denn im wahren Leben gibt es viele mögliche Pfade, die uns zu dem Job oder der Karriere führen können, die einem Lotteriegewinn gleicht.

Wie sähe wohl die Fortsetzung zu „The Road Not Taken" aus, aus der Perspektive geschrieben, dass jemand in die Vergangenheit zurückgeht und die entgegengesetzte Wahl trifft? Wahrscheinlich wäre sie nicht so poetisch: „Hört mal alle her, ich ging also zu diesem Weg zurück, den ich zuvor nicht beachtet hatte – und es stellte sich heraus, dass ich auch so an mein Ziel gekommen wäre! Jede Entscheidung wäre gleich gut gewesen."

Der Pulitzerpreis ging an Frost, nicht an mich – worauf ich hinauswill, ist, dass es im Hinblick auf die Lebensentscheidungen, die wir treffen, tatsächlich mehr als einen Weg gibt.

Nicht nur, dass es mehr als einen Weg gibt, den Sie im Leben verfolgen können, es gibt auch viele Wege zum Glück. Allerdings sind einige davon besser als andere. Klar, Sie könnten in einer Vielzahl von Situationen glücklich sein – aber könnten Sie nicht *noch* glücklicher sein, wenn Sie bestimmte Dinge anstelle von anderen tun?

Falls es jedoch stimmt, dass einige Wege besser sind als andere, dann ist ein Weg wahrscheinlich der allerbeste. Irgendwo gibt es etwas, was perfekt zu Ihnen passt. Etwas, was zu einem Gefühl absoluter

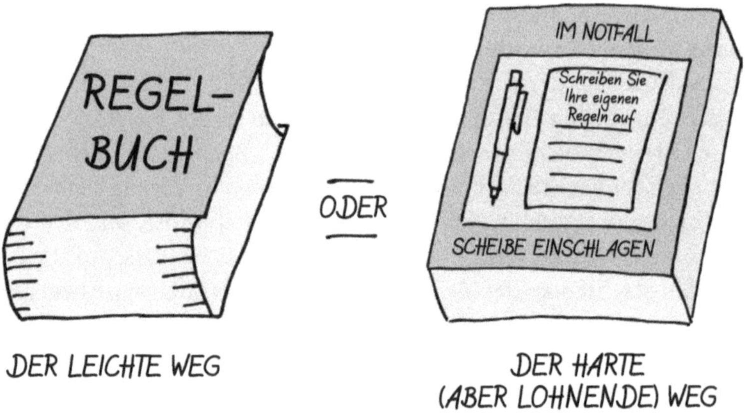

Erfüllung und Befriedigung führt, die nur entsteht, wenn Sie täglich aufwachen und für etwas bezahlt werden, was Sie gern tun.

Daher ist unser Ziel nicht nur Glück: Es besteht vielmehr darin, die Sache zu finden, für die Sie persönlich geboren wurden.

ZUM ZIRKUS GEHEN

Nehmen wir mal an, es ist Ihr Traum, zum Zirkus zu gehen. Vielleicht waren Sie schon immer von Clowns entzückt („Wie passen die alle in dieses winzige Auto rein?“) oder vielleicht haben Sie lieber Ihre Drahtseilnummer im Hinterhof geübt, wenn Sie eigentlich Ihre Hausaufgaben hätten machen sollen. Großartig, was sind also Ihre nächsten Schritte?

Ihre Suche wird wahrscheinlich mit irgendeiner Recherche beginnen.

Vielleicht besuchen Sie einen Wanderzirkus und sprechen mit der Person, die für die Einstellung der Mitarbeiter zuständig ist. Vielleicht gehen Sie auch ins Internet und suchen nach Zirkus-Jobs. Irgendwie werden Sie mehr Informationen über Qualifikationen (muss ein Händchen für Tiere haben), Arbeitsbedingungen (immer viel Abwechslung geboten), Gehalt (genug zum Leben, aber nicht viel mehr), Vergünstigungen (Erdnüsse sind gratis) und das Einstellungsverfahren finden.

Bald bekommen Sie ein Vorstellungsgespräch für die Rolle des Elefantentrainers, und schließlich kriegen Sie den Job. Glückwunsch! Sie begeben sich zum Elefantenzelt, um voller Freude und Hoffnung Ihre erste Aufgabe in Angriff zu nehmen. Nach ein paar Wochen im Job wird Ihnen jedoch klar, dass das Zirkusleben gar nicht so toll ist, wie Sie ursprünglich dachten. Die Flucht aus der alltäglichen Routine hat Spaß gemacht, aber ständig den Elefanten hinterherzuputzen, ist weniger lustig. Sie haben gelernt, was Ihnen gefällt und was nicht.

Also setzen Sie Ihre Suche mit einem weiteren Rollenwechsel fort und nehmen einen Job im Kartenverkauf an. Zunächst wissen Sie Ihre neue Aufgabe zu schätzen und sind froh, nicht mehr hinter den Elefanten herputzen zu müssen. Doch dann stellen Sie fest, dass die Arbeit im Kartenverkauf nicht nur langweilig ist, sondern Sie auch mehrere Abende pro Woche und jedes Wochenende im Dienst sein müssen. Sie entschließen sich also, den Zirkus zu verlassen und das zu tun, was Ihre Eltern Ihnen schon immer geraten haben: Sie nehmen einen bequemen Bürojob im Anzeigenverkauf an.

Nach kurzer Zeit – wer hätte das gedacht – stellt sich heraus, dass die Arbeit für ein großes Unternehmen ebenfalls nicht das Richtige für Sie ist. Sie zählen jede Woche nur die Tage bis zum Freitagabend, bis Sie eines Tages in einer Besprechung mit einer Kundin sind, die eine Boutique-Modelinie vertreibt. Das bringt Sie schließlich auf die zündende Idee. Ihnen wird klar, dass das Entwerfen von T-Shirts mit Zirkusmotiven die Arbeit ist, für die Sie immer schon „geboren waren".

Das ist ein höchst vereinfachtes Beispiel, aber es soll veranschaulichen, dass Sie bei Ihrem Start in die Arbeitswelt wahrscheinlich nicht genau wissen, was Sie wollen, zumindest nicht sofort – und das ist völlig normal. Es braucht Zeit und Erfahrung, das herauszufinden, und wahrscheinlich geht es nicht ohne Rückschläge. Wenn Sie die Arbeit finden wollen, zu der Sie berufen sind, ist das selten ein linearer Weg. Es ist ein Prozess, bei dem wir viele kleine Wegbiegungen kennenlernen, die uns an den Ort führen, an den wir letztendlich gehören.

DAS GEWINNLOS

Kehren wir zu unserer Gruppe von Lotteriegewinnern zurück. Warum hatten sie solches Glück? Hängt alles vom Zufall ab oder haben sie unterwegs kluge Entscheidungen getroffen, die zum Glück geführt haben?

Zunächst einmal muss man zur Kenntnis nehmen, dass Sie selbst bei einem Altersvorsorgeplan, der so unzuverlässig wie die Lotterie ist, immer noch erst einmal teilnehmen müssen, um zu gewinnen. Ohne Los haben Sie keinerlei Erfolgschance.

Die Lotteriegewinner haben auch nicht nur einfach das Los gekauft – sie mussten zumindest noch ein paar weitere Aktionen durchführen. Hätten sie nur das Gewinnlos gekauft und nie die Ziffern überprüft, wäre die Entscheidung für den Kauf des Loses sinnlos.

Letztendlich mussten sie ihren Gewinn anmelden, alle Auskunftsformulare unterschreiben, sich verpflichten, alle erforderlichen Steuern zu bezahlen, und sich mit diesem lächerlich überdimensionierten Scheck in der Hand fotografieren lassen.

Diese Aktionen mögen einfach erscheinen, aber jedes Jahr werden mehrere Millionen Dollar an Gewinnen (echtes Geld!) nie in Anspruch genommen. Selbst vom blinden Zufall ausgewählte Lotteriegewinner müssen Alles-oder-nichts-Entscheidungen treffen, denn nur so ist sichergestellt, dass sie ihren Gewinn auch einfordern.

Die gute Nachricht lautet: Während ein Gewinn in der echten Lotterie fast unmöglich ist, sieht das in der Karrierelotterie ganz anders aus. Das ist sehr wichtig! Wenn die echte Lotterie ordnungsgemäß stattfindet, gibt es keine Möglichkeit, sie zu manipulieren. Entweder Sie gewinnen oder Sie verlieren – und die meisten von uns verlieren natürlich – gemäß den Gesetzen der Wahrscheinlichkeit und anderen Variablen, die völlig außerhalb unserer Kontrolle liegen.

Bei der Karrierelotterie haben Sie jedoch sehr viel Einfluss auf die Ergebnisse. Die Maßnahmen, die Sie jetzt ergreifen, beeinflussen direkt Ihre Zukunftschancen. Daher ist es so wichtig, die richtigen Maßnahmen zu ergreifen. Wenn Sie strategisch planen, können Sie Ihre Chancen auf einen enormen Erfolg stark erhöhen.

Kurzum, wir wollen Glück haben – zumindest soweit wir unser Glück kontrollieren können – und wir wollen unterwegs die richtigen Entscheidungen treffen.

Der Weg zum Lotteriegewinn
Entscheidungen: die richtigen treffen
Glück: die Chancen darauf erhöhen

UNSER ZIEL: DAS SKRIPT UMSCHREIBEN

Bewusst oder unbewusst neigen viele Menschen dazu, ihren Lebensweg zu wählen, indem sie einem vorgegebenen Skript folgen. Mit „Skript" meine ich Erwartungen oder Annahmen im Hinblick darauf, wie wir handeln sollten. Ob am Arbeitsplatz oder insgesamt in der Gesellschaft, für den sozialen Zusammenhalt sind bestimmte Skripte und Normen wichtig. Unabhängig von unserer politischen Haltung zahlen zum Beispiel die meisten von uns Steuern, weil wir nachvollziehen können, dass öffentliche Güter Geld kosten, und weil wir nicht ins Gefängnis wollen. Es ist im Allgemeinen gut, diesem Skript zu folgen.

Viele andere Skripte und Normen existieren jedoch nur aus einer Tradition heraus, auch wenn sie gar nicht mehr relevant sind, oder um bestehende Machtstrukturen zu erhalten. Noch schlimmer: Bei einigen ist überhaupt kein Grund für ihre Existenz erkennbar. Und im Hinblick auf Karriere haben sich soziale Skripte als besonders wenig hilfreich erwiesen. Sie führen dazu, dass Sie von der Denkweise oder von Handlungen abgehalten werden, die nötig sind, damit Sie Ihren Traumjob oder Ihre Traumkarriere finden. Zum Beispiel:

- *Skript Nr. 1:* Einstiegspositionen sollten zu Positionen im mittleren Management führen, aus denen wiederum Positionen im höheren Management werden sollten (manchmal unabhängig von den Fertigkeiten der fraglichen Arbeitnehmer) mit dem Ziel des Aufstiegs in die Chefetage oder das Eckbüro.
- *Skript Nr. 2:* Jeder hat eine spezifische „Karrierenische", in die er hineinstoßen sollte – und sobald Sie Ihre gefunden haben, sollten Sie versuchen, diese zu erweitern oder aufzubrechen, indem Sie andere Möglichkeiten, Fertigkeiten oder Rollen erkunden.

- *Skript Nr. 3:* Wenn sich Ihnen eine Karrierechance – egal welche – eröffnet, dann ergreifen Sie sie. Wahrscheinlich bekommen Sie diese Chance nur einmal, also vermasseln Sie es nicht.
- *Skript Nr. 4:* Jeder sollte 35 bis 40 Stunden pro Woche arbeiten, größtenteils im Büro, normalerweise an denselben Tagen und zu denselben Zeiten (auch wenn die Forschung zeigt, dass das für die meisten Leute im Großen und Ganzen ein unproduktives Schema ist).

Skripte wie diese und andere, welche die Auswahl an Wegen, denen Sie folgen können, oder an Ergebnissen, die Sie erreichen können, beschränken, sind bestenfalls wenig sinnvoll. Häufig sind sie auch schlichtweg falsch.

In diesem Buch zeige ich Ihnen, wie Sie viel bessere Ergebnisse erzielen können, indem Sie „das Skript umschreiben" und eine Herangehensweise wählen, die das Gegenteil dessen darstellt, was Sie möglicherweise bisher gehört haben. Indem Sie das Skript umschreiben, bringen Sie traditionelle Karrieretipps auf den neuesten Stand, stellen sie neu zusammen oder in einigen Fällen auf den Kopf. Bedenken Sie diese alternativen Ideen:

- **Revidiertes Skript Nr. 1:**
  Denken Sie nicht wie ein Unternehmenschef.

Blogs und Zeitschriften sind voller Ratgeberkolumnen darüber, „wie man wie Warren Buffett investiert" oder „wie Steve Jobs managt". Wenn Sie eine Milliarde Dollar übrig haben, bietet Buffett sich als ausgezeichneter Mentor an. Allen anderen würde er als Erster sagen, dass Sie wahrscheinlich bessere Renditen erzielen, wenn Sie in Indexfonds investieren und Ihr Geld sich vermehren lassen. Ebenso war Steve Jobs den meisten Berichten nach ein brillanter Designer – und gleichzeitig ein barscher Manager, dem Produkte wichtiger als Menschen waren und vor dem seine Angestellten sich manchmal ducken mussten. Wollen Sie sich das wirklich zum Vorbild nehmen?

Da die meisten von uns weder Warren Buffett noch Steve Jobs sind, können wir einfach nicht dieselben Taktiken anwenden und ähnliche Ergebnisse erwarten. Wir müssen selbstständig denken und unsere eigenen Taktiken finden. Ein besserer Plan ist es, dem

Typ in dem etwas kleineren Büro nachzueifern, der seinen Job mag, mit jedem gut auskommt und tatsächlich noch ein Leben neben der Arbeit hat.

- **Revidiertes Skript Nr. 2:**
  Finden Sie nicht eine „Nische", sondern leben Sie ein erfülltes Leben.

Vielleicht hat Ihnen jemand den schrecklichen Ratschlag gegeben, eine Nische zu wählen. Für einen Großteil der Jobs gilt jedoch, dass Spezialisierung stark überbewertet wird. Einige Leute finden eine Nische und konzentrieren sich auf diese Spezialisierung, während sie alle anderen ausschließen. Viele andere jedoch glänzen in einem Umfeld, in dem es auf eine komplexere Mischung von Fertigkeiten, Talenten und Interessen ankommt. Wenn Sie jemals die Wahl zwischen zwei unerwünschten Ergebnissen hatten und dann sagten: „Ich hätte gern die Tür Nummer drei", dann wissen Sie bereits, dass es auch einen anderen Weg gibt.

Das Ziel ist auch hier wieder, das zu finden, was am besten für Sie ist, und nicht aus der von irgendjemand anderem aufgestellten Liste der 08/15-Optionen auszuwählen.

- **Revidiertes Skript Nr. 3:**
  Wenn Sie eine Gelegenheit versäumen, wird es andere geben.

Die meisten von uns haben eine tief verwurzelte Angst, eine falsche Karriereentscheidung zu treffen. Wir neigen dazu, bei dem zu bleiben, was wir kennen, insbesondere wenn es „gut genug" ist. Doch die meisten Karriereentscheidungen können geändert oder sogar umgekehrt werden. Das ist nicht nur nichts Ungewöhnliches, sondern oft auch die bessere Entscheidung. Bridget Brandon hat es am besten formuliert: „Geschäftschancen sind wie Busse. Es kommt immer wieder einer."

Nicht nur Geschäftschancen sind wie Busse; auch alle möglichen anderen Chancen rauschen ständig an uns vorbei. Wenn Sie eine versäumen, können Sie normalerweise auf die nächste aufspringen.

- **Revidiertes Skript Nr. 4:**
  Es gibt mehr als eine Methode zu arbeiten.

Denken Sie an die Menschen, die Sie kennen und die mit ihrem Job glücklich sind. Vielleicht haben sie einen großartigen Job bei einem dieser Unternehmen, die den Mitarbeitern unbegrenzten Urlaub bieten und die Möglichkeit, ihre Arbeitszeiten selbst festzulegen. Vielleicht können sie auch von zu Hause arbeiten. Oder vielleicht liegt ihnen Teamwork mehr und sie haben das Glück, mit großartigen Kolleginnen und Kollegen zusammenarbeiten zu können. Wenn Sie die Wahl zwischen zwei Jobs mit gleichem Gehalt haben, aber einer bessere Arbeitsbedingungen und mehr Flexibilität bietet, würden Sie nicht diesen wählen?

DIESES BUCH WIRD IHNEN DABEI HELFEN, EIN ANDERES NIVEAU ZU ERREICHEN

Ich verspreche Ihnen noch etwas, bevor Sie weiterlesen: Bei diesem Buch geht es nicht um eine marginale Verbesserung. Wenn Ihr Job Ihnen stinkt, macht es keinen großen Unterschied, wenn Sie einen Freitag pro Monat früher Feierabend machen können. Wenn Sie 80.000 Dollar Schulden haben, werden Sie diese nicht mit einer Gehaltserhöhung von vier Prozent abbezahlen können. Sie brauchen keine kleinen Veränderungen; Sie müssen ein ganz anderes Niveau erreichen.

Dieses Buch soll Ihnen genau dabei helfen. Ich habe die letzten zehn Jahre damit verbracht, in der Welt herumzureisen und unterschiedliche Karrierewege zu studieren. Bei Gesprächen mit Leuten, die ihren Traumjob beschreiben, habe ich festgestellt, dass sie dies meistens mit ähnlichen Worten tun. Üblicherweise hört man Kommentare wie die folgenden:

Ich fühle mich, als hätte ich das große Los gezogen.
Ich kann nicht glauben, dass ich dafür auch noch bezahlt werde. Erzählen Sie es niemandem, aber es gefällt mir so gut, dass ich es kostenlos tun würde.
Die Arbeit macht Spaß, und auch wenn es manchmal anstrengend ist, sehe ich einen Sinn darin.

Klingt gut, oder? So fühlt es sich an, wenn Sie Ihren Traumjob finden oder anderweitig perfekte Bedingungen dafür schaffen, wie Sie ein Drittel Ihrer Lebenszeit verbringen.

Es ist an der Zeit, dass Sie *Ihr* Gewinnlos auswählen. Wohin wird es Sie führen?

„Ein Traumjob sieht für jeden anders aus. Für einige besteht er darin, ein passives Einkommen zu erhalten. Für manche ist es eine Tätigkeit in einem großen Unternehmen. Für andere besteht er darin, direkten Kundenkontakt zu haben. Und wieder andere legen Wert darauf, ihren Arbeitsort selbst wählen zu können. Letztendlich ist es das, was für jeden Einzelnen von uns Freiheit bedeutet."

– CAROLINE, 34
HEILPRAKTIKERIN

KAPITEL 2

IHR GELD UND IHR LEBEN

ZIEL: Beides haben

Sie müssen sich nicht zwischen einer Arbeit, die Sie mögen, und einem guten Leben entscheiden. In diesem Kapitel lernen Sie mithilfe des Freude-Geld-Flow-Modells Ihren bevorzugten Arbeitsstil kennen und werden sich über Ihre Ziele klarer.

Als Erwachsener hören Sie oft die Frage: „Was machen Sie beruflich?" Als Kind haben Sie aber wahrscheinlich zumindest einmal eine ganz andere Variante dieser Frage gehört: „Was willst du werden, wenn du groß bist?"

Viele von uns wurden das sicher zigmal gefragt, von Lehrern, Eltern und anderen Respektspersonen, die uns ermutigt haben, große Träume zu haben und eine konkrete Antwort zu geben. Und tatsächlich geben Kinder auf diese Frage oft äußerst ambitionierte Antworten wie Präsident, Astronaut oder Profisportler. Natürlich wissen wir als Erwachsene, dass dies für die meisten Leute unrealistische und unerreichbare Karrieren sind, aber die Fantasie eines Kindes, das von seiner Zukunft träumt, ist grenzenlos.

Erinnern Sie sich daran, welche Antwort Sie auf diese Frage gaben?

Vielleicht träumten Sie davon, etwas zu tun, was Ihre Eltern taten. Wenn Ihre Mutter Ärztin war, klang das vielleicht gut. Ihnen gefiel die Idee, Menschen zu helfen, und das Krankenhaus erschien Ihnen ein interessanter Arbeitsplatz. Oder vielleicht war Ihr Vater Architekt und Sie gingen eines Tages in sein Büro, wo Sie einige coole Zeichnungen von großen Gebäuden sahen. Vielleicht erweckte das Ihr Interesse und Sie entschieden, dass „Architekt" eine ebenso gute Antwort wie jede andere war.

Vielleicht waren Ihre Ambitionen weniger hochfliegend und Ihre Eltern waren nicht Ihre Vorbilder. Wollten Sie der Postbote sein, der den lustigen kleinen Wagen fuhr? Die Supermarkt-Kassiererin, die sich anscheinend immer so darüber freute, Sie zu sehen? Der Eisverkäufer, der bei einem Hockeyspiel an der beeindruckenden Zamboni-Eismaschine stand? Falls das so war, macht das Sinn, denn wir ahmen das nach, was wir sehen.

Ich persönlich hatte eine Kombination von zwei Karriereträumen, die beide von meinem Vater kamen. Er arbeitete als Luft- und Raumfahrtingenieur, indem er Anfang der 1980er-Jahre Raumfährenstarts unterstützte und dann Programme für Boeing schrieb, bevor er sich aus dem Beruf zurückzog, um Romane zu schreiben. Besonders deutlich ist mir eine frühe Erinnerung vor Augen. Er nahm mich während einer Art Test für die Raumfähre mit in sein Büro und gab mir eine Aufgabe. Ich erinnere mich nicht an alle Einzelheiten, und ich verstand sie damals sicher nicht, aber ich hatte den Eindruck, dass es etwas Wichtiges war. Meine Aufgabe bestand darin, ein bestimmtes Messgerät zu beobachten und es meinem Dad zu sagen, wenn die Nadel sich über eine bestimmte Ziffer hinaus bewegte.

Man kann wohl mit ziemlicher Gewissheit annehmen, dass die Sicherheit der Astronauten oder die Zukunft der NASA nicht von meiner aufmerksamen Überwachung der Messung abhingen. Im Alter von sechs Jahren bildete ich mir aber genau das ein. Die ganze Luft- und Raumfahrtindustrie zählte auf mich! Als der Test sich als

erfolgreich herausstellte, war ich stolz auf meinen Beitrag – und dann hatte ich Lust aufs Mittagessen.

Ich erinnere mich nicht mehr daran, wohin mein Dad mich nach dieser entscheidenden Aufgabe bei der NASA zum Essen führte, aber ich habe eine Ahnung. Meistens gingen wir zu Burger King. Ich *liebte* diesen Ort. Wenn ich jeden Tag bei Burger King hätte essen dürfen, wäre ich ein sehr glücklicher Sechsjähriger gewesen. Klar, manchmal musste ich sehr schwere Entscheidungen treffen: Pommes frites oder Zwiebelringe? Vanilleshake oder Apfelkuchen? Aber abgesehen von diesen Dilemmas war ich mit meinem doppelten Cheeseburger und meinen Ketchupbeuteln zufrieden.

Aus diesem Grund war die Antwort, die ich als Sechsjähriger gab, wann immer ein Erwachsener mich fragte: „Was willst du mal werden, wenn du groß bist?“, eine ungewisse Sache. Manchmal wollte ich mit den Astronauten arbeiten und ein andermal lieber bei Burger King. Beide Karrieren erschienen gleichermaßen aufregend und erfüllend. Natürlich habe ich damals noch nicht wirklich begriffen, was das jeweils konkret hieß.

ERWACHSEN WERDEN UND ENTSCHEIDUNGEN TREFFEN

Es ist normal, dass Sie als Kind gefragt werden, was Sie später werden wollen. Früher oder später erreichen Sie jedoch ein bestimmtes Alter, wo die Leute nicht mehr fragen – und wenn sie es doch tun, hat es einen unheilvollen Unterton. Plötzlich wird aus „Was sind deine Träume? Du kannst alles tun, was du willst“: „Was willst du mit deinem Leben anfangen? Du solltest es besser bald herausfinden.“

Ein Kind, dessen größte Ambition darin besteht, in einem Fastfood-Restaurant zu arbeiten, finden viele Menschen amüsant. Einem Erwachsenen, der keinen größeren Ehrgeiz als das Frittieren verarbeiteter Kartoffeln hat, wird hingegen nicht viel Respekt entgegengebracht.

Aus demselben Grund wird ein Sechsjähriger, der sagt, er wolle Astronaut werden, als bezaubernd betrachtet, während ein Erwachsener – abgesehen vielleicht von einigen Absolventen des Massachusetts Institute of Technology –, der dieselbe Ambition zum Ausdruck bringt, als verblendet betrachtet wird. Wenn Sie einmal das jugendliche Stadium der Tagträumerei überwunden haben, geht es um Realitäten und Machbarkeiten. Sie müssen reale Entscheidungen treffen. Sie müssen sich für eine Ausbildung, eine Spezialisierung, Praktika oder erste Jobs und so weiter entscheiden. Plötzlich erscheinen die Auswahlmöglichkeiten auf überwältigende Weise grenzenlos. Sie könnten zum Militär gehen, das bequemerweise Ihre Ausbildung finanziert, wenn Sie sich im Gegenzug für einen längeren Zeitraum zum Dienst verpflichten. Sie könnten Arzt, Rechtsanwältin oder Ingenieurin werden. Vielleicht wollen Sie auch eine Karriere in den Geisteswissenschaften, in der Finanzbranche oder in den Medien verfolgen. Oder Sie möchten etwas ganz anderes tun.

Egal, wie Ihre Wahl ausfällt, Sie werden wahrscheinlich mit beschränkten Informationen ins kalte Wasser springen, ohne wirklich zu verstehen, wie Sie Ihr Ziel erreichen oder wie Ihr künftiges Arbeitsumfeld dann später einmal aussieht. Und die Sache wird dadurch noch komplizierter, dass innerhalb der nächsten Jahre alle möglichen Dinge passieren können, die den Verlauf dieser anfangs getroffenen Entscheidungen verändern.

Wenn Sie dann schließlich etwas für sich gefunden haben, wovon Sie glaubten, dass es Ihnen gefallen würde – vielleicht handelt es sich um ein College-Seminar, ein Praktikum oder einen ersten Job – stellen Sie vielleicht fest, dass das überhaupt nicht Ihr Ding ist.

Nachdem ich meine Träume, bei der NASA oder bei Burger King zu arbeiten, aufgegeben hatte, dachte ich, ich sei gut im Rechnungswesen, also wählte ich es in meinem ersten College-Jahr als Haupt-

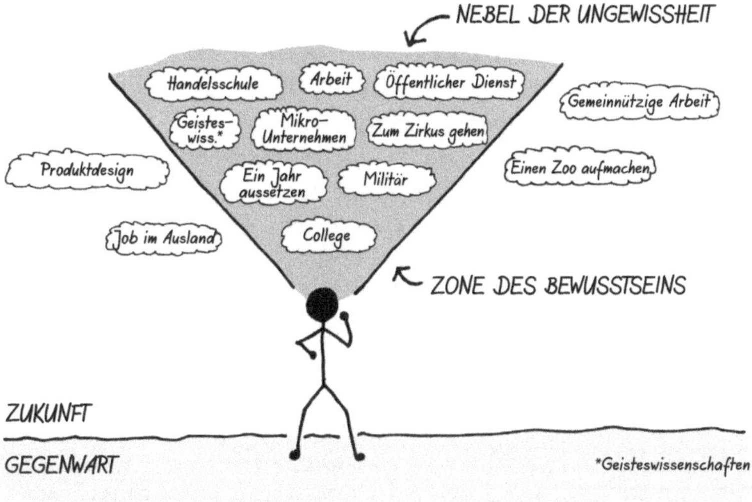

fach. Meine Professoren dachten anders und ermutigten mich zu einem raschen Fachwechsel, indem sie meine ersten Prüfungsarbeiten mit miserablen Noten versahen. Klar, ich hätte wahrscheinlich dabeibleiben können, besonders eifrig studieren und ihnen das Gegenteil beweisen können – aber ich war nicht mit dem Herzen dabei. Rechnungswesen passte nun einmal nicht richtig zu mir, also wechselte ich zu etwas anderem.

Ich persönlich nahm diesen Richtungswechsel ziemlich früh vor, aber einige werden sich erst etwas später der Realität bewusst. Möglicherweise machen Sie einen Abschluss in einer Fachrichtung, nur um dann festzustellen, dass der Job, für den Sie sich interessierten, mittlerweile überflüssig geworden ist. Oder Sie suchen eine Stelle und finden heraus, dass der Arbeitsmarkt in Ihrem angestrebten Bereich stark überlaufen ist. Vielleicht gründen Sie auch eine Familie und diese Wahl beeinflusst die Karriereoptionen, die Ihnen offenstehen.

Es ist absolut üblich – und dabei spielt es auch keine Rolle, welchen Weg Sie eingeschlagen haben –, dass Sie unterwegs auf etwas ganz anderes stoßen. Vielleicht entdecken Sie eine Fertigkeit, die Ihnen bisher entgangen ist, eine Leidenschaft, von der Sie nie gedacht hätten, dass Sie ihr jemals nachgehen könnten, oder eine neue Stelle, mit der Sie nie gerechnet hätten. Vielleicht ruft ein ehemaliger Kollege Sie an, um Ihnen einen Job in seinem neuen Unternehmen anzubieten. Oder eine geschäftliche Partnerschaft auf Teilzeitbasis mit einem Freund vom College wird zu einem *richtigen Unternehmen*. Sie haben es nicht geplant, aber plötzlich tun Sie etwas, was Sie nie zuvor in Betracht gezogen haben.

Der Punkt ist, dass Karrieren selten so geordnet oder zielgerichtet verlaufen, wie wir im Allgemeinen denken. Als junge Erwachsene haben die meisten von uns keine richtige Ahnung, was sie in den nächsten 40 bis 60 Jahren ihres Arbeitslebens tun wollen. Wir haben Ideen und Träume, aber die Zukunft ist unklar. Vieles müssen wir uns erst noch erschließen. Vieles kann sich noch ändern auf dem Weg zu der Arbeit, für die Sie geboren wurden.

DIE SIMPLE FORMEL FÜR DIE ARBEIT, FÜR DIE SIE GEBOREN WURDEN: FREUDE-GELD-FLOW

Ein weiterer Grundsatz traditioneller Karriereratschläge ist, dass jeder anders ist und wir alle unterschiedliche Dinge wollen. Es stimmt, dass jede Person einzigartige Fertigkeiten und Interessen hat und dass unsere Hintergründe und Rahmenbedingungen von Natur aus unterschiedlich sind. Aber wollen wir wirklich alle etwas anderes? Vielleicht ist es gar nicht so kompliziert: Größtenteils streben wir alle nach einer beruflichen Laufbahn, welche dieselben spezifischen Anforderungen erfüllt.

Trotz der Unterschiede, die zwischen uns bestehen, streben die meisten von uns nach einem ausgeglichenen Leben mit einer Arbeit, die Glück und Wohlstand bringt. Soweit möglich möchten wir etwas tun, was uns gefällt. Wir wollen unsere Fertigkeiten sinnvoll nutzen. Und idealerweise wäre es gut, sich nicht zwischen Geld oder Passion entscheiden zu müssen – wir würden gern etwas tun, das wir lieben, und gleichzeitig gut dafür bezahlt werden.

Einfach gesagt ist es das, was wir suchen:

- etwas, was uns glücklich macht (Freude)
- etwas, was finanziell rentabel ist (Geld)
- etwas, was unsere persönlichen Fertigkeiten maximiert (Flow)

Erinnern Sie sich an das Ziel dieses Buches: Es soll Ihnen dabei helfen, in der Karrierelotterie zu gewinnen und die Arbeit zu finden, zu der Sie berufen sind. Es führt mehr als ein Weg zu dieser idealen Welt, aber wenn nicht *alle* diese Merkmale erfüllt werden, haben Sie Ihren Traumjob noch nicht gefunden. Es ist absolut möglich, etwas zu tun, was Sie mögen, ohne dass es gut bezahlt wird. Es ist auch möglich, gut für etwas bezahlt zu werden, was Sie nicht mögen, oder für etwas, was Sie gerade so tolerieren können – viele Leute schließen im Grunde einen Kompromiss, indem sie sich mit einer schlechten Situation im Austausch für ein gutes Gehalt arrangieren. Schließlich ist es auch möglich, eine Arbeit zu mögen oder gut bezahlt zu werden (oder beides), aber dennoch nicht dieses Gefühl eines allumfassenden Flow zu haben, bei dem die Stunden wie Minuten vergehen, weil Sie in einer Tätigkeit, in der Sie richtig gut sind, völlig aufgehen.

Keine dieser Situationen ist jedoch das, was Sie wollen. Um die Arbeit zu finden, für die Sie geboren wurden, brauchen Sie die richtige Kombination von Freude, Geld und Flow.

Hier folgt der Rest der Geschichte, wie ich diese Kombination fand.

SEINEN LEBENSUNTERHALT VERDIENEN: VON BURGER KING ZU BASKETBALL

Viele Karriereratschläge beginnen bereits im Alter von sechs Jahren. Bei mir war das ganz sicher der Fall, als ich damals eifrig wichtige Tests für die NASA durchführte und meinen Dad so oft wie möglich dazu überredete, mich zu Burger King mitzunehmen. „Du kannst alles machen, was du willst“, versprechen die Erwachsenen normalerweise, ohne irgendwelche Erklärungen oder Klarstellungen, wie „alles“ möglich ist. So nett der Ratschlag für junge Ohren auch klingen mag, er ist leider absurd. Es gibt definitiv einige Dinge, die Sie nicht tun werden, und es gibt ausreichend Dinge, die Sie nicht tun *sollten*. Aber das ist in Ordnung – tatsächlich ist es gut.

Im Alter von zwölf Jahren wollte ich nicht mehr bei Burger King arbeiten. Nun hatte ich eine neue Ambition: profimäßig Basketball zu spielen. Ich übte Hunderte von Freiwürfen in meinem Hinterhof, indem ich treu und brav die Szene nachspielte, in der ich den letzten erfolgreichen Korbwurf in der Championship der National Basket

Association (NBA) erzielte. *Gern geschehen! Jetzt könnt ihr mich mit Gatorade*[1] *übergießen!*

Macht ja nichts, dass ich nie in einem Basketballteam oder auch nur in einem echten Spiel dabei war. Das war natürlich eine Fantasie, die nirgendwohin führte. Es ist wahrscheinlich eine Geschichte im Umlauf über jemanden, der durch bloße Entschlossenheit und harte Arbeit Profi-Basketballspieler wurde, aber die Realität sieht so aus, dass ich es auch mit noch so viel Übung nie in die NBA geschafft hätte. Ich zerstöre ungern Ihre persönlichen Kindheitsträume, aber egal, ob Sie nun Präsident der Vereinigten Staaten oder Testpilot für Raketenrucksäcke werden wollten, es gibt gewisse Zukunftsvisionen, die einfach nicht wahr werden, weil Ihnen die Fertigkeiten, die Eignung oder die Gelegenheit (oder vielleicht auch alles zusammen) fehlt. Die Realität sieht so aus, dass es einige Karrierefantasien gibt, die Sie nie umsetzen werden, egal wie sehr Sie sich bemühen … und welche auch immer es bei Ihnen persönlich sind, Sie sollten sich solche unrealistischen Ziele erst gar nicht setzen.

Ein paar Jahre, nachdem mein Dienst bei der NASA und die kindlichen Hinterhoffantasien, meinem NBA-Team zur Championship zu verhelfen, im Sande verlaufen waren, musste ich einige Entscheidungen treffen. Ich ging ans College und begann, das Studienverzeichnis durchzusehen. Der anfängliche Plan, Rechnungswesen zu studieren, wurde bald ad acta gelegt, da ich Mühe hatte, die Prüfungen zu bestehen. Als ich andere Seminare belegte, stellte ich fest, dass Soziologie mich faszinierte. Es gefiel mir, zu lernen, wie Menschen sich in Beziehung zu anderen definieren und wie unterschiedliche Gruppen interagieren und sich im Lauf der Zeit entwickeln. Letztendlich hatte ich sicher eine größere Begabung für dieses Fach als für das Rechnungswesen.

Ich machte meinen Abschluss in Soziologie und nahm anschließend kurze Zeit an einem Postgraduierten-Programm teil, aber zu dieser Zeit hatten meine Interessen sich bereits weiterentwickelt. Mir gefielen zwar die Sachen, die ich studierte, aber um in diesem Gebiet eine Berufschance zu haben, hätte ich noch ein paar Jahre Studium anhängen müssen. Mein nachts ausgeübter Nebenjob, der darin bestand, für FedEx Kisten auf einen Lastwagen zu laden, bot wenig Spaß oder Entwicklungspotenzial, daher taugte auch er kaum zum künftigen Traumjob.

Unterdessen hatte ich begonnen, nachts zu arbeiten, indem ich im Internet Waren kaufte und verkaufte. Meine Tätigkeit fand größtenteils statt, nachdem ich um 2:00 Uhr morgens bei FedEx Feierabend gemacht hatte und bevor ich um 10:00 Uhr morgens im College sein musste. Auch wenn ich in diesen Rechnungswesen-Seminaren nie besonders gut gewesen war, stellte sich heraus, dass ich ziemlich gut beim Geldverdienen und beim Betreiben eines kleinen Unternehmens war.

Sie haben vielleicht bemerkt, dass ich in dieser Geschichte bisher nicht das *G*-Wort – „Geld" – verwendet habe. Das ist der richtige Moment, um es einzuführen, denn Geld war (und ist) ein extrem wichtiger Aspekt bei der Suche nach der Arbeit, für die wir berufen sind. Wie die meisten Leute hatte ich jeden Monat Rechnungen zu bezahlen. Ich wollte auch frei verfügbares Einkommen, sodass ich Dinge zu meinem Vergnügen tun konnte. Das Modewort dafür lautet *ökonomischer Imperativ.* Die einfache Variante ist: Ich brauchte Geld.

Meine Situation in dieser Zeit könnte man wie folgt beschreiben:

Qualifikationen: College-Abschluss (plus eine halbe Promotion)
Karrierechancen: nicht viele (weil ich dazu mehrere Jahre hätte weiterstudieren müssen)
aktuelle Arbeit: miserabler Teilzeitjob (ich wollte definitiv nicht weiterhin jede Nacht Lastwagen beladen)
ökonomischer Imperativ: nicht aus reichem Hause stammend (musste immer noch die Rechnungen selbst bezahlen)

Ich war froh, dass ich die Chance hatte, aufs College zu gehen, aber für mich bestand keine direkte Verbindung zwischen dem College und einer Karriere. Auch wenn das Fach, das ich studierte, mir gefiel, wusste ich nun, dass ich eine andere Methode finden musste, um meinen Lebensunterhalt zu bestreiten. Ich war auch ziemlich sicher, dass es idealerweise nicht zum Bestreiten meines Lebensunterhalts gehören würde, bis an mein Lebensende mitten in der Nacht Kisten auf Lastwagen zu laden.

Wie viele Leute stieß ich auf etwas, was sich grundlegend von meinen ursprünglichen Vorstellungen unterschied. Ich hatte immer gern geschrieben und Ideen entwickelt. Seit meiner Teenagerzeit hatte ich Zeitschriften über das Unternehmertum und kleine Unternehmen gelesen. Ich liebte auch Musik und Reisen, auch wenn sich mir nicht erschloss, wie diese beiden Dinge sich so verbinden ließen, dass ich meinen Lebensunterhalt damit hätte bestreiten können.

Kurz gesagt, die Fertigkeiten, die ich hatte, standen nicht alle mit meinem College-Abschluss oder auch nur mit meinem latenten Talent an der Freiwurflinie in meiner Einfahrt in Verbindung.

Ich gründete mein erstes Unternehmen, indem ich Kaffee kaufte und verkaufte. Dabei lernte ich etwas über Gewinnmargen und über das Rösten von Kaffeebohnen. Nach ein paar Jahren sehnte ich mich nach einer neuen Herausforderung, also ging ich als ehrenamtlicher Entwicklungshelfer nach Afrika. In dieser Zeit begann ich, Teams zu führen und Gruppen-Meetings zu organisieren, eine Fertigkeit, die ich schnell erlernte, da sie mir lag.

Ein paar Jahre später kehrte ich in die Vereinigten Staaten zurück und begann ein neues Leben als Blogger und Reisender. Ich versuchte, als Teil einer zehnjährigen Aufgabe alle Länder der Welt zu besuchen. (Spoiler: Ich schaffte es!)

Ich spiele nun verschiedene Rollen, die alle um den Umbrella-Beruf als Autor und Unternehmer herum angelegt sind. Ich schreibe Bücher, ich führe Teams und organisiere Veranstaltungen und ich gründe kleine Unternehmen. Mir persönlich macht diese Kombination Spaß und ich verdiene genügend Geld damit, und abgesehen von einigen langweiligen (aber notwendigen) Verpflichtungen fühle ich mich fast immer „im Flow". Um es klar zu sagen, es war nicht alles ein Erfolg – es gab viele Rückschläge –, aber auch ich habe das Gefühl, in der Karrierelotterie gewonnen zu haben und den großartigsten Job der Welt zu haben.

Im Rückblick kann ich den Weg erkennen, aber ich hätte ihn nie vorhersagen oder planen können. Wie Sie im letzten Kapitel gesehen haben, ist die Suche nach der Arbeit, für die Sie geboren wurden, selten eine Reise mit festgelegten Routen und ohne Umwege. Aber wenn Sie dort ankommen, lohnt es sich absolut.

DAS FREUDE-GELD-FLOW-MODELL: WONACH WIR SUCHEN

Nun, da Sie wissen, dass Freude, Geld und Flow die drei Schlüsselkomponenten einer Lotteriegewinn-Karriere sind, wollen wir uns jeden der drei Aspekte genauer ansehen. Sie erscheinen vielleicht selbst erklärend, aber es ist wichtig, dass Sie genau verstehen, worum es geht.

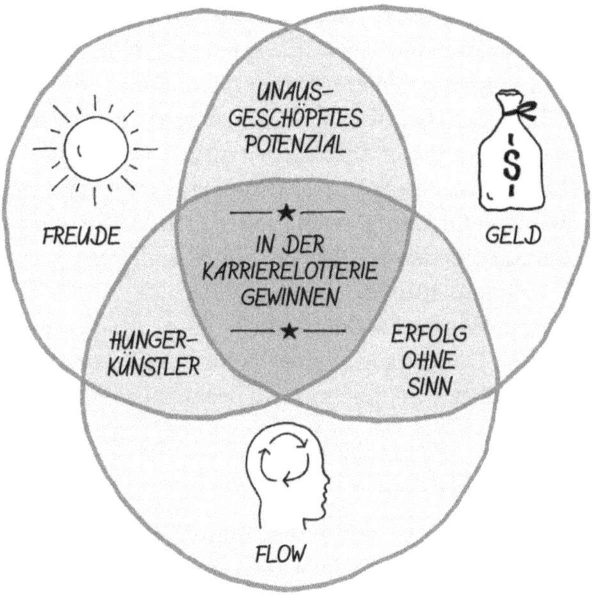

FREUDE: WAS SIE GERN TUN

„Mach, was du magst" ist vielleicht eine abgedroschene Phrase, aber es gibt kaum einen besseren Anspruch an eine Reihe von Aktivitäten, die 40 Stunden pro Woche (oder mehr) vom Rest unseres Lebens aufbrauchen. Es ist schwierig, wirklich glücklich zu sein, wenn Ihnen die Tätigkeit, mit der Sie einen Großteil Ihrer Zeit verbringen, nicht im Wesentlichen gefällt.

Das bedeutet nicht, dass jeder Moment atemberaubend sein muss; sogar Karrierelotterie-Gewinner müssen unter Umständen

Fotokopien machen und Kostenabrechnungen ablegen. Niemand kann die ganze Zeit über ausschließlich Dinge tun, die ihm gefallen, aber das ist auch nicht das Ziel. Allgemein gesagt, wir wollen, dass unsere Arbeit Freude aufkommen lässt. Wenn Sie nicht sicher sind, ob Ihre aktuelle Arbeit Freude aufkommen lässt, dann tut sie es wahrscheinlich nicht.

GELD: WAS SIE UNTERSTÜTZT UND ERHÄLT

Auf der Suche nach Ihrem Traumjob oder Ihrer Traumkarriere ist Geld alles andere als nebensächlich. Sie *müssen* schließlich Ihren Lebensunterhalt verdienen. Wenn Sie eine Familie haben, dann *müssen* Sie für sie sorgen. Bei dem idealen Szenario, das wir in der Karrierelotterie suchen, bietet Ihre Arbeit Ihnen genügend Geld, um bequem leben zu können. Wenn Ihr Job Sie reich macht, umso besser – es ist völlig in Ordnung, reich zu sein. Aber selbst wenn er nicht zu einem überquellenden Bankkonto führt, sollte er Sie zumindest nicht ins Armenhaus führen.

Mit anderen Worten: Geld ist nicht alles, aber es wird Ihnen schwerfallen, Ihr Leben zu genießen, wenn Sie permanent gestresst sind beim Gedanken, Ihre Rechnungen bezahlen zu müssen.

FLOW: WORIN SIE WIRKLICH GUT SIND

Haben Sie jemals die Zeit vergessen, wenn Sie in ein interessantes Projekt vertieft waren? Haben Sie jemals eine bezahlte Stellung angenommen, die Ihnen so gut gefiel, dass Sie den Job sogar ohne Bezahlung gemacht hätten? Diesen Zustand nennen wir *Flow*: die Kunst, Fertigkeiten zu maximieren und sich in etwas zu verlieren, worin man wirklich gut ist. Dieser Zustand ist, ebenso wie Freude und Geld, wesentlicher Bestandteil der Arbeit, zu der Sie berufen sind.

Es gibt viele Dinge, die wir einigermaßen gut oder sogar ziemlich gut tun *könnten*. Flow-Arbeit ist anders. Sie machen sie nicht einigermaßen gut oder sogar ziemlich gut; Sie machen sie *wirklich* gut. Sie liegt Ihnen und fällt Ihnen leicht. Wenn Sie diese Art von Arbeit machen, sind andere Leute davon beeindruckt oder sogar darüber verwundert, wie mühelos Sie anscheinend großartige Ergebnisse erzielen. „Wie macht sie das?“, fragen sie sich.

Ebenso wie bei der Freude gilt auch hier, dass Sie nicht *immer* im Flow-Modus sein müssen. Wahrscheinlicher ist, dass Sie Perioden von Flow-Arbeit haben, die immer wieder durch normalere Arbeitsperioden unterbrochen werden. Aber ebenso, wie Sie eine Arbeit wollen, welche die meiste Zeit Freude aufkommen lässt, wollen Sie sich dort positionieren, wo Sie möglichst viel Flow erleben können.

Sie haben keine Ahnung, was Ihre ideale Kombination von Freude, Geld und Flow ist? Keine Sorge. Wir werden viele praktische spezifische Strategien gründlich untersuchen, um genau herauszufinden, wie diese für Sie aussieht. Die noch bessere Nachricht ist, dass Sie es in dem Moment, da Sie Ihre ideale Kombination gefunden haben, wissen werden. Es wird sich anfühlen, als hätte sie schon immer auf Sie gewartet. Genau das ist so schön daran, die Arbeit zu finden, für die Sie geboren sind.

VOM TRAUM ZUR WIRKLICHKEIT

Die in British Columbia, Kanada, aufgewachsene Angela May wollte als Kind Erfinderin werden. Genauer gesagt, sie wollte Emmett „Doc" Brown, die Figur aus der Filmreihe *Zurück in die Zukunft*, werden, die eine Zeitmaschine baute. Solange sie zurückdenken kann, reparierte sie gern Haushaltsgegenstände oder versuchte, sie effizienter zu machen. Wahrscheinlich kam das auch daher, dass sie aus einer Familie von Ingenieuren stammte, aber sie fühlte sich ebenso sehr zur Kunst wie zur Wissenschaft hingezogen. In der Highschool belegte sie sowohl das Fach Wissenschaft als auch das Fach Kunst, und im College begann sie, eine Comicserie zu zeichnen, die sie ins Internet einstellte. Die Comicserie war eine schöne Abwechslung von dem strengen ingenieurwissenschaftlichen Stundenplan, der den Großteil ihrer Woche in Anspruch nahm.

Sofort nach ihrem Universitätsabschluss geriet Angela in einen Konflikt. Eine große Mehrheit der Diplomingenieure in Kanada geht in die Öl- und Gasindustrie, ein Bereich, den sie nicht ansprechend fand. „Nachhaltigkeit ist für unsere Generation das, was früher der Wettlauf ins All war", sagte sie zu mir. „Ich wollte dazu beitragen, Lösungen zu finden, nicht bloß eine bestehende Industrie stützen."

ese Vision war nobel, aber als unerfahrene, frischgebackene ventin, die nach einer Stelle außerhalb der dominanten Industrie suchte, musste sie feststellen, dass die Jobsuche sich nicht einfach gestaltete. Angela blieb über ein halbes Jahr arbeitslos und musste von ihren mageren Ersparnissen leben, während ihre Freunde begannen, für gute Gehälter zu arbeiten. Sie hatte schließlich ein Vorstellungsgespräch bei BC Hydro, einem Stromversorger, der eine Mischung aus staatlicher Behörde und Privatunternehmen darstellt. Der Einstellungsprozess dauerte drei weitere Monate – die staatliche Arbeit ist nicht für ihre Effizienz bekannt –, aber dann begann sie schließlich mit ihrem ersten richtigen Job.

Als sie mit dem Zug zu dem Büro fuhr, das sich in einem hohen Gebäude im Stadtzentrum von Vancouver befand, fühlte Angela sich erwachsen. „Ich hatte Visitenkarten und eine Telefondurchwahl“, sagte sie. „Ich hatte erstmals regelmäßige Arbeitszeiten.“

Die Arbeit bei dem Stromversorger diente einem wichtigen Zweck im Hinblick auf ihre berufliche Qualifikation: Nach vier Jahren erhielt sie ihre Lizenz als professionelle Ingenieurin, die sie für eine viel größere Bandbreite von Positionen qualifizierte. Das Timing war ebenfalls gut. Auch wenn dieser erste Job in mancher Hinsicht hilfreich war, hatte er seine Nachteile. Erstens war der Aufstiegsprozess hochgradig vom jeweiligen politischen Umfeld abhängig. Angela erlebte, wie zahlreiche Chefs aufgrund der jeweiligen Laune von Vorgesetzten oder wegen eines sich ändernden politischen Umfelds kamen und gingen. Darüber hinaus versuchte man, echte Innovation zu verhindern. In ihren Worten: „Sie wollten, dass wir große Veränderungen vorschlugen, aber in der Umsetzung wurde dann alles wieder zurückgeschraubt.“ Angela hatte den Eindruck, dass die einzigen nachhaltigen Veränderungen, die der Stromversorger machen wollte, diejenigen waren, die sich direkt auf Kosteneinsparungen bezogen – ein wichtiges Ziel, aber auch etwas begrenzt in seiner Reichweite.

Sie war bereit, etwas Neues zu beginnen, aber wo? Und wie sollte sie es angehen? „Sobald man einmal in diesem ersten Job ist“, meinte sie, „sagt dir niemand, was du als Nächstes tun sollst. Es gibt keinen Fahrplan.“

DER FAHRPLAN

Während der Arbeit in ihrem ersten Job hatte Angela permanent an ihrer Online-Comicserie weitergearbeitet, und das Projekt wurde immer populärer. Zu einem bestimmten Zeitpunkt besuchten über 10.000 Menschen täglich die Website, und sie veröffentlichte zwei Comics im Selbstverlag, die im Internet und auf Messen in ganz Nordamerika verkauft wurden. Sie bekam mit, dass andere Comic-Künstler den Sprung in eine Vollzeitkarriere schafften, aber sie war nicht sicher, ob dies das Richtige für sie war. Das Zeichnen der Comics machte ihr Spaß und auch der Kontakt mit Fans sowie die Arbeit an den Veröffentlichungen, aber um es als Vollzeitjob zu betreiben, hätte sie sich viel mehr mit geschäftlichen Dingen beschäftigen müssen, als ihr lieb war. Dennoch war es ein wichtiger Nebenjob – sie machte es, weil es ihr gefiel, und es brachte ihr neben dem Kontakt mit Fans auch ein regelmäßiges Einkommen. (In Kapitel 7 erfahren Sie mehr über Nebenjobs.)

Es gab vielleicht keinen vorgefertigten Fahrplan für die nächste Jobsuche, aber Angela entschied sich für die klare Strategie, sich zu einer attraktiveren Kandidatin für den Job zu machen, den sie wirklich wollte. Als 28-jährige Ingenieurin orientierte sie sich neu. Sie nahm Abendunterricht, lernte neue Fertigkeiten und stellte eine Zeichenmappe zusammen. Sie verbesserte ihre künstlerischen Fertigkeiten, indem sie lernte, in einem Stil zu zeichnen, der eher zum Industriedesign passte. Sie sprach mit früheren Klassenkameraden, die nach ein paar Jahren Arbeit in der Branche Kontakte geknüpft hatten, und sie suchte im Internet nach Hinweisen auf interessante Stellen.

Nach relativ kurzer Zeit nahm sie einen Job in einem neuen Start-up-Unternehmen an, bei dem sich sofort zeigte, dass er Vorteile und Nachteile hatte. Neben ihr arbeiteten nur noch zwei andere Personen in dem Start-up, beide ältere Männer. Der Job war interessant, aber er erforderte praktische Arbeit an einem schadstoffbelasteten und gefährlichen Arbeitsplatz. Von Anfang an betrachtete sie ihn eher als eine Etappe auf dem Weg, nicht als endgültige Antwort. Nach acht Monaten wurde der Vertrag gekündigt und sie wurde von ihren Chefs – den beiden älteren Herren – gefeuert.

Zunächst war Angela verzweifelt, aber dann begriff sie, dass dies eine weitere Chance für einen Neustart war. Interessanterweise trug die Start-up-Erfahrung nach der Arbeit bei dem Versorgungsunternehmen zur Abrundung ihres Lebenslaufes bei. Sie begab sich auf eine lange im Voraus geplante Reise nach Peru und kehrte dann nach Vancouver zurück, um ihre Jobsuche fortzusetzen.

Diesmal fand sie eine ideale Stelle, die genau ihren Vorstellungen entsprach. Der neue Job liegt in ihrem gewählten Fachbereich Produktdesign, und es geht darum, mithilfe von Ingenieurkenntnissen neue Produkte zu entwickeln und bestehende Prozesse in größeren Unternehmen zu verbessern. Die Firma wurde von zwei Ingenieuren gegründet, die nicht mehr in der Öl- und Gasbranche arbeiten wollten, und jeder in dem Büro hat eine ähnliche Auffassung von Nachhaltigkeit. Dazu muss man sagen, dass es sich um ein kleines Unternehmen handelt – als wir das letzte Mal miteinander sprachen, gab es 15 Mitarbeiter –, aber es war nicht so klein wie das Start-up-Unternehmen mit nur zwei weiteren Personen.

Die kleine Firma hat große Kunden, darunter auch bekannte Namen, die Produkte für den Massenmarkt herstellen. Die Veränderungen, die Angela und ihre Kollegen vornehmen, haben positive, nachhaltige Einflüsse auf die Umwelt. In einigen Fällen wie bei dem Projekt für medizinische Ausstattung in Afrika rettet die Arbeit des Teams buchstäblich Leben. Und schließlich bekommt sie ein gutes Gehalt und hat viel Freiheit für ihre Weiterentwicklung.

Unterdessen aktualisiert Angela weiterhin wöchentlich ihre Comic-Website. Sie hat einen weiteren Comicband, ihren dritten, herausgebracht und bereits Pläne für einen vierten. Für die „Karrierearbeit“ und die Comic-Arbeit gibt es abwechselnde Zyklen, sagt sie, aber sie schafft es immer mehr, die Zyklen einander anzunähern.

WICHTIG IST NICHT NUR, WAS SIE TUN, SONDERN, WIE SIE ES TUN

Alle großen Karriereentscheidungen, die Sie treffen, sollten Sie Ihrer idealen Kombination von Freude, Geld und Flow näherbringen – und es gibt einen wichtigen Unterschied zwischen dem *Inhalt* Ihres

Jobs oder Ihrer Karriere (die Art von Arbeit, die Sie erledigen) und den *Arbeitsbedingungen* (wie Sie sie erledigen).

Um die Arbeit zu finden, für die Sie geboren wurden, brauchen Sie eine starke Übereinstimmung zwischen dem richtigen Inhalt *und* den besten Arbeitsbedingungen. Wenn nur einer der beiden Faktoren zutrifft, wird Ihnen immer etwas Wichtiges fehlen. Eine tolle Arbeit mit schrecklichen Arbeitszeiten führt letztendlich zu Stress und einem Mangel an Ausgeglichenheit. Angenehme Arbeitszeiten nützen langfristig aber auch nichts, wenn sie mit einem schadstoffbelasteten Arbeitsumfeld oder einer sinnlosen oder sogar miserablen Arbeit verbunden sind. Es spielt keine Rolle, wie lange Sie morgens schlafen können oder wie lustig Ihre Kollegen sind, wenn Sie acht Stunden täglich einer Arbeit nachgehen müssen, die Ihnen zuwider ist.

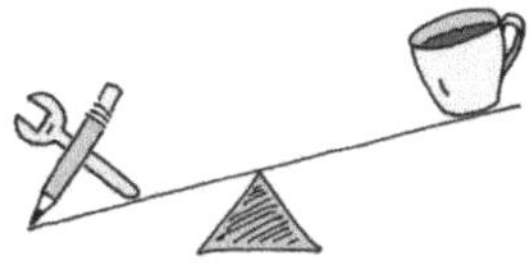

SINNLOSER INHALT + GUTE BEDINGUNGEN
= UNERFÜLLT

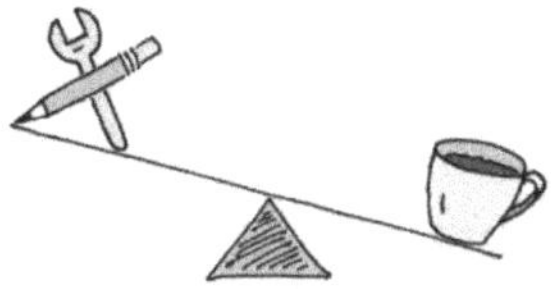

INTERESSANTER INHALT + SCHLECHTE BEDINGUNGEN
= STRESSIG

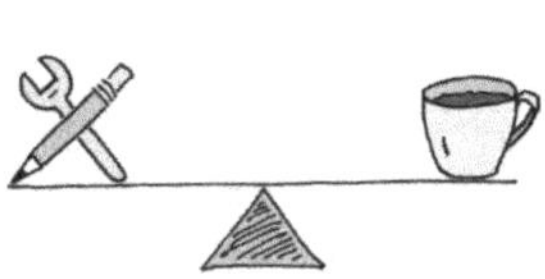

INTERESSANTER INHALT + GUTE BEDINGUNGEN
= IDEAL

Welche Arbeit Ihnen zusagt, lässt sich ziemlich einfach klären. Wir wollen nun also einen genaueren Blick auf die Arbeitsbedingungen werfen.

Bei der Planung Ihrer idealen Arbeitsbedingungen sind ein paar Faktoren zu berücksichtigen: die Arbeitszeit, das soziale Umfeld, die Hierarchie, die Zusammenarbeit und die zu erbringenden Leistungen.

1. Flexible Arbeitszeiten. Wir alle wollen ein bestimmtes Maß an Freizeit sowie die Möglichkeit zum selbstständigen Arbeiten. Einige sehnen sich nach totaler Unabhängigkeit und lehnen jeden Versuch ab, sich der Kontrolle ihrer Arbeitszeiten oder festgelegten Arbeitsbedingungen zu unterwerfen. (Okay, dazu gehöre ich.) Andere wollen eine gewisse Freiheit, aber haben auch gern feste Arbeitszeiten.

In der oben erzählten Geschichte fand Angela ihren idealen Job an einem Arbeitsplatz, wo von ihr erwartet wurde, zu ziemlich regelmäßigen Zeiten zu arbeiten, wobei sie diese im Bedarfsfall allerdings anpassen konnte.

2. Hierarchie. Fast immer wird unsere Arbeit in irgendeiner Form beurteilt. Wenn Sie einem Chef unterstehen, gehört es auch zu Ihrem Job, ihn zufriedenzustellen. Und wenn Sie keinen Chef haben, dann haben Sie sehr wahrscheinlich Kunden, Klienten oder jemanden, dem gegenüber Sie letztendlich verantwortlich sind.

Die meisten Leute wollen gern für ihre Arbeit geradestehen müssen, aber dennoch über ausreichend Autonomie verfügen, um kreativ sein zu können. Gleichwohl hat Autonomie bei manchen einen besonders hohen Stellenwert. Einige empfinden jede Kontrolle durch Vorgesetzte als Zwangsjacke. Andere hingegen stört es nicht, wenn ihnen ab und zu jemand zur Kontrolle über die Schulter schaut; es hilft Ihnen vielmehr dabei, ihrer Verantwortung gerecht zu werden.

Angelas erster Job bot ihr nicht die Unabhängigkeit, so wirken zu können, wie sie es sich wünschte, da eine Unternehmenskultur vorherrschte, in der die Entscheidungsfindung politisiert und das Infragestellen von Autorität zu verhindern versucht wurde. Andererseits hatte sie auch das Gefühl, mehr Struktur zu brauchen als in dem allzu lockeren Start-up-Umfeld ihres zweiten Jobs. Letztendlich landete sie in einem Unternehmen, wo der Führungsstil weder streng hierarchisch noch völlig laissez-faire-mäßig geprägt war, und fand das richtige Gleichgewicht zwischen Freiheit und Struktur.

3. Soziales Umfeld. Es geht nicht nur um die Arbeit, sondern auch darum, wo, wie und mit wem Sie diese machen. Ihr Arbeitsplatz kann ein Büro, eine Baustelle, eine Arbeitsnische in einem Großraumbüro oder ein Coworking Space sein. Vielleicht arbeiten Sie von zu Hause aus, unterwegs oder ganz woanders. Sobald Sie dort sind, schauen Sie sich die Interaktionen an, die den Tag über stattfinden. Kommen den ganzen Tag Leute in Ihre Box oder in Ihr Büro? Sitzen Sie ständig in Teambesprechungen oder Telefonkonferenzen? Einigen Leuten gefällt es, wenn es im Büro lebhaft zugeht und sie immer wieder unterbrochen werden, während andere dies verabscheuen. Am wichtigsten ist jedoch die Frage: Haben Sie einen guten Kontakt zu Ihren Kollegen und empfinden Sie Respekt für sie?

Es gibt nicht das ideale Arbeitsumfeld für jeden, aber diese Faktoren sind alle wesentlich für Ihre Zufriedenheit, und es ist wichtig, dass Sie Ihre eigenen Vorlieben kennen. Angela passte nie wirklich in das ergebniszentrierte Umfeld eines großen Unternehmens noch zu den beiden Geschäftsleuten, die sie schließlich feuerten. Aber der dritte Job – wo ihre Kollegen ähnliche Ideale, Ziele und Werte hatten – erwies sich als das richtige soziale Umfeld.

4. Das Gefühl, einen Beitrag zu leisten. Wir wollen zu etwas Sinnvollem gehören – vielleicht zu einer Mission oder zumindest zu etwas Wichtigem. Als ich ein Kind war und mein Vater mich in sein Büro mitnahm, bildete ich mir ein, dass ich den Astronauten bei ihrer Reise in den Weltraum helfen würde, und das war ein tolles Gefühl. Selbst wenn der eigene Beitrag keinen so mythischen Charakter hat wie die Unterstützung einer Mondlandung, sind wir stolz darauf, wenn wir darauf verweisen können, bei der Umsetzung von etwas mitgewirkt zu haben.

Wie Sie sich erinnern werden, konnte Angela bei ihrem ersten Arbeitgeber nicht ihrer Mission folgen und ihre Fertigkeiten als Ingenieurin zur Förderung von Nachhaltigkeit und zum Schaffen einer besseren Welt einsetzen. Schließlich fand sie ihren Traumjob bei einem Unternehmen, wo jeder sich gleichermaßen der Aufgabe verschrieben hatte, einen positiven, dauerhaften Beitrag zur Nachhaltigkeit und zu besseren Umweltbedingungen zu leisten.

5. Zusammenarbeit. Arbeiten Sie allein, mit anderen zusammen oder manchmal so und manchmal so? Dies hängt von Ihrem sozialen Umfeld ab, denn Sie können in einem Büro sitzen, aber dennoch vorwiegend allein arbeiten. Ziehen Sie dies vor, oder haben Sie lieber weniger Autonomie?

Für Angela war das Ideal ein Büroumfeld, wo andere Kollegen um sie herum waren, aber sie die tatsächliche Arbeit mehr oder weniger allein machte.

6. Zu erbringende Leistungen oder Kennzahlen. Dies bezieht sich darauf, was Sie im Laufe der Zeit produzieren oder wie Sie den Erfolg Ihrer Arbeit messen. Wenn Sie am Muffin-Fließband arbeiten, können Sie am Ende des Tages die Anzahl der produzierten Muffins zählen. Wenn Sie Berater in einer Denkfabrik sind, messen Sie Ihren Fortschritt möglicherweise an der Zahl Ihrer Veröffentlichungen oder der erfolgten Empfehlungen.

Angela maß ihre Arbeit daran, inwieweit sie das Gefühl hatte, in der Welt etwas zu bewirken. Für sie war das die allerwichtigste Kennzahl.

7. Sicherheit. Wenn es um Geld geht, ist nicht nur das Monatsgehalt oder das Jahreseinkommen wichtig. Es geht auch um die Sicherheit Ihres Jobs (und Ihres Gehalts) oder darum, wie nachhaltig andere Einkommensquellen sind. Sie können einen Goldrausch erleben, bei dem jede Menge Geld auf einmal hereinströmt, aber dies kann auch ohne Vorankündigung wieder abebben. Ein Goldrausch ist eine feine Sache, wenn er auf Sie zukommt, aber er ist naturgemäß irgendwann einmal wieder vorbei.

Mit dem Einkommen, das Angela aus dem nebenberuflichen Zeichnen von Comics bezog, konnte sie in kurzen Perioden der Arbeitslosigkeit ihren Lebensunterhalt bestreiten und es bot ihr ein Sicherheitsnetz für den Fall, dass sie in finanzielle Schwierigkeiten geriet.

8. Immaterielle Vorteile. Damit ist nicht Ihre betriebliche Krankenversicherung oder Ihr bezahlter Urlaub gemeint, sondern alles, was Sie durch die Arbeit in diesem speziellen Job gewinnen. Bekommen Sie extra Büroartikel oder können Sie private Fotokopien machen? Gibt es kostenlosen Tequila an Margarita-Montagen?

Angela erwähnte diese Dinge nicht, als sie mir ihre Geschichte erzählte – das heißt, dass sie bei ihr wahrscheinlich keinen hohen Stellenwert hatten. Sie sollten wohl auch nicht die wichtigste Überlegung bei der Wahl der Arbeit, für die Sie geboren wurden, darstellen. Letztendlich kann kostenloser Tequila bei einem zermürbenden

Job nur ein Trostpflaster darstellen. In ihrer Gesamtheit sind immaterielle Vorteile jedoch ein weiterer zu berücksichtigender Faktor, wenn es um die Abwägung der verschiedenen Vorteile und Nachteile eines Jobs geht.

Der Punkt ist, dass die Arbeitsbedingungen eine große Rolle bei der Suche nach jener idealen Kombination von Freude, Geld und Flow spielen. Es reicht nicht, nur die bestmögliche Arbeit zu finden. Sie müssen auch die Arbeitsbedingungen finden (oder schaffen), die am besten zu Ihrer Persönlichkeit und Ihren Vorlieben passen.

Im weiteren Verlauf des Buches untersuchen wir viele verschiedene Strategien und Taktiken, mit denen sich nicht nur Freude, Geld und Flow optimieren lassen, sondern auch alle anderen Aspekte, die Ihren Traumjob ausmachen.

FREUDE, GELD, FLOW: ALLES AUF EINMAL

Das ideale Verhältnis zwischen diesen Variablen ist nicht bei jedem von uns dasselbe und bleibt auch nicht immer gleich. Zu verschiedenen Zeiten Ihres Lebens legen Sie vielleicht mehr oder weniger Wert auf verschiedene Teile der Gleichung. Als Vater oder Mutter von kleinen Kindern hat es möglicherweise die höchste Priorität für Sie, Zeit mit Ihrer Familie zu verbringen. Zu anderen Zeiten wird Ihnen jedoch ein höheres Einkommen oder eine anspruchsvollere Position in Ihrer Karriere (oder beides) wichtiger sein.

Sie wissen vielleicht schon, welche Werte momentan am wichtigsten für Sie sind, aber wenn nicht, dann finden Sie hier eine schnelle und leichte Übung, um es herauszufinden.

Aktion

Stufen Sie diese Äußerungen auf einer Skala von 1 bis 5 ein, wobei 1 „nicht wichtig oder relevant“ und 5 „sehr wichtig“ bedeutet. Um bestmögliche Ergebnisse zu erzielen, sollten Sie darauf achten, dass Ihre Antworten variieren und mindestens eine 1 und eine 5 dabei sind.

1. Es ist sehr wichtig für mich, dass meine Arbeit mir Spaß macht.
2. Ich will wissen, dass ich meine Arbeit gut mache.
3. Ich befinde mich in einer schwierigen finanziellen Situation oder muss aus anderen Gründen einen großen Geldbetrag sparen.
4. Mein Lebensstil ist mir momentan wichtiger als Geld.
5. Andere Menschen sind finanziell von mir abhängig und es ist wichtig, dass ich für sie sorge.
6. Ich möchte etwas tun, was mich herausfordert, insbesondere wenn es neu und anders ist.
7. Ich bin für ein hohes Gehalt bereit, hart an etwas zu arbeiten, was mir keinen Spaß macht.
8. Ich bin am glücklichsten, wenn ich an etwas arbeite, was mir gefällt, selbst wenn es nicht sehr gut bezahlt ist.
9. Ich arbeite lieber an Aufgaben, die mir außergewöhnlich gut liegen. Diese Dinge lösen bei anderen eine hohe Frustration aus, aber mir fallen sie leicht.

Ergebnisse und Interpretation

Zählen Sie die Punkte für die Fragen 1, 4 und 8 zusammen, dann für die Fragen 3, 5 und 7 und schließlich für die Fragen 2, 6 und 9. Wählen Sie die höchste Gesamtpunktzahl aus diesen drei Gruppen aus.

- Wenn Ihre Gesamtpunktzahl bei den Fragen 1, 4 und 8 am höchsten ist, dann ist *Freude* in Ihrer aktuellen Lebensphase das Wichtigste für Sie. Mehr als alles andere wollen Sie Ihre Arbeit genießen und etwas tun, was Ihnen wichtig ist.
- Wenn Ihre Gesamtpunktzahl bei den Fragen 3, 5 und 7 am höchsten ist, dann ist *Geld* in Ihrer aktuellen Lebensphase sehr wichtig für Sie. Sie müssen Geld verdienen, vorzugsweise sofort.
- Wenn Ihre Gesamtpunktzahl bei den Fragen 2, 6 und 9 am höchsten ist, dann ist *Flow* gerade besonders wich-

tig für Sie. Sie wollen sicherstellen, dass Sie eine Arbeit machen, die Ihren Fertigkeiten besonders gut entspricht.

Denken Sie daran, dass alle diese drei Komponenten in Ihrem Leben wichtig sind, aber ihre jeweilige Bedeutung sich an verschiedenen Punkten in Ihrem Leben ändern kann. Daher sollten Sie diese Kurzanalyse vielleicht regelmäßig, eventuell mehrmals pro Jahr machen.

VERSCHIEDENE ARBEITSFORMEN

Um Ihr persönliches ideales Gleichgewicht zwischen Freude, Geld und Flow zu finden, sollten Sie nicht nur Ihre idealen Arbeitsbedingungen, sondern auch Ihre ideale **Arbeitsform** herausfinden. Früher hatten Sie die Wahl, entweder für ein großes Unternehmen zu arbeiten oder selbst eine Firma zu gründen, aber heutzutage bietet sich eine Vielzahl von Optionen an. Sie können wählen zwischen folgenden unterschiedlichen Arbeitsformen:

- traditionelle Anstellung
- Unternehmertum oder Selbstständigkeit mit einer kleinen Firma
- Produktion oder Handwerk
- Militär, Staatsdienst oder andere Tätigkeiten im öffentlichen Dienst
- freiberufliche Tätigkeit oder Beratertätigkeit
- Hybrid oder nomadisch (Gelegenheitsjobs oder eine Kombination unterschiedlicher Arten von Arbeit)
- Coworking, Partnerschaft oder Ähnliches
- Teilzeit, Saisonarbeit oder andere Gelegenheitsbeschäftigungen

Bei der Wahl zwischen diesen Arbeitsformen gibt es noch etwas, worauf Sie achten müssen. Es gibt nicht nur unterschiedliche Berufe, sondern oft auch unterschiedliche *Spezialisierungen* innerhalb dieser

Berufe. Als Schriftsteller können Sie beispielsweise in einer Vielzahl unterschiedlicher Stile schreiben. Sie können Romancier, Blogger, technischer Autor oder Journalist sein, um nur ein paar Beispiele zu nennen. Diese Rollen unterscheiden sich sehr voneinander und beinhalten sehr unterschiedliche Aufgaben. Und innerhalb dieser Rollen gibt es auch unterschiedliche *Anstellungsstrukturen*. Wenn Sie zum Beispiel Software-Designerin sind, können Sie sowohl freiberuflich für Kunden als auch angestellt für ein Unternehmen oder eine Organisation arbeiten.

In den oben genannten Beispielen des Autors und der Software-Designerin ist jede der speziellen Rollen ziemlich unterschiedlich, wobei die Arbeitsbedingungen eine große Bandbreite aufweisen. Welche Karriere Sie auch wählen, die Wahl der richtigen

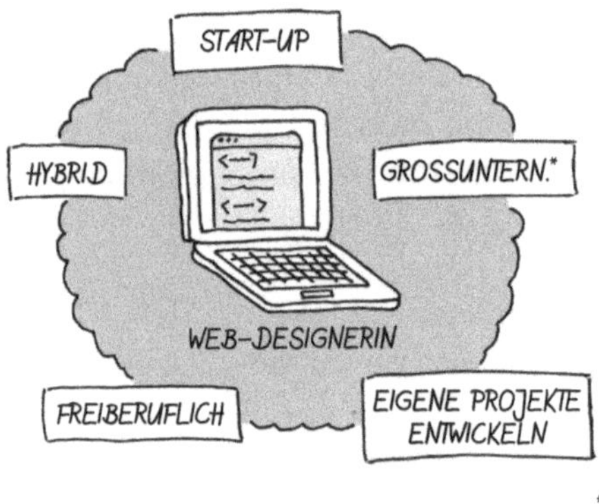

*GROSSUNTERNEHMEN

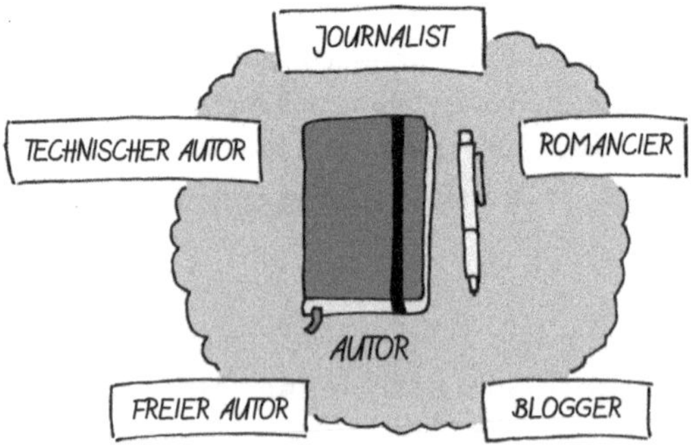

Arbeitsbedingungen kann eine entscheidende Rolle beim Finden Ihres Traumjobs spielen. Wenn Sie noch nicht sicher sind, welche die richtigen Arbeitsbedingungen sind, dann lesen Sie weiter.

Im weiteren Verlauf des Buches erfahren Sie, wie andere dieses Modell verwendet haben, um das bestmögliche Arbeitsumfeld für sich zu finden oder zu schaffen. Neben vielen anderen Geschichten lesen Sie von einem Mann, der 100.000 US-Dollar mit dem Verkauf von T-Shirt-Designs über seine Facebook-Seite verdiente, von einem Einwanderer, der seinen Job im mittleren Management ohne Sicherheitsnetz aufgab und dann ein profitables Geschäft gründete, und von einer Künstlerin, die im Alter von 40 Jahren noch einmal zur Schule ging, nachdem sie als alleinerziehende Mutter ein Kind großgezogen hatte.

Die Leidenschaften, Fertigkeiten und Arbeitsformen dieser Personen unterscheiden sich stark, aber ihnen allen ist eines gemeinsam: dass jeder von ihnen sich ein Ziel setzte und es ernsthaft anstrebte oder ein klares Wertesystem fand und sich daran orientierte. So oder so ist der erste Schritt derselbe: Sie müssen herausfinden, was Sie wirklich wollen.

Es ist in Ordnung, wenn Sie noch nicht alle Antworten haben. Denken Sie nur daran: Es gibt mehr als einen Weg, aber das Ziel ist es, den besten zu finden. Sie suchen eine Arbeit, welche die drei Erfordernisse Freude, Geld und Flow erfüllt. Je näher Sie der idealen Kombination dieser drei Aspekte kommen, umso glücklicher – und erfolgreicher – werden Sie sein. Dieses Buch soll Sie dabei unterstützen – indem es Ihr Los für eine Karriere ist, die einen Lotteriegewinn darstellt.

Anmerkungen

1. Energy-Drink, mit dem unter anderem im American Football der Trainer des siegreichen Teams übergossen wird (Anm. d. Übers.)

„Ich hatte all diese Ambitionen und Interessen, aber ich hatte keinen konkreten ***Hinweis*** *darauf, was ich tun konnte. Also begann ich, Abendunterricht zu nehmen und persönliche Projekte zu dokumentieren. Ich machte mich selbst zu einer besseren Bewerberin.“*

– ANGELA, 30
MASCHINENBAUINGENIEURIN

KAPITEL 3

SETZEN SIE IMMER AUF SICH SELBST

ZIEL: Die Bank besiegen

Auch wenn die Teilnahme an der Lotterie normalerweise eine unkluge Investition ist – wenn Sie nicht spielen, können Sie nicht gewinnen. Lernen Sie, Risiken zu evaluieren, bessere Entscheidungen zu treffen und eine Reihe von Ersatzplänen zu entwickeln, die es Ihnen ermöglichen, die richtigen Chancen zu ergreifen.

Sind Sie schon mal in ein Casino gegangen? Das sind seltsame, künstliche Orte, an denen man hervorragend andere Menschen beobachten kann. Ruhige, fröhliche Musik spielt in den Aufzügen, wenn Sie nach oben fahren, und auf dem Weg nach unten gibt es schnelle, energische Beats, die Sie für eine Nacht des Glücksspiels in Stimmung bringen sollen. Zu jeder Tageszeit empfängt Sie in der Spielhalle helles Licht. Wenn Sie keine Armbanduhr tragen oder kein Handy dabeihaben, kann es durchaus passieren, dass Sie den richtigen Zeitpunkt zu gehen versäumen. Die Räume sind nämlich absichtlich so gestaltet, dass keine Uhren in Sichtweite sind.

Von Las Vegas bis Macao gibt es noch etwas, was alle Casinos gemeinsam haben: Am Schluss gewinnt immer die Bank. Egal, was für ein guter Spieler Sie sind, mit wenigen Ausnahmen sind die Leute, die Casinos betreiben, stets besser – besser darin, Sie Ihres Geldes zu entledigen.

Wir spielen das Spiel des Lebens, insbesondere den Teil, in dem es um die Karriereplanung geht, im Großen und Ganzen wie ein Roulettespiel. Entscheidungen treffen wir intuitiv und wir neigen dazu, dieselben Fehler immer wieder zu machen. *Ich bin nicht sicher, was ich tun soll,* denken wir, *aber das hat letztes Mal funktioniert, also funktioniert es vielleicht wieder. Vielleicht gehe ich auf die andere Seite des Raumes und schau mal, ob ich da mehr Glück habe. Oh, toll, wie schön das hier glänzt!*

Zum Glück gibt es eine bessere Methode. Anstatt beliebig zu setzen, müssen wir methodisch und intelligent vorgehen. Das Glücksspiel ist ein extrem risikoreiches Unterfangen und Casinos gewinnen für gewöhnlich, weil sie strategische Methoden zur Risikoreduzierung anwenden. Sie können das Verlustrisiko nicht völlig ausschließen, da sonst niemand mehr spielen würde. In den seltenen Fällen jedoch, in denen sie feststellen, dass jemand sie langfristig schlagen kann, erteilen sie dieser Person Hausverbot.

Wie bei jedem Casino-Spiel in Las Vegas gehört zu den Karrierestrategien, über die Sie in diesem Buch lesen, ein gewisses Risiko. Es geht letztendlich nicht darum, dieses Risiko komplett auszuschließen – das würde auch keinen Spaß machen, oder? –, sondern darum, ein idiotensicheres System zu entwickeln und dieses klug zu managen, ebenso wie Casinos das tun.

AUTOR RISIKIERT 350 DOLLAR FÜR EINE STORY

Ich betrat nach Jahren wieder einmal ein richtiges Casino – es war das einzige, in das ich jemals zum Spielen gegangen bin. Ich hatte eine Idee, über die ich mehrere Monate gegrübelt hatte.

Da ich über das Eingehen von Risiken schreibe, will ich meinen Worten auch Taten folgen lassen. In diesem Fall war es mein Ziel, 50 Dollar bei einer Erfolgschance von 87,5 Prozent zu gewinnen. Ziemlich gut, oder? Das einzige Problem war, dass ich 350 Dollar verlieren würde, wenn es nicht funktionierte. Ach du Schande!

Mein Plan sah folgendermaßen aus: Ich würde auf eine Farbe setzen, was eine 50/50-Chance bietet – nicht genau 50/50, da das Casino immer einen Vorteil hat, aber beinahe. Wenn ich gewänne, würde ich mit meinem Gewinn hinausgehen.

Wenn ich verlöre, würde ich meinen nächsten Einsatz verdoppeln in der Hoffnung, die 50 Dollar Verlust wieder wettzumachen und den ursprünglich angestrebten Gewinn zu „verdienen".

Wenn ich diesen Einsatz verlieren würde, würde ich noch einmal mit einem 200-Dollar-Einsatz verdoppeln – aber nur noch einmal. (Risiken haben ihre Grenzen, insbesondere im Casino.)

Denken Sie daran, im bestmöglichen Szenario würde ich nur 50 Dollar gewinnen, aber im schlimmsten Szenario würde ich 350 Dollar verlieren. Eine 87,5-prozentige Erfolgschance schien dennoch lohnend.

Was geschah also? Ich näherte mich dem Roulettetisch im Bellagio auf dem Las Vegas Strip. Ich legte mein Geld auf den Tisch – okay, zuerst beobachtete ich die anderen eine halbe Stunde lang, damit ich nicht wie ein totaler Idiot aussah – und tauschte den Gegenwert von 350 Dollar in Chips ein. Zuerst wollte ich auf Schwarz setzen, aber dann hatte ich einen Geistesblitz und wechselte zu Rot.

Der Croupier drehte das Rad. 40 Sekunden später stoppte die Roulettekugel … auf einer roten Zahl. Ich hatte es geschafft! Nach nur einem Einsatz tauschte ich den Rest meiner Chips in Bargeld um und ging um 50 Dollar reicher hinaus.

Keine Sorge, ich werde meinen Brotberuf nicht aufgeben – und Sie sollten dies ebenso wenig tun, zumindest nicht mit Geld, auf das Sie nicht verzichten können. Immerhin lieferte das Ganze Stoff für eine lustige Geschichte, und die 50 Dollar deckten fast die Kosten für mein Frühstück am nächsten Morgen ab. Casinos sind teuer!

EINE VIELSEITIGE KARRIERE IM EVENT-MANAGEMENT

Als Steve Harper eine Tankstelle in Cheyenne, Wyoming, ansteuerte, war er bereits 2.000 Kilometer gefahren, ohne eine Pause zum Schlafen oder Essen zu machen. Er fuhr nach Westen, aber sein endgültiges Ziel war ungewiss. Sollte er in Colorado Halt machen, sich in Richtung Süden ins sonnige Kalifornien aufmachen oder weiter nach Oregon fahren?

Mit Sicherheit wusste er nur, dass sich etwas ändern musste.

In den letzten Jahren hatte er als freiberuflicher Beleuchtungs- und Produktionskoordinator in Farmington Hills, Michigan, gearbeitet, wo er auch aufgewachsen war. In diese Branche war er auf dieselbe Art und Weise geraten wie so viele andere Leute auch – zunächst hatte er als Musiker gearbeitet und als dies zu nichts führte, musste er etwas anderes finden. Nachdem seine Band sich getrennt hatte, war ihm eine Menge Beleuchtungsausrüstung geblieben. Also tat er sich mit örtlichen DJs zusammen, um für 90 Dollar pro Nacht kleine Events in der Region zu veranstalten.

Die Arbeit war zunächst nicht übermäßig interessant, aber Steve vertiefte sich in die Materie und begann, möglichst viel über Beleuchtung und Bühnenausstattung zu lernen. Er forderte Prospekte von allen großen Unternehmen an, die technische Ausstattung herstellten, und nutzte jede Chance, um die Veranstalter von Konzerten und Shows zu befragen.

Irgendwann erhielt er den Anruf eines Veranstalters von Gesellschafterversammlungen, der Unterstützung benötigte. Er wurde gefragt, ob er etwas über Fiberglasvorhänge wisse, damals eine neue

Technologie. Er hatte keinen Schimmer davon, aber zum Glück hatte er einen Prospekt des Herstellers gelesen, also konnte er so tun, als hätte er Ahnung, bis er im Job mehr darüber erfahren würde.

Steve arbeitete sich schnell ein. Nach einer kurzen Periode, in der er sich beweisen (und noch mehr Prospekte lesen) musste, erhielt er weitere Anrufe. Ziemlich bald wurde er jedes Wochenende für Shows und fast täglich für Gesellschafterversammlungen gebucht. Es war schön zu sehen, dass seine neuen Fertigkeiten so geschätzt wurden, aber es war auch eine Menge Arbeit. Er wollte nie ein Manager sein, aber plötzlich hatte er fünf Angestellte, für die er verantwortlich war. Er hätte gern ein normales Leben geführt, doch sein vollgepackter Terminplan ließ ihm keinerlei Freizeit. In einem Monat war er so beschäftigt, dass er keine Zeit mehr zum Wäschewaschen hatte und, wann immer er saubere Kleidung brauchte, zwischen zwei Events in ein Geschäft ging und sich ein neues Outfit zulegte.

Als wenn das noch nicht genug Warnzeichen gewesen wären, dass sein Leben völlig außer Kontrolle geraten war, erhielt er noch ein fataleres, als er auf dem Heimweg von einem weiteren bis spät in die Nacht hinein dauernden Events beinahe am Steuer eingeschlafen wäre. Nachdem er jemanden angerufen und um Abholung gebeten hatte, kam er nach Hause und schlief zwei volle Tage hintereinander. Nach dem Aufwachen – zum ersten Mal seit Monaten mit klarem Kopf und ausgeruht –, musste er drei Aufgaben erfüllen. Erstens brauchte er einen Kaffee. Zweitens musste er endlich seine Wäsche waschen. Drittens rief er alle seine Kunden an und sagte ihnen, dass er nicht länger für sie arbeiten könne.

„Ich musste einfach aufhören“, sagte er zu mir, als er mir die Story erzählte. „Ich hatte einen totalen Burnout und konnte mir nicht vorstellen, wieder von Neuem anzufangen.“

So plötzlich aufzuhören, ohne einen anderen Job in Aussicht zu haben, war ein riskanter Schachzug, aber zum Glück hatte Steve ein Sicherheitsnetz, auf das er zurückgreifen konnte. In den Jahren mit gutem Einkommen hatte er etwas auf die hohe Kante legen können, und diese Summe erhöhte er noch, indem er die ganze technische Ausstattung verkaufte, die er erworben hatte. Mit ausreichend Bargeld ausgestattet, von dem er eine Weile leben konnte, packte er seine Habseligkeiten in einen Nissan 300 ZX und begann seinen Trip in den Westen. Er hatte keine Ahnung, wohin die Reise gehen oder was er an seinem Ziel tun sollte – er wusste nur, dass er eine große Chance ergreifen musste, um eine große Veränderung zu bewirken.

Als er in Wyoming an die Kreuzung kam, wo er sein nächstes Ziel wählen musste, entschloss er sich für Portland. Er ließ sich in der sogenannten Rose City nieder und arbeitete eine Zeit lang in Gelegenheitsjobs, während er sich von dem gewaltigen Burnout erholte. Er machte eine Reise nach Island. Er ging Ski fahren. Und währenddessen dachte er darüber nach, was er wirklich mit seinem Leben anfangen wollte.

Irgendwie fühlte er sich nach wie vor zur Veranstaltungsbranche hingezogen. Er wollte sich nicht totschuften, indem er wieder 80 Stunden pro Woche arbeitete, aber er vermisste den kreativen Prozess, die Beleuchtung für Veranstaltungen zu entwickeln und den Leuten eine Show zu bieten.

Er begann zu telefonieren und fand gebrauchte Ausrüstung, die er leihen konnte. Die Rückkehr in die Branche ging er langsam an – ein großes Event war für den Tag nach dem 11. September 2001 geplant und wurde dann abgesagt –, aber mit der Zeit baute er sich eine neue Kundenliste auf und sein Talent sprach sich immer mehr herum.

Diesmal war er vorsichtiger. Heute ist er wieder gut im Event-Management beschäftigt, hat viele Veranstaltungen in New York, Arizona und im Ausland, aber er hat niemanden eingestellt und versucht, nicht zu viele Termine anzunehmen. Seine riskante Entscheidung, den Sprung ins Ungewisse zu wagen, hat sich ausgezahlt. Nun, da er nicht permanent überarbeitet und dauergestresst ist, hat er wieder Freude und Erfüllung in seinem Job gefunden.

WIE SIE EINE BESSERE RISIKOBEWERTUNG MACHEN

Warum streben nicht mehr Menschen nach einem Leben in Freiheit und Unabhängigkeit? Ich glaube, es liegt nicht daran, dass sie faul wären, zumindest wird dies bei den meisten nicht der Fall sein. Viel wahrscheinlicher ist, dass sie einfach nicht wissen, wie sie es anstellen sollen. Sie glauben, es sei zu schwierig oder zu riskant. Sie fürchten sich. Sie kennen keinen klaren Weg mit spezifischen Aktionen, die Schritt für Schritt zum Ziel führen. Tatsache ist jedoch, dass die meisten Karriere- und Lebenschancen (oder zumindest diejenigen, bei denen es sich lohnt, sie zu ergreifen) mit einem gewissen Risiko verbunden sind.

Was, wenn es eine Chance gäbe, die keine sichere, aber eine extrem hohe Aussicht auf Erfolg hätte? Wenn die Erfolgschance bei irgendeinem attraktiven Unterfangen 100 Prozent betrüge, würden Sie natürlich in die Sache einsteigen und sie ohne zu zögern verfolgen. Und wenn die Erfolgschancen 99 Prozent, 95 Prozent oder auch nur 85 Prozent betrügen, würden Sie wahrscheinlich dasselbe tun.

Umgekehrt würden Sie bei schlechten Erfolgschancen – nur zwei oder zehn Prozent – wahrscheinlich genauso schnell „Nein, danke" sagen. Kompliziert wird es dann, wenn die Erfolgschancen irgendwo zwischen sehr unwahrscheinlich und fast sicher liegen. Jeder hat eine andere Risikotoleranz, aber wir alle haben einen bestimmten Bereich, wo wir lange und intensiv nachdenken müssen, bevor wir eine Chance ergreifen oder eine Karriereentscheidung treffen.

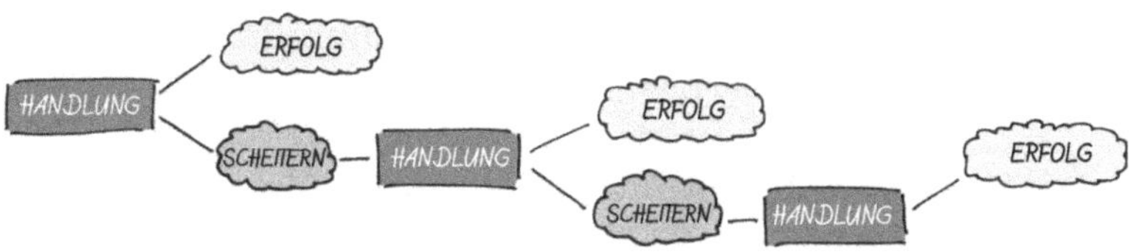

Einige von uns werden die Entscheidung auf rein wissenschaftlicher Grundlage treffen, indem sie versuchen, ihre genaue Risikotoleranz zu bestimmen. Zum Beispiel: „Wenn es eine 70-prozentige Erfolgschance gibt, bin ich bereit, mich darauf einzulassen. Ich akzeptiere eine 30-prozentige Chance zu scheitern." Die meisten von uns gehen jedoch nicht annähernd so wissenschaftlich an eine derartige Entscheidung heran. Ohne Kristallkugel ist es de facto recht schwierig, herauszufinden, wie hoch die Wahrscheinlichkeit für Erfolg oder Scheitern ist. Genau wie die Spieler an den Glücksspielautomaten greifen wir auf Emotionen, situationsbezogenen Kontext und unser Bauchgefühl zurück, wenn es um die Einschätzung geht, ob eine Entscheidung richtig ist. Da wir nicht alle Informationen haben, treffen wir Entscheidungen in der Regel, indem wir „auf Sicht fahren". Das heißt, wir wissen schlichtweg nicht, was uns da draußen erwartet.

In Ermangelung einer Kristallkugel besteht die einzige Lösung für dieses Problem darin, das Risiko besser einzuschätzen. Das ist nicht so schwierig, wie es klingt. Bedenken Sie bei jeder großen Entscheidung einfach zwei Prinzipien: Kalkulieren Sie die Gefahren mit ein und treffen Sie keine Entscheidungen, die auf der Angst basieren, etwas zu versäumen.

1. Identifizieren Sie die Risiken.

Wenn Sie eher der Typ sind, der sich ständig Sorgen macht, dann ist dies eine Gelegenheit, wo Ihnen dieser lästige Charakterzug gute Dienste erweisen kann. Selbst wenn dies bei Ihnen nicht der Fall ist, sollten Sie sich ein paar Minuten Zeit nehmen, um alles aufzulisten, was bei jeder potenziellen Veränderung, jedem Risiko, jeder ergriffenen Gelegenheit schiefgehen kann. In vielen Fällen werden Sie feststellen, dass die schlimmstmöglichen Risiken weder lebensbedrohlich *noch* besonders wahrscheinlich sind. Selbst wenn viel auf dem Spiel steht und die Konsequenzen bedeutend sind, kann das Wissen darüber, was Sie erwartet, Ihnen das Selbstvertrauen geben, den Weg weiterzugehen, oder die Weisheit, Abstand davon zu nehmen, falls es wirklich zu riskant ist.

2. Treffen Sie keine Entscheidungen basierend auf der Angst, etwas zu versäumen.

Stellen Sie sich vor, Sie sind auf der Jobsuche und bekommen gleich auf Ihr erstes Bewerbungsgespräch hin eine Zusage. Wahrscheinlich werden Sie sich geschmeichelt fühlen und vielleicht sind Sie sogar ein bisschen stolz. Aber vielleicht fragen Sie sich auch, ob diese Stelle die beste ist oder ob noch irgendwo etwas Besseres auf Sie wartet. Diese Angst, etwas zu versäumen, könnte Sie dazu veranlassen, weiterzusuchen, oder zumindest dazu führen, dass Sie zögern, dieses erste Angebot anzunehmen.

Nun stellen Sie sich vor, die Situation wäre eine andere und Sie wären bei 50 Bewerbungsgesprächen gewesen, ohne eine einzige Zusage bekommen zu haben. Nach dem 51. Gespräch ruft die Personalabteilung Sie an, dass Sie den Job haben. Selbst wenn die Konditionen ungünstig sind und die Arbeit Ihnen nicht besonders gefällt, werden Sie mit hoher Wahrscheinlichkeit zusagen (und zwar vermutlich sofort). Sonst hat nichts funktioniert, also sollten Sie besser dieses Angebot annehmen – und Sie sollten besser damit zufrieden sein.

In diesen Beispielen wäre der erste Job vielleicht perfekt für Sie und der zweite wäre vielleicht eine Katastrophe gewesen. Da wir dazu neigen, Entscheidungen auf der Grundlage von Angst oder wahrgenommener Knappheit zu treffen, fühlen wir uns manchmal zu einer suboptimalen Handlungsoption gedrängt. Je mehr wir rationale Entscheidungen treffen, die auf allen aktuell verfügbaren Informationen basieren, umso besser wird unsere Risikobewertung.

DAS TIC-TAC-TOE DER KARRIERESTRATEGIE

Tic-Tac-Toe, auch unter dem Namen „Kreuz und Kreis" oder „Drei gewinnt" bekannt, ist ein Spiel mit vollständiger Information. Bei Spielen mit vollständiger Information gibt die Wertungsliste alles wieder, was Sie über das Spiel wissen können. Es gibt keine versteckten Informationen, wie es zum Beispiel beim Poker der Fall ist, wo die Spieler ihre Karten voreinander verdeckt halten, bis sie ihr Blatt spielen.

Auch beim Tic-Tac-Toe gibt es eine ideale Strategie: Wenn Sie wissen, wie man das Spiel richtig spielt, können Sie unmöglich verlieren. Sie können nur gewinnen oder das Spiel geht unentschieden aus. Wenn Sie mit jemandem spielen, der die Strategie kennt, und keiner von Ihnen beiden einen Fehler macht, wird es immer ein Unentschieden geben.[1] Anders gesagt, Tic-Tac-Toe ist im Gegensatz zu Poker ein Spiel mit sehr niedrigem Risiko.

Schach ist ebenso ein Spiel mit vollständiger Information. Es gibt keine versteckten Figuren. Beide Spieler können ebenso wie alle Zuschauer auf das Schachbrett schauen und die aktuelle Position (sowie die relative Stärke oder Schwäche) jeder Seite genau erkennen. Anders als beim Tic-Tac-Toe gibt es jedoch nicht eine einzige ideale Strategie. Tatsächlich gibt es buchstäblich Millionen verschiedener Wege, um ein Schachspiel zu gewinnen – oder zu verlieren. Das Schachspiel entspricht viel mehr dem wahren Leben, insofern es beim Schach weniger darum geht, eine Strategie auswendig zu lernen, als darum, die Züge des Gegners gedanklich vorwegzunehmen und entsprechend zu reagieren. Auch wenn erfahrene Spieler oft Tricks verwenden, um ihre spezifische Taktik zu tarnen, sind alle Informationen zur Entschlüsselung des Angriffs auch für andere erfahrene Spieler verfügbar, sodass das Spiel schwieriger zu gewinnen und damit riskanter ist.

Tic-Tac-Toe: vollständige Information, ideale Strategie (leichtes Spiel, geringes Risiko)
Schach: vollständige Information, multiple Strategien (schwieriges Spiel, hohes Risiko)
Poker: unvollständige Information, multiple Strategien (Schwierigkeitsgrad variiert, hohes Risiko)

In dem Spiel, in dem es darum geht, dass Sie die Arbeit finden, zu der Sie berufen sind, ist die Information ziemlich unvollständig. Sie werden nur dann gewinnen, wenn Sie eine Strategie entwickeln, die unabhängig davon funktioniert, wie beschränkt Ihre Informationen sind. Im zweiten Teil dieses Buches werden wir uns eine Auswahl spezifischer Optionen anschauen – alles unterschiedliche Methoden, mit denen Sie diese Denkweise in die Tat umsetzen können. Zunächst will ich Ihnen jedoch weitere Instrumente vorstellen, mithilfe derer Sie sich vor ungeahnten, unvermeidlichen Risiken schützen können, die Ihnen auf dem Weg zu Ihrer Traumkarriere begegnen werden.

WENN PLAN A SCHEITERT, DENKEN SIE DARAN, DASS NOCH 25 BUCHSTABEN ÜBRIG SIND

Vanessa Van Edwards hatte eine Botschaft, die sie der Welt übermitteln wollte. Als Expertin für Sozialpsychologie verbrachte sie ihre Zeit mit der Entwicklung von Seminaren zum Thema Überzeugung und Beeinflussung. Das Geschäft lief gut, aber sie wollte ihr Publikum erweitern. Sie fasste eine Partnerschaft mit Creative Live ins Auge, einer Online-Plattform für Lifestyle- und Business-Unterricht. Vanessa hatte ein paar Freunde, die Creative-Live-Kurse gegeben hatten, sodass sie einfach darum hätte bitten können, einem hochrangigen Entscheidungsträger in dem Unternehmen vorgestellt zu werden – aber das tat sie nicht.

Anstatt sich mit einem der Produzenten oder Manager bei Creative Live in Verbindung zu setzen, verfolgte sie einen anderen Ansatz. Sie schrieb eine E-Mail an den Kundendienst, in der sie erläuterte, warum ihr Kurs besonders effektiv sei.

Zunächst scheint dies eine überaus riskante Strategie zu sein. Eine Blindbewerbung ohne vorherigen persönlichen Kontakt zu schreiben, noch dazu an eine Allzweck-Mailadresse, die wahrscheinlich jede Menge solcher Anfragen erhielt? Es war das Online-Äquivalent von telefonischer Kaltakquise. Sicher waren die Erfolgschancen gering, wenn nicht praktisch null.

Aber Sie haben wohl bereits vermutet, dass Vanessa im Grunde ziemlich schlau war. Sie gab ihrer Botschaft einen unvergesslichen Betreff: „So verdienen Sie eine Menge Geld mit mir.“ In den E-Mail-Text fügte sie einen Link zu einer Diashow ein, in der detailliert erläutert wurde, warum ihr vorgeschlagener Kurs so gut zu dem Unternehmen passte. Als Expertin für Überzeugung setzte sie ihre Fertigkeiten nutzbringend ein, indem sie Argumente lieferte, welche es den Managern, die ihre E-Mail letztendlich lasen, leicht machte, Ja zu sagen.

Die Methode funktionierte. Vanessas Kurs wurde einer der kommerziell erfolgreichsten Creative-Live-Kurse – eine ordentliche Leistung angesichts der Tatsache, dass es Hunderte von Kursen gibt von allen möglichen Experten und großartigen Lehrern. Doch das ist nicht das Interessanteste in Bezug auf ihre Methode, zumindest nicht für mich. Als sie mir bei einer Tasse Kaffee diese Geschichte erzählte, musste ich immer wieder darüber nachdenken, welchen Weg sie für diese erste Bewerbung gewählt hatte. Es war zweifellos ein kühner Schritt, aber es klang auch unnötig riskant.

Ich fragte sie, warum sie nicht einfach den Weg über eine Empfehlung gewählt habe. Wären damit die Aussichten, mit ihrer Bewerbung einen wichtigen Entscheidungsträger zu erreichen, anstatt dass sie in einem Spamordner landet oder von einem Praktikanten gelöscht wird, nicht höher gewesen?

Ihre Antwort war interessant. Sie sagte zu mir, es sei ihr Ziel gewesen, Unterstützung für ihren Kurs im ganzen Unternehmen, nicht nur in der Chefetage zu finden. Sie strebte bei dem Projekt eine echte Partnerschaft an und wollte, dass die Leute mit direktem Kundenkontakt sie kennenlernten. (Ein leitender Produzent bei Creative

Live bestätigte, dass genau dies geschah: „Vanessas E-Mail ging durch sämtliche Ebenen des Unternehmens und wurde von einer Abteilung zur anderen weitergereicht.")

Aber dennoch beharrte ich auf der Frage, warum sie das Risiko der Ablehnung überhaupt eingegangen war.

Auf diese Frage hatte Vanessa eine weitere schnelle Antwort: „Oh, ich habe mir durchaus meine Gedanken darüber gemacht. Wenn die Blindbewerbung nicht wie von mir erhofft funktioniert hätte, dann hätte ich mich an das Empfehlungsnetzwerk gewandt." Da verstand ich: Es gab überhaupt kein Risiko. Da ihr ursprünglicher Ansatz nur ihr Plan A gewesen war, hatte sie eine ganze Reihe von Ersatzplänen auf Lager für den Fall, dass Plan A misslingen würde. Anders gesagt, auch wenn die Blindbewerbung ihr optimales Szenario war, verließ sie sich nicht darauf. Wenn es nicht funktionierte, würde sie einfach die Taktik ändern.

Als ich ins Geschäftsleben einstieg, machte ich gern Sprüche wie: „Zum Teufel mit den Notfallplänen! Notfallpläne sind was für Feiglinge." Aber nun weiß ich, dass dies für gewöhnlich nicht die beste Idee ist. Notfallpläne machen uns nicht zu Feiglingen; tatsächlich ermöglichen sie es uns, mehr Risiken einzugehen.

WIE MAN EINEN NOTFLALLPLAN MACHT: DIE WENN-DANN-METHODE

Programmierer und Buchhalter verwenden wenn-dann-Aussagen, um Computerprogrammen zu sagen, wie sie Informationen verarbeiten sollen. Wenn eine bestimmte Aktion sich als zutreffend erweist, dann wird eine andere Aktion ausgeführt. Die wenn-dann-Logik bildet auch die Grundlage für die deduktive Folgerung im Alltag:

Wenn du den Wasserhahn zudrehst, hört das Wasser auf zu laufen.
Wenn du ohne Schirm rausgehst, wirst du nass.
Wenn du viel Kaffee trinkst, wirst du dich hervorragend fühlen.

Beim Programmieren versuchen gute Programmierer, störungssichere Optionen zu schaffen für den Fall, dass etwas nicht wie geplant funktioniert. Beispielsweise verwenden Stadtplaner in Tokio diese Methode, um herauszufinden, wie man Pendler mit minimaler Hetze und Verspätung umleitet, wenn eine U-Bahn-Linie ausfällt.

Sie können diese Art von wenn-dann-Denken auch auf Ihre Karriereplanung anwenden. Denken Sie an Vanessas Beispiel, eine Blindbewerbung an die untere Hierarchieebene des Unternehmens zu richten, anstatt sich über eine persönliche Empfehlung direkt an die Chefabteilung zu wenden.

Ziel: Jeden im Unternehmen für den Kurs begeistern.
Plan A: Sich auf der unteren Hierarchieebene bewerben und darauf hoffen, dass es bis nach oben durchdringt.
Plan B: Um eine Empfehlung bitten.

So könnte ihre wenn-dann-Gleichung ausgesehen haben:

Wenn eine Bewerbung auf der unteren Hierarchieebene dazu führt, dass in der Chefetage sich alle für den Kurs begeistern, dann hier die Aktion beenden und feiern.

Wenn die Bewerbung auf der unteren Hierarchieebene nicht alle in der Chefetage für den Kurs begeistert, dann als Nächstes um eine Empfehlung bitten.

Wenn Sie nächstes Mal einen potenziell riskanten Schachzug oder ein potenziell riskantes Unterfangen vorhaben, sollten Sie sich erst einmal hinsetzen und Ihre eigene wenn-dann-Gleichung skizzieren. Denken Sie daran, dass es *immer* einen Ersatzplan geben kann. Wenn Plan A misslingt, sind noch 25 Buchstaben übrig.

EINE KARRIEREVERSICHERUNG ABSCHLIESSEN

Wenn Sie einen Rauchmelder zu Hause haben, ist es wahrscheinlich eine gute Idee sicherzustellen, dass die Batterien funktionieren. Wenn Sie Kinder oder andere von Ihnen abhängige Angehörige haben, werden Sie vielleicht eine Lebensversicherung abschließen wollen für den Fall, dass Ihnen etwas passiert. Egal wie Ihre familiäre Situation aussieht, es ist normalerweise nie verkehrt, für Notfälle etwas auf dem Sparbuch zu haben oder zumindest die Ausgaben von drei Monaten abdecken zu können. Das sind nur drei Beispiele allgemein verbreiteter Sicherheitsmaßnahmen, welche die Leute gern nutzen, um sich im Hinblick auf einen Todes- oder Katastrophenfall oder einfach vor Pech zu schützen.

Bei Sicherheit geht es jedoch nicht nur um Geld; es ist auch ein Gefühl. Ebenso wie Sie Maßnahmen ergreifen sollten, um eine greifbare Sicherheit wie das Sparbuch zu haben, sollten Sie auch an der Entwicklung eines Sicherheitsgefühls arbeiten, das es Ihnen ermöglicht, bei der Suche nach Ihrer Traumkarriere mehr Risiken einzugehen.

Dies können Sie tun, indem Sie wie folgt eine „Karriereversicherung" entwickeln.

Mehr als eine Einkommensquelle haben. Selbst wenn Sie kein Unternehmer oder Immobilienmogul sein wollen, ist ein regelmäßiges Einkommen aus mehreren Jobs oft die einfachste und beste Methode zur Risikoreduzierung. Im weiteren Verlauf des Buches erläutern wir die Idee eines Nebenjobs, mithilfe dessen Sie sich zusätzliche Einkommensquellen erschließen können, während Sie gleichzeitig in einem Hauptberuf arbeiten.

Ausgaben geringer als Einnahmen halten. Es gibt ein altes Sprichwort über das Glück: Wenn Ihr Einkommen höher ist als Ihre Ausgaben, werden Sie glücklich sein, egal wie viel Geld Sie verdienen. Aus demselben Grund werden Sie unglücklich sein, wenn Ihre Ausgaben Ihre Einnahmen überschreiten, ebenso unabhängig davon, wie viel Geld hereinkommt. Das ist vielleicht sehr vereinfacht dargestellt, aber es ist grundsätzlich ein solider Ratschlag, darauf zu achten, was Sie im Verhältnis zu Ihren Einnahmen ausgeben. Wenn Ihr Einkommen steigt, geben Sie in der Regel mehr aus – und das ist nicht unbedingt etwas Schlechtes. Wichtig ist, sicherzustellen, dass Sie nicht mehr ausgeben, als hereinkommt.

Gute Beziehungen mit anderen Leuten unterhalten. Vor langer Zeit schrieb Stephen Covey über das Konzept von „emotionalen Bankkonten", wo man laufend in das Leben anderer Menschen einzahlen kann, indem man freundlich, hilfsbereit und ansprechbar ist. Da Beziehungen immer Ihr größter Vermögenswert sind, sollten Sie sich die Zeit nehmen, regelmäßig auszuwerten, wie Sie ein besserer Freund und Kollege sein können.

Übrigens, die konsequente Nutzung sozialer Medien kann Ihnen dabei helfen, sich mit Freunden und Kollegen zu vernetzen. Soziale Medien sind für sich genommen nicht wirklich ein Sicherheitsplan, aber es ist für gewöhnlich unvorteilhaft, sich wie ein Mönch im Internet zu bewegen, wenn Sie in Ihrer Karriere vorankommen wollen. Legen Sie keine Profile auf unzähligen Seiten an, die Sie dann nicht mehr aktualisieren; in der Regel ist es besser, ein aktives Profil auf einigen wenigen Plattformen zu unterhalten. (Lesen Sie mehr über die effektive Nutzung sozialer Medien auf den Seiten 186 bis 187.)

WÄHLEN SIE DIE RICHTIGEN ZAHLEN AUS

Steve Harpers Kompetenz half ihm dabei, ein gefragter Ansprechpartner für die Organisation größerer Veranstaltungen zu werden, selbst nachdem er den riskanten Schritt gegangen war, seine Tätigkeit im Veranstaltungsmanagement ohne konkrete Zukunftspläne aufzugeben. Da er etwas auf die hohe Kante gelegt hatte, indem er weniger ausgab, als er während seiner Tätigkeit rund um die Uhr verdiente, verfügte er über das finanzielle Polster, mithilfe dessen er entscheiden konnte, wohin sein nächster Weg ihn führen würde. Er war klug und kreativ, aber er war auch äußerst verlässlich – Charakterzüge, die in der Unterhaltungsbranche nicht immer Hand in Hand gehen.

Vanessa Van Edwards unternahm einen kühnen Schritt, als sie sich über das übliche Vorgehen hinwegsetzte, sich vor der Bewerbung um eine Empfehlung zu bemühen. Sie hatte Glück und das Wagnis zahlte sich aus. Doch beim gegenteiligen Ergebnis wäre sie einfach zu Plan B übergegangen und wäre wahrscheinlich immer noch erfolgreich gewesen.

Was können Sie tun, um mehr Glück zu haben? Eine alte Faustregel lautet, dass das Glück vorhersehbar ist und dass Sie mehr Risiken eingehen müssen, um mehr Glück zu haben. Wir wollen dies ein wenig modifizieren: Gehen Sie *bessere Risiken* ein, um mehr Glück zu haben. Denken Sie daran, es ist nicht nur ein Zahlenspiel. Es geht darum, dass Sie Ihr Risiko managen, indem Sie überhaupt erst die richtigen Zahlen auswählen.

Anmerkungen

1. In Anhang 3 finden Sie Informationen darüber, wie Sie beim Tic-Tac-Toe immer gewinnen oder ein Unentschieden erreichen.

„Wenn Sie irgendeine Art von Kunst schaffen wollen, geht es nicht ohne Arbeit, und Sie müssen die Arbeit zuerst für sich selbst machen. Es nützt nichts, untätig herumzusitzen und die ‚Eines Tages werde ich …'-Story zu erzählen. Ich habe das viel zu lang getan. Der erste Schritt besteht darin, dass man tatsächlich loslegt und nicht nur darüber redet. Mein Mantra lautet mittlerweile: Einfach loslegen, auch wenn es nicht perfekt ist."

– LEONIE, 47
KÜNSTLERIN

KAPITEL 4

DAS EINMALEINS DES GEFÄNGNISAUSBRUCHS

ZIEL: Die richtigen Fertigkeiten beherrschen

Aus dem Gefängnis auszubrechen – ob es sich nun um ein echtes oder um eine Box in einem Großraumbüro handelt –, wird Sie dazu zwingen, anders zu denken und vielfältige Instrumente zu verwenden. Die meisten Universitäten bieten keinen Abschluss in Entfesselungskunst an, und selbst wenn Sie das Eckbüro verlassen, wird niemand Ihnen einen Schlüssel zur Freiheit überreichen. Ebenso wie im Gefängnis müssen Sie diesen Schlüssel schon selbst anfertigen.

Daniel Vlcek hatte die Idee, etwas Nettes für das 50-köpfige Team zu tun, dessen Vorgesetzter er bei einem Immobilienverwaltungsunternehmen in Colorado war. Bei einer Besprechung über das Budget mit seiner Chefin und anderen Managern bat er um 2.000 Dollar, um mehrmals im Jahr Pizza und Eis für eine kleine Feier am Freitagnachmittag zu kaufen.

Kommt absolut nicht infrage, sagte seine Chefin zu ihm. *Wir können uns das einfach nicht leisten.*

Daniel wusste, dass das nicht stimmte. Das Unternehmen war äußerst rentabel und zahlte jährliche Gehälter von insgesamt einer Million Dollar. 2.000 Dollar waren eine geringe Summe, um die Mitarbeiter zu belohnen, die während der arbeitsintensiven Touristensaison jede Menge zu tun hatten.

Dieses Gespräch war das letzte in einer Reihe frustrierender Begegnungen, die er mit seiner Chefin hatte. Am nächsten Tag marschierte er mit einem Kündigungsschreiben und einer kühnen Äußerung in ihr Büro: „Ich habe eine großartige Idee, die uns dabei helfen wird, Geld zu sparen. Ich kündige."

In dem Moment, da Daniel diese Wörter über die Lippen gingen, plante er nicht unbedingt, *sofort* das Unternehmen zu verlassen. Er hoffte vielmehr, mit der Kündigung zu drohen als Solidaritätsbekundung für sein Team würde ihm Respekt einbringen und die Chefin dazu bewegen, ihre Meinung zu ändern. Leider lief es nicht so. Sie akzeptierte seine Kündigung widerspruchslos. Er stieg in sein Auto und fuhr zu einem See – wo er immer seine besten Gedanken hatte – um herauszufinden, was er als Nächstes tun sollte.

Daniel war vor über zehn Jahren aus der Tschechischen Republik in die Vereinigten Staaten eingewandert. Er hatte eine Ausbildung als Elektriker und einen Master-Abschluss in Marketing, aber bei seiner Ankunft in Colorado hatte er kein Wort Englisch gesprochen. Während er die Sprache immer besser lernte, arbeitete er als Putzkraft. Im Laufe der Zeit wurde er mehrmals befördert, bis er schließlich Teamleiter wurde – doch ihm war klar, dass das Angestelltendasein, selbst in einer Führungsfunktion, nicht sein ultimatives Ziel war.

Etwa um diese Zeit ereigneten sich zwei andere Dinge, die entscheidend für seine Zukunft waren. Ein College-Student, der in dem Unternehmen im Sommer als Aushilfe jobbte, schenkte Daniel zum Abschied ein Buch über Führung. Zunächst hielt Daniel dieses Geschenk für eine Beleidigung – „der versucht wohl, mir zu sagen, dass ich Hilfe nötig habe" –, aber sobald er es aufgeschlagen hatte, war er begeistert davon.

Das Ziel, sich zu einer besseren Führungskraft zu entwickeln, passte gut zu einem anderen Ziel von ihm: Freiheit und Flexibilität. Der Eigentümer des Unternehmens war vor Kurzem für ein paar

Wochen nach Arizona geflogen und hatte nichts anderes auf dem Terminplan als Golfspielen. „Er legte mir die Hand auf die Schulter", sagte Daniel zu mir, „und meinte: ‚Toller Job.' Dann stieg er in seinen Porsche und rauschte davon." Die Freiheit, immer zum Golfspielen wegfahren zu können, wenn man gerade Lust dazu verspürte, erschien Daniel als ziemlich erstrebenswert.

Es ging Daniel nicht um das nette Auto oder die schicke Golfclub-Mitgliedschaft, sondern um die *Freiheit der Wahl*. Er wollte diese Freiheit auch – und er wollte den Menschen besser dienen, als es seiner Meinung nach das Unternehmen tat.

Nach dem Verlust seiner Arbeit beschäftigte er sich ein paar Wochen lang im Haus, aber er brachte nicht viel zustande. Schließlich nahm er seinen Mut zusammen und besuchte eine Nachbarin auf der gegenüberliegenden Straßenseite. Diese Nachbarin besaß ein Mietshaus und Daniel bot ihr an, für ein paar Dollar Schnee zu schippen, das Haus zu putzen und alles Nötige zu tun. Es war ein Minijob mit einem geringen Einkommen – aber sie war einverstanden und die positive Antwort war für Daniel ermutigend.

Gestärkt durch dieses kleine Erfolgserlebnis entschloss Daniel sich, eine Geschäftsidee in die Tat umzusetzen, die er schon lange im Hinterkopf gehabt hatte: Mietshäuser zu verwalten. Er beschaffte sich die Adressen von 100 örtlichen Immobilieneigentümern und schickte ihnen 100 handgeschriebene Postkarten, um seine Dienste anzubieten. „Es dauerte ewig", sagte er, „aber ich hatte viel Zeit."

Nur eine einzige Antwort kam zurück, aber sie enthielt einen Dienstleistungsvertrag. Er hatte seinen ersten Kunden!

Als er später über das Experiment mit den handgeschriebenen Postkarten nachdachte, kam er zwar zu dem Schluss, dass eine Ausbeute in Höhe von ein Prozent eigentlich nicht so berauschend ist, aber er hatte immerhin bei null angefangen und etwas erreicht. Kurzum, er war glücklich.

Obwohl er immer noch reichlich Zeit hatte, entschloss er sich, nicht noch einmal 100 Karten mit der Hand zu schreiben. Für seine nächste Akquise-Aktion recherchierte er die Telefonnummern einer anderen Gruppe von Immobilieneigentümern und schickte jedem von ihnen eine Textnachricht. Daniel wollte nicht so gern telefonische Kaltakquise machen, aber er dachte sich, eine kurze SMS könnte nicht schaden.

Diese Kampagne führte zu zwei weiteren Kunden, und er wertete seine Vorgehensweise noch einmal aus. Im Verlauf einiger Monate hatte er sein angestrebtes Jahreseinkommen von 27.000 Dollar erreicht. Zwar ist dies keine große Summe im Hinblick auf die teuren Skiorte in Colorado, aber für einen Unternehmensgründer war es fantastisch.

Noch besser, es ermöglichte ihm die Flexibilität und Freiheit, die er immer gesucht hatte. Als Vater von drei Kindern begann Daniel, seine Terminplanung an seinen Kindern auszurichten: Er stand früh auf, um zu arbeiten, brachte dann vor dem nächsten Arbeitsabschnitt seine Kinder zur Schule, um sie an den meisten Nachmittagen später zwischen 14 und 16 Uhr zu den Skihängen zu bringen. Wie viele andere fleißige Geschäftsinhaber arbeitete er nicht unbedingt mehr, aber er machte *bessere* Arbeit, und er arbeitete zu seinen eigenen Konditionen.

Ein Jahr später hatte er eine volle Kundenliste und konnte bereits Mitarbeiter zur Aushilfe einstellen. Sein langfristiges Ziel ist es, Eigentümer eines Hotels zu werden, aber falls dies nicht so schnell gelingen sollte, macht er sich deshalb keine Sorgen. „Das Leben ist 1.000 Prozent besser“, sagte er zu mir. „Ich bin froh, dass meine Chefin keine Pizza für das Team kaufen wollte, denn jetzt kann ich es selbst tun.“ Zum ersten Mal in seiner beruflichen Laufbahn fühlte er sich wirklich wie ein freier Mensch.

SIE SIND EINGESPERRT. WAS TUN SIE?

Heutzutage ist Alcatraz Island eine Touristenfalle, die eine teure Fahrt mit der Fähre von Fisherman’s Wharf in San Francisco entfernt ist. Für den Spottpreis von 45 Dollar können Sie die Insel besuchen, auf der Al Capone gefangen gehalten wurde, und etwas über ihre Geschichte als Bundesgefängnis erfahren.

Bevor das Gefängnis 1963 stillgelegt wurde, reichte es nicht, mit einer Kreditkarte zu bezahlen und seinen Lichtbildausweis vorzuzeigen, um Zugang nach Alcatraz zu bekommen. Vielmehr musste man, um dorthin geschickt zu werden, ein Schwerverbrecher sein, bei dem eine hohe Fluchtgefahr bestand; normalerweise traf dies auf Personen mit einer langjährigen Haftstrafe zu ohne Aussicht auf vorzeitige Entlassung. Das Gefängnis wurde als ausbruchssicher betrachtet, und Sie wissen wahrscheinlich, was als Nächstes passierte. Ebenso wie die *Titanic* das unsinkbare Schiff war, das im Atlantik unterging, war Alcatraz das undurchdringliche Gefängnis, das als Kulisse für einen der spektakulärsten Ausbrüche in der Gefängnisgeschichte diente.

In der Nacht des 11. Juni 1962 entschlossen sich drei Gefangene, vorzeitig aus Alcatraz abzureisen. Innerhalb eines Jahres hatten sie mit Löffeln Löcher in die Zellenwände gegraben, die praktischerweise zu einem Betriebskorridor führten. Nachdem sie das große Graben beendet hatten, begaben sie sich auf einem aufblasbaren Floß, das mithilfe von Kontaktkleber aus Regenmänteln zusammengebaut war, aufs Meer. Sie waren bereits acht Stunden weg, bevor es jemand bemerkte, und wurden nie mehr gefangen.

Was, wenn *Sie* auf Alcatraz Island gefangen wären – und was, wenn die Situation sogar noch schlimmer wäre? Denken Sie an das Worst-Case-Szenario: Sie wurden zu einer Haftstrafe verurteilt für ein Verbrechen, das Sie gar nicht begangen haben. Es gibt keinen Berufungsprozess. Die Uhr tickt und Sie haben nur zwei Optionen. Sie können entweder Ihr Schicksal akzeptieren und für das Verbrechen eines anderen bezahlen oder Sie können versuchen zu flüchten. Natürlich werden Sie versuchen zu flüchten! Aber wie?

Da Sie unschuldig sind, sind Sie möglicherweise nicht allzu erfahren, was die Fertigkeiten eines Kriminellen angeht. Aber im Gefängnis haben Sie viel Zeit zum Nachdenken, also verbringen Sie Ihre Zeit damit, einen Fluchtplan zu entwickeln. Zunächst bemerken Sie, dass Ihr Plan vielfältige Fertigkeiten erfordert. Vielleicht kann Ihr Abschluss in Betriebswirtschaft Ihnen eine leichte Arbeit im Verwaltungsflügel verschaffen, was Ihnen wiederum ermöglicht, Hilfsmittel zu sammeln und sich mit jedem erdenklichen Fluchtweg vertraut zu machen. Vielleicht müssen Sie dann mithilfe von Gefängnisseife (oder was sonst Ihnen in Ihrer Zelle zur Verfügung steht) heimlich eine Schlüsselkopie anfertigen, was die Reaktivierung lang vergessener Pfadfinder-Fertigkeiten erfordert.

Möglicherweise müssen Sie auch Ihre Sozialkompetenz nutzen, indem Sie einen Wärter auf Ihre Seite ziehen oder sich zumindest mit den Arbeitsabläufen der Wärter vertraut machen. Sie hoffen, dass

Sie keine Gewalt anwenden müssen – Sie wollen einfach nur raus! Trotzdem sollten Sie sich besser mit Kampfkunst beschäftigen, damit Sie sich im Falle eines Angriffs verteidigen können.

Der Punkt ist: Ein Gefängnisausbruch, sei es nun ein echter oder das Karriereäquivalent, bei dem Sie in dem Käfig eines Großraumbüros eingesperrt sind, zwingt Sie dazu, anders zu denken und eine Bandbreite verschiedener Fertigkeiten und Instrumente zu nutzen. Die meisten Universitäten verleihen keine Abschlüsse in Entfesselungskunst, und selbst wenn Ihr Gefängnis in einem Unternehmen ist, wird niemand Ihnen den Schlüssel zur Freiheit überreichen. Genau wie in einem Gefängnis werden Sie sich selbst einen anfertigen müssen.

DIE KUNST DER TRANSFORMATION VON FERTIGKEITEN

Nach der unerwarteten Annahme seiner Kündigung war Daniel über Nacht arbeits- und perspektivlos. Er saß am See und dachte über seine Träume und Ziele nach, aber er überlegte sich auch, worin er gut war. Diese Kombination führte ihn letztendlich zu seiner Antwort.

Bei der Arbeit mit Tausenden von Menschen, die erfolgreich aus dem Gefängnis ausgebrochen sind, habe ich festgestellt, dass ihre Erfolgsaussichten am besten sind, wenn sie sich nicht nur auf die Verbesserung ihrer Fertigkeiten konzentrieren, sondern auch auf die Verbesserung der *richtigen* Fertigkeiten. Normalerweise sind sie sich auch zweier wichtiger Fakten stark bewusst. Die erste lautet, dass *jeder Experte für irgendetwas ist.* Oft hat das „etwas“ nichts mit Ihrer Ausbildung und nichts mit Ihrer langjährigen beruflichen Tätigkeit zu tun. Jeder hat eine weitere Fertigkeit oder Wissensquelle, die vielleicht versteckt oder momentan ungenutzt ist, jedoch bei der Verfolgung eines anderen (und profitableren) Karriereziels aufgedeckt und entwickelt werden kann.

Die zweite wichtige Tatsache ist: *Wenn Sie gut in einer Sache sind, dann sind Sie es wahrscheinlich auch in einer anderen.* Auch wenn Ihre formalen Qualifikationen bei Ihrer Suche nach Freiheit nicht übermäßig relevant sein sollten, haben Sie im Laufe Ihrer Tätigkeit wahrscheinlich Fertigkeiten erlangt, die neu aufgestellt oder verlagert werden können. Qualifikationen zeigen, dass Sie Anweisungen befolgen können (gut gemacht!). Doch das ausschließliche Befolgen von Anweisungen führt kaum zur Freiheit. Fertigkeiten zeigen, dass Sie Dinge erledigen können, und sie sind der Schlüssel zu Erfolg und Glück in Ihrem Leben nach der Gefängniszeit.

Wenn Sie Freiheit finden wollen, müssen Sie die Denkweise hinter sich lassen, die bisher prägend für Sie war. Das ist der Punkt, wo es darum geht, die richtigen Fertigkeiten zu beherrschen.

DIE AUTODIDAKTISCHE YOGALEHRERIN

Heutzutage ist es leichter als jemals zuvor, die Fertigkeiten, die Sie für den Fortschritt Ihrer Karriere benötigen, selbstständig zu lernen. Ein Beispiel dafür ist diese unkonventionelle Geschichte einer Person, die anonym bleiben möchte:

„Ich arbeitete als Personal Trainerin, daher wusste ich viel über den Körper. Aber ich hatte nicht viel Ahnung von Yoga, und die Vorstellung, einen 200-stündigen Zertifizierungskurs zu machen, erschien mir wenig verlockend. Stattdessen wandte ich mich an meinen örtlichen DVD-Verleih – das war zu einer Zeit, als es solche Dinge noch gab. Ich ging in den Laden und lieh mir jede Yoga-DVD aus, die ich finden konnte. Dann bestellte ich bei Amazon ein weiteres Dutzend Videos. Im Laufe der nächsten Woche sah ich mir jedes davon an und machte mir sorgfältig Notizen zur Terminologie und zu Positionen.

Das war mein ganzes Training. In der darauffolgenden Woche begann ich, Unterricht zu geben. Ich betrat das Studio und versuchte, meine Nervosität nicht zu zeigen. Aber es war kein Problem! Meine erste Unterrichtsstunde lief gut, und ich machte weiter mit drei Unterrichtseinheiten pro Tag an fünf Tagen in der Woche. Mittlerweile habe ich für meinen Unterricht Preise gewonnen und unser Studio ist gut ausgebucht. Witzigerweise bat man mich auch schon, andere Personen zu Yogalehrern auszubilden. Dann erinnere ich mich immer an meinen Ausflug zu diesem Videoverleih und ich kann mir ein Lächeln nicht verkneifen."

Lektion: Es gibt oft mehr als eine Methode, einen Job zu machen oder die benötigten Qualifikationen zu erwerben.

IHRE VORHANDENEN FERTIGKEITEN AUSFINDIG MACHEN UND NEU ANWENDEN

In jedem guten Gefängnisausbruchsfilm gibt es normalerweise einen Star in der Hauptrolle und weitere Nebenrollen. Der Star – er ist natürlich unschuldig! – hat einen zusammengewürfelten Haufen von Komplizen hinter sich, die alle mit anpacken, um beim Ausbruchsversuch des Helden hilfreich (manchmal auch hinderlich) zu sein. Typischerweise hat jeder Komplize eine besondere Fertigkeit. Da gibt es den Werkzeugmacher, der im Maschinenraum arbeitet und alles reparieren kann. Dann gibt es den Typ mit dem Abschluss in Pharmazie, der Schlaftabletten für den Kaffee des Nachwärters organisieren kann. Nicht zu vergessen der kleine, schlanke Typ, der sich in enge Zwischenräume quetschen kann.

Die meisten dieser spezialisierten Fertigkeiten und Fähigkeiten sind nicht austauschbar noch lassen sie sich leicht erlernen. Wenn Sie nicht wissen, wie man das Stromnetz im Gefängnis mit einem Kurzschluss lahmlegt, um die Lichter im Wachturm auszuschalten, dann werden Sie diese Fertigkeit wahrscheinlich nicht in einer kurzen Zeitspanne erlernen. Für die meisten Menschen ist es nicht so einfach, Zugang zu Arzneimitteln zu bekommen. Und klein und schlank zu sein hängt von der genetischen Disposition ab, ist also nichts, was Sie sich einfach herbeiwünschen können.

Bevor Sie sich also um eine Verbesserung vorhandener und den Erwerb neuer Fertigkeiten kümmern (mehr dazu in Kürze) zahlt es sich aus, zu verstehen, was Ihre bereits vorhandenen Fertigkeiten sind.

Eine Unmenge von Büchern, Tests und Kursen wollen Ihnen dabei helfen, Ihre persönlichen Stärken herauszufinden und zu erfassen.

Aber warum so kompliziert? Die kennen Sie doch selbst am besten, oder? Hier ist eine simple Alternative.

1. Machen Sie eine Liste von Dingen, in denen Sie gut sind. *Listen Sie alles auf, worin Sie sich auskennen. Zu dieser Liste kann Folgendes gehören:*

- Fertigkeiten, die Sie im College, an der Universität oder an einer anderen höheren Bildungseinrichtung erworben haben
- Fertigkeiten, die Sie von einem Elternteil oder einem anderen Vorbild erlernt haben
- Fertigkeiten, die Sie im Laufe Ihres Arbeitslebens oder Ihrer Karriere erworben haben
- Fertigkeiten, die Sie sich selbst angeeignet haben, entweder durch das Lesen von Büchern und Zeitungsartikeln, durch ein Online-Seminar oder einfach durch Versuch und Irrtum

In Kapitel 2 haben Sie von Angela, der Ingenieurin, gehört. Angela war gut im Produktdesign und fand heraus, wie sie ihre Fertigkeiten einsetzen konnte, um bei einem fortschrittlich denkenden Unternehmen zur Verbesserung der Umwelt beizutragen. In Kapitel 3 ging es um Steve Harper, den Eventmanagement-Koordinator. Steve hatte früh gemerkt, dass es ihm Spaß machte, das Ton- und Beleuchtungs-Design für Konzerte und Shows auszutüfteln, und er hat darauf ein erfolgreiches Unternehmen aufgebaut. Jede dieser Fertigkeiten ist wertvoll und in gewisser Weise einzigartig. Selbst wenn Ihre Fertigkeiten nicht so spezialisiert sind, sollten Sie eine einfache Liste mit Ihren Stärken erstellen.

2. Notieren Sie mindestens eine Sache, die Ihnen zuwider ist und worin Sie nicht gut sind. *Ebenso wie wir zur erfolgreichen Ausführung eines Gefängnisausbruchs unsere Fertigkeiten kennen müssen, ist es auch wichtig, sich der eigenen Schwächen bewusst zu sein. Wenn Sie beispielsweise keinerlei Ahnung von Technik haben, ist der Versuch, das Gefängnisalarmsystem zu hacken und lahmzulegen, wahrscheinlich nicht die beste Fluchtmethode.*

Ihre größte Schwäche wird wahrscheinlich nie eine Stärke, insbesondere wenn es nicht etwas ist, bei dem Sie sich gerne verbessern würden. Ich persönlich hasse es, irgendwelche Maschinen zu reparieren. Wenn Sie und ich gemeinsam aus dem Gefängnis ausbrechen, dann bin ich jedenfalls nicht derjenige, der für die Reparaturen zuständig ist.

Kurz gesagt, bei diesen beiden Listen geht es darum, dass Sie sich darauf konzentrieren, was verbessert werden muss – und denken Sie daran, es ist nicht unbedingt die Sache, von der Sie am wenigsten Ahnung haben.

MACHEN SIE SICH IHRE EIGENE COUNTDOWN-UHR

Die letzten Jahre der Weltraumfahrtkarriere meines Vaters waren nicht so erfreulich wie die früheren. Wahrscheinlich war es mein Fehler: Ich war nicht da, um ihm beim Test der Raumfähre zu helfen oder ihn zu bedrängen, mich zu Burger King mitzunehmen. Schließlich ging er in Rente und trat in eine neue Lebensphase ein, indem er Mystery-Romane und Kurzgeschichten schrieb. Bevor er seine Arbeitsnische in einem Großraumbüro verließ und ein Büro am Strand bezog, legte er eine Tabelle an, welche die Anzahl der Tage bis zu seinem Rentenalter zeigte.

Bald wurde es zum Thema beim Tischgespräch: „Hey, Dad, wie lange machst du noch deinen Brotjob?“, fragte ich. „Oh, ich weiß nicht genau ... warte mal ... Sieht aus, als hätte ich noch 673 Tage und vier Stunden vor mir.“ Soldaten, die sich in Langzeiteinsätzen befinden, tun dasselbe, indem sie die Zeit bis zum genauen Tag des geplanten Abzugs herunterzählen.

Wenn Sie in einer ähnlichen Situation sind, egal ob Sie nun in einem Großraumbüro, bei einem Militäreinsatz oder anderweitig festsitzen, machen Sie doch einfach Ihre eigene Countdown-Uhr. Sie können sich eine Tabelle erstellen, wie mein Vater es getan hat, eine App auf Ihrem Smartphone nutzen (es gibt etliche kostenlose) oder einfach die Tage in Ihrem Kalender ankreuzen.

Sie haben keine feste Deadline bis zu Ihrer Flucht? Dann legen Sie eine fest. Entscheiden Sie selbst, wann der Stichtag sein soll, und tun Sie alles, um darauf hinzuarbeiten. Wie auch immer Sie es machen, zählen Sie die Tage und bereiten Sie sich auf die Freiheit vor!

VERBESSERN SIE DIE RICHTIGEN FERTIGKEITEN

Wenn Leute über die „Verbesserung ihrer Fertigkeiten" nachdenken, denken sie meistens daran, bessere Excel-Tabellen zu erstellen oder unregelmäßige Verben in einer Fremdsprache zu üben. Größtenteils werden diese Dinge jedoch nicht dazu führen, dass Sie große Fortschritte in Ihrer Karriere machen.

Wenn es Ihr Ziel ist, sich von Ihrem verhassten Job zu befreien und Ihrem Traumjob näherzukommen, sollten Sie schnelle Fortschritte bei den richtigen Fertigkeiten machen. Diese kann man grundsätzlich in zwei Kategorien einteilen. In Ihrem spezifischen Bereich gibt es technische Fertigkeiten, die sich direkt auf Ihre Arbeit beziehen. Dazu gehört beispielsweise eine Software, die Sie beherrschen sollten, oder jede Art von praktischer Fertigkeit, die Ihr Job erfordert. Wir nennen diese Fertigkeiten „Hard Skills“ oder fachliche Fähigkeiten – das ist etwas, was nicht jeder kann, das aber relevant ist für das, was *Sie* tun.

Andere Fertigkeiten sind allgemeinerer Natur oder zumindest breit anwendbar. Wir nennen sie „Soft Skills“ oder Sozialkompetenz, weil diese Fertigkeiten Ihnen helfen, egal was Sie im Leben oder bei der Arbeit tun.

Wenn Sie Ihre Soft Skills verbessern, werden Sie ein besserer Mitarbeiter, ein attraktiverer Bewerber und ganz allgemein ein besserer Fürsprecher für sich selbst. Es gibt keinen guten Grund, die eigenen Soft Skills nicht zu verbessern, zumindest für die meisten von uns. Ach ja, und noch eines: Größtenteils lernt man Soft Skills nicht im Unterricht – man lernt sie draußen in der realen Welt. Die gute Nachricht lautet, dass Sie Soft Skills im Unterschied zu den Hard Skills, die Ihnen normalerweise ein Experte beibringen muss, sich selbst beibringen können.

1. Verbessern Sie Ihre schriftliche und mündliche Ausdrucksfähigkeit.

Sie müssen kein professioneller Autor sein, um von einer guten Ausdrucksfähigkeit zu profitieren, und die meisten Leute müssen zumindest hin und wieder in ihrem Beruf artikuliert sprechen. Besser schreiben zu können bedeutet nicht nur, die Grammatik und Orthografie perfekt zu beherrschen (auch professionelle Autoren nutzen eine Rechtschreibprüfung). Um besser zu schreiben, sollten Sie daran denken, dass es beim Schreiben im Wesentlichen darum geht, überzeugend zu sein. Achten Sie darauf, dass Ihr Text einen Handlungsaufruf enthält. Fragen Sie sich selbst: „Was sollen die Leute *tun*, nachdem sie dies gelesen haben?“

Ein weiteres Kennzeichen für gute Texte ist, dass sie einfach fesselnd sind. Selbst wenn Sie einen Unternehmensbericht schreiben, gibt es wahrscheinlich eine Methode, den Leser zu fesseln. Schreiben Sie prägnant und versuchen Sie, den Text interessant zu machen, egal um welches Thema es sich handelt. Eine Prise Humor ist durchaus hilfreich, ebenso kurze Anekdoten und Geschichten. Bevor Sie einen wichtigen Bericht wegschicken, lesen Sie ihn laut.

In Bezug auf die Verbesserung Ihrer rhetorischen Fähigkeiten ist der örtliche Toastmasters International Club eine gute Anlaufstelle (es gibt ihn in über 100 Ländern). Beachten Sie, dass die Art und Weise des öffentlichen Sprechens, die in Gruppen wie Toastmasters geübt wird, nicht unbedingt das ist, was Sie in Ihrem Job brauchen. Dennoch wird es Ihnen helfen, Selbstvertrauen zu gewinnen, und Sie werden mehr darüber lernen, wie man eine Sichtweise so präsentiert, dass sie Unterstützung findet. Wenn es in Ihrer Nähe keinen Club gibt, dann üben Sie das freie Sprechen mehr in Teamsitzungen oder bei einem Vortrag in der Schule Ihrer Kinder – aber natürlich nur dann, wenn Sie auch wirklich etwas zu sagen haben. Erzählen Sie Geschichten, um ein Prinzip zu illustrieren, und wenn Sie länger als ein bis zwei Minuten sprechen, legen Sie sich im Voraus Ihren ersten und Ihren letzten Satz zurecht. Entscheidend ist, dass Sie entspannter sind und natürlicher wirken, wenn Sie vor anderen sprechen.

Egal, welche Art von Arbeit Sie ausüben, es kommt darauf an, dass Sie in der Lage sind, ein überzeugendes Argument vorzubringen. Sowohl beim Schreiben als auch beim Sprechen geht es darum, überzeugend, interessant und selbstbewusst zu sein, um auf diese Weise andere Menschen zu gewinnen.

2. Lernen Sie zu verhandeln.

Verhandeln müssen nicht nur Diplomaten und Autoverkäufer. Bei der Kunst des Verhandelns geht es darum, für jedes Problem am Arbeitsplatz und auch im Privaten eine Lösung zu finden, die für alle Seiten befriedigend ist. Manche glauben, das Ziel des Verhandelns läge darin, den bestmöglichen Deal für sich selbst auszuhandeln – aber das ist nicht das Entscheidende, zumindest nicht um jeden Preis. Selbstverständlich wollen Sie Ihre Interessen wahrnehmen und ein gutes Ergebnis für sich erzielen, aber Sie wollen auch, dass die andere Partei den Tisch zufrieden verlässt.

Bei einer Reise nach China vor einigen Jahren bemerkte ich, wie schmal der Grat zwischen guter Verhandlungsführung und zu großer Aufdringlichkeit ist. Wenn ich auf dem Markt einen Preis ohne Feilschen akzeptierte, wurde ich als schwach und naiv betrachtet. In China und in vielen anderen Kulturen der Welt ist der zuerst genannte Preis nie der endgültige. Sie sollten immer darauf vorbereitet sein, ein Gegenangebot zu machen. Wenn ich jedoch zu viel debattierte, war der Händler beleidigt und zog sich aus dem Gespräch zurück.

Der Schlüssel zum Erfolg bestand darin, sich auf diesem schmalen Grat sicher zu bewegen – selbstbewusst aufzutreten, aber nicht so aggressiv, dass es die Leute vor den Kopf stößt. Diese Faustregel gilt in den meisten Situationen, wo es Ihr Ziel ist, die andere Person davon zu überzeugen, Ihnen zu geben, was Sie wollen. [1]

Um Ihr Verhandlungsgeschick zu verbessern, sollten Sie den klassischen Rat vom Pokertisch beachten: Es geht nicht nur darum, gut zu spielen; es geht darum, *zu wissen, an welchem Tisch man überhaupt spielt.* Bemühen Sie sich darum, klar zu verstehen, was Sie zu erreichen hoffen, und ebenso, was die andere Partei zu erreichen hofft. Spielen Sie Ihre Karten klug aus und sparen Sie sich Ihren Trumpf für den passenden Moment auf.

3. Verbessern Sie Ihre Fähigkeit, Dinge zu Ende zu führen und weiterzuverfolgen.

Erfolgreiche Menschen, egal aus welchem Bereich, sind gut darin, Dinge zu Ende zu führen und weiterzuverfolgen. Wenn Sie jemals bei einem Meeting waren, wo viele gute Ideen diskutiert wurden, ohne dass nachher etwas passierte, dann haben Sie eine großartige Gelegenheit gefunden, diese Fertigkeiten anzuwenden. Ideen zu haben ist leicht. Tatsächlich kommt es jedoch viel mehr darauf an, diese auch umzusetzen.

Sich Notizen zu machen ist eine der grundlegenden Methoden zur Verbesserung Ihrer Fähigkeit, Dinge zu Ende zu führen und weiterzuverfolgen. Es ist nahezu unmöglich, dass Sie sich an alles erinnern, was wichtig war, und der bloße Versuch, alles exakt im Gedächtnis zu behalten, kann sehr energieraubend sein. Schreiben Sie sich aber nicht nur Ihre To-do-Liste auf. Sie sollten sich auch eine Deadline setzen, bis wann Sie diese Liste abgearbeitet haben wollen. Das Weiterverfolgen ist nutzlos, wenn man es nicht schafft, zunächst einmal etwas zu Ende zu führen.

Es gibt viele verschiedene Systeme und Methoden, To-do-Listen zu führen. Es ist egal, welches System Sie wählen, solange es für Sie funktioniert.

4. Freunden Sie sich mit nützlicher Technologie an

Der Wirtschaftswissenschaftler Tyler Cowen schreibt einen täglichen Blog namens *Marginal Revolution*. Eine seiner Theorien über die

Zukunft ist, dass die Welt noch stärker gespalten sein wird und eine größere Ungleichheit herrschen wird als heutzutage. Die Spaltung besteht aus seiner Sicht jedoch nicht nur zwischen Arm und Reich, sondern zwischen denjenigen, die sich gut mit der Technologie auskennen, und denjenigen, die sich ihr verweigern. „Spitzenverdiener" sind seiner Terminologie zufolge diejenigen, die alle möglichen Computer regelmäßig nutzen. „Geringverdiener" sind diejenigen, die Geräte und Software nur ungern nutzen. Anders gesagt, die Erfolgreichen der Zukunft werden diejenigen sein, welche die Fertigkeiten haben, Technologie zu nutzen, um ihr Leben besser und produktiver zu machen.

Beim Ausbruch aus dem Gefängnis – oder aus irgendeinem Job, den Sie nicht mögen – erhöht die Verbesserung Ihrer Soft Skills Ihren Wert auf dem Arbeitsmarkt außerhalb des Gefängnisses und hilft Ihnen dabei, sich den Arbeitsbereich zu erschließen, für den Sie geboren wurden.

SEIEN SIE NICHT NUR GUT – SEIEN SIE SO GUT, DASS MAN SIE NICHT IGNORIEREN KANN

Vor einigen Jahren begann ich eine Zusammenarbeit mit dem Web-Entwickler Nicky Hajal. Entwickler sind ein interessantes Völkchen: Sie sind fast immer hochqualifiziert, tun Dinge aber oft auf ihre eigene Weise und entsprechend ihrem eigenen Zeitplan. Ebenso – das stimmt natürlich nicht immer – konzentrieren Sie sich manchmal sehr stark auf den technisch-detaillierten Teil einer Aufgabe, wodurch ihnen der Blick auf das Gesamtbild verstellt wird.

Nicky war anders. Von unseren ersten Begegnungen an war mir klar, dass er sich dafür interessierte, die Technologie so zu nutzen, dass sie *Dinge besser macht*, nicht um der Technologie selbst willen. Er wurde vom Streben nach Fortschritt und Verbesserung motiviert, und wenn er auf keine Lösung kam, probierte er weiter, statt aufzugeben oder seinen Vorgesetzten das Scheitern eines Projekts zu melden.

Nicky war auch phänomenal, wenn es darum ging, hartnäckig zu bleiben und Projekte durchzuziehen. Einmal hatte ich ein Projekt, das ursprünglich ein anderer Entwickler fertigstellen sollte. Diese Person veranschlagte sechs Wochen dafür, wir konnten ihm aber unmöglich so viel Zeit geben. Ich hatte das Gefühl, Nicky würde es in zwei Wochen hinkriegen, aber als ich ihn fragte, überraschte mich seine Antwort noch mehr: „Gib mir drei Tage." Tatsächlich lieferte er drei Tage später das fertige Projekt ab – mit einigen Zusatzfunktionen, die ihm „nützlich erschienen".

Der Punkt ist, dass Nicky nicht nur ein qualifizierter Programmierer ist (Hard Skills); er ist auch engagiert, wissbegierig und problemlösungsorientiert (Soft Skills). Und diese Soft Skills sind nicht nur für Programmierer wichtig, sondern praktisch in jedem Beruf. Als Daniel Vleck seinen Job kündigte und sich selbstständig machte, hatte er bereits die Hard Skills im Bereich der Immobilienverwaltung, da er ausgebildeter Elektriker war und jahrelang als Hausmeister für Ferienwohnungen in Colorado tätig gewesen war. Für seinen Erfolg entscheidend war jedoch die Beharrlichkeit, mit der er sich darum bemühte, die Soft Skills zu beherrschen, insbesondere die Fähigkeit, mit anderen zusammenzuarbeiten.

Als er seine Scheu überwunden hatte, bei Hauseigentümern anzuklopfen und mit ihnen zu sprechen, stellte er fest, dass er sie problemlos von seiner Fähigkeit überzeugen konnte, ihre gesamte Buchhaltung und Verwaltung zu übernehmen. Tatsächlich wuchs sein Geschäft umso mehr, je besser seine Sozialkompetenz wurde. Und je besser er im Geschäft war, umso mehr konnte er die Freiheit genießen, die er immer gesucht hatte. Der Verlust seines Jobs, sagte er später, sei mit das Beste gewesen, was ihm jemals widerfahren sei.

Um es zusammenzufassen:

Fachkräfte mit geringer Qualifikation: unerwünscht
Fachkräfte mit starken Hard Skills, aber schwacher Sozialkompetenz: kurzfristig gebraucht, aber nicht immer langfristig geschätzt
Fachkräfte mit starken Hard Skills und starker Sozialkompetenz: unverzichtbar

Leute wie Nicky und Daniel erinnern mich an einen Spruch von Steve Martin: „Wenn du gerade anfängst, dann sei nicht nur gut – sei so gut, dass du nicht ignoriert werden kannst." Wenn Sie dies lesen, haben Sie wahrscheinlich schon jede Menge Hard Skills. Um so gut zu sein, dass Sie nicht ignoriert werden können, sollten Sie Ihre Bemühungen auf die Verbesserung Ihrer Soft Skills konzentrieren.

KÜNDIGEN SIE JEDES JAHR IHREN JOB

Wenn Sie im Alltagstrott feststecken oder einfach nicht sicher sind, ob Ihr aktueller Job die beste Wahl ist, dann habe ich einen Vorschlag für Sie: Beschließen Sie einmal im Jahr an einem Datum Ihrer Wahl, dass es Zeit ist zu kündigen. Sie können dies buchstäblich oder nur theoretisch tun. Verpflichten Sie sich jedes Jahr selbst dazu, aus dem Gefängnis auszubrechen und etwas anderes zu machen, *bis das weitere Durchziehen der Sache wirklich der beste Weg nach vorne ist.*

Sie können dies auch tun, wenn Sie studieren. Entscheiden Sie sich jedes Jahr, das Studium abzubrechen, bis dessen Fortsetzung definitiv die beste Option ist. Versuchen Sie, versunkene Kosten möglichst zu ignorieren. Wenn Sie an einem sechsjährigen Postdoktoranden-Programm teilnehmen und bereits zwei Jahre investiert haben, bevor Ihnen klar wird, dass es überhaupt nicht Ihr Ding ist – na und? Denken Sie an die nächsten vier Jahre Ihres Lebens, nicht an die getätigte Investition, die Sie so weit gebracht hat.

Ob es nun um das Aufgeben Ihres Jobs, Ihrer akademischen Ausbildung oder etwas anderes geht, hier ist ein Muster, das Sie zur Formulierung Ihrer Verpflichtung verwenden können:

> Jedes Jahr werde ich am [Datum] meinen Job kündigen. Ich werde dann auswerten, ob es die bestmögliche Option für mich ist, noch ein Jahr weiterzumachen. Wenn das der Fall ist, kann ich zuversichtlich fortfahren und mein Bestes geben. Wenn nicht, werde ich sofort nach etwas Besserem suchen.

Wenn Sie dann doch bei Ihrem aktuellen Job bleiben, weil Sie ihn lieben – großartig! Wenn nicht, ist es Zeit, aus Alcatraz auszubrechen. So oder so haben Sie nun eine bewusste Entscheidung getroffen und können zuversichtlich fortfahren.

WANN SIE EINE GROSSE PAUSE MACHEN SOLLTEN … UND WANN SIE AUF DEN RICHTIGEN AUGENBLICK WARTEN SOLLTEN

Es ist ein großes Dilemma: Wenn Sie in einer trostlosen Situation gefangen sind, leiten Sie dann sofort eine große Veränderung ein oder sollten Sie nach und nach darauf hinarbeiten? Wenn Sie Ihren Job aufgeben und etwas Besseres finden wollen, ist es dann sinnvoll, ohne Sicherheitsnetz alles hinzuschmeißen, oder sollten Sie zuerst ein solches Netz aufbauen?

In den 15 Jahren, in denen ich mit Leuten gearbeitet habe, die den Sprung ohne Netz gewagt haben, bekam ich ein paar ziemlich dramatische Geschichten zu hören. Unter anderem habe ich folgende Geschichten gehört:

- von dem unerfahrenen Buchhalter, der versehentlich die Steuererklärungen einkommensstarker Kunden auf eine öffentlich zugängliche Website hochlud (er wurde aus dem Gebäude hinausbegleitet und ihm wurde gesagt, dass er auf keinen Fall zurückkehren solle, sodass ihm die Entscheidung für einen Neuanfang leichtfiel)
- von dem Typ, der für neun Tage in ein billiges Motel eincheckte und sich weigerte, es wieder zu verlassen, bis er den Businessplan für sein neues Projekt fertiggestellt hatte
- von der Frau, die für eine Sensation in den sozialen Medien sorgte, indem sie eine Reihe von Schlagwortkarten nutzte, um ihren Chef der sexuellen Belästigung zu beschuldigen (sie bat nicht um eine Empfehlung)
- von Leuten (mir sind mehrere bekannt), die einfach entschieden, von einer langen Mittagspause nicht mehr ins Büro zurückzukehren, sondern alles hinter sich zu lassen, auch ihre persönlichen Gegenstände in den Boxen ihrer Großraumbüros.

Naturgemäß stechen extreme Geschichten wie diese heraus und bekommen viel Aufmerksamkeit. Die meisten von uns fühlen sich jedoch mit etwas mehr Planung wohler. Auch wenn es vielleicht

Spaß machen mag, aus dem Konferenzraum hinauszustürmen, ist es im Allgemeinen klüger, sich Zeit zu lassen und die Flucht mit etwas mehr Überlegung zu planen. Wenn Sie die Wahl haben, dann nutzen Sie Ihre Gefängnisstrafe, um eine bessere Zukunft zu planen, indem Sie unter Verwendung der in diesem Kapitel beschriebenen Strategien Ihre Fertigkeiten verbessern; und dann schlagen Sie aus diesen Fertigkeiten Kapital, um sich einen Tunnel hinaus in die Freiheit zu graben.

Anmerkungen

1. Wenn Sie jemals einen chinesischen Markt besuchen, werden Sie feststellen, dass auch die Händler sich auf einem schmalen Grat zwischen gesunden Gewinnen und Abzocke bewegen. Auch sie müssen gut verhandeln, um erfolgreich zu sein.

„Je mehr Selbstbewusstsein im Bezug auf meine Arbeit ich bekam, desto besser wurde auch mein Selbstmarketing – etwas, wovon ich früher nichts verstanden habe. Ich habe gelernt, andere Leute, die es in meinen Augen richtig machen, um Informationen zu bitten. Und ich bin richtig gut darin geworden, Nein zu sagen zu Angeboten, die mir keine Freude machen oder die nicht mit meinen Werten übereinstimmen."

– SAM, 53
QUILTMUSTER-DESIGNERIN

KAPITEL 5

DIE ANTWORT LIEGT IN IHREN KONTAKTEN

ZIEL:
Ihr Ding finden

Wenn Sie versuchen, in der Karrierelotterie zu gewinnen, haben Sie das Gewinnlos manchmal direkt vor der Nase. Die Antwort auf Ihre drängendsten Fragen – und der Weg zu der Arbeit, für die Sie geboren wurden – kommt vielleicht von Leuten, mit denen Sie täglich zu tun haben.

Im Alter von 40 Jahren änderte Sam Hunter ihr Leben noch einmal grundlegend – sie ging wieder zur Universität. Seit ihrer Kindheit in England hatte sie immer Künstlerin werden wollen. Aber schon als Kind wurde sie dazu ermutigt, einen „richtigen" Beruf zu erlernen. Nach der Highschool kam Sam nach Amerika und machte einen Abschluss als Elektroingenieurin, womit eine 25-jährige Karriere in der IT-Branche begann. In dieser Zeit war sie in vielen verschiedenen Funktionen tätig: Sie beantwortete Kundenanfragen in einer Hotline, half einem Unternehmen im Gesundheitswesen, sein veraltetes System online zu bringen, und war für die Qualitätssicherung zuständig.

Sie war detailverliebt und besonders gut in der Qualitätssicherung. Es gefiel ihr, Schwachstellen in einem Prozess herauszufinden und zu beheben. Das Telefongespräch mit Kunden war eine andere Gelegenheit zur Schulung ihrer Problemlösungsfähigkeiten, da einige Leute es nicht gewöhnt waren, technische Unterstützung von einer Frau zu bekommen, und sie kreative Methoden entwickeln musste, um deren Widerstand zu überwinden. Allerdings arbeitete sie als Angestellte ohne Gelegenheit, ihren Kindheitstraum weiterzuverfolgen und als Künstlerin ihren Lebensunterhalt zu verdienen.

Nach 25 Jahren entschloss sie sich schließlich, etwas für sich selbst zu tun. Sie ging mit 40 Jahren wieder zur Universität, um einen Bachelor of Arts (BA) in Skulptur und einen Master of Fine Arts (MFA) in Textilkunst zu machen. Ihr ursprünglicher Plan war, eine befristete Stelle als Dozentin zu finden, aber es gab viel mehr MFA-Absolventen als Jobs. Sie bewarb sich auf jede Stellenanzeige, die sie finden konnte, bekam jedoch keine einzige Einladung zum Vorstellungsgespräch.

Sam hatte als alleinerziehende Mutter einen Sohn erzogen, und als dieser fünf Jahre alt war, hatte sie begonnen, Patchworkdecken zu machen und zu stricken. Zunächst machte es ihr einfach nur Spaß, Pullover für ihren Sohn zu stricken, aber aus dem Hobby wurde bald eine Leidenschaft. In der Zeit, als sie ihr MFA-Studium beendete, bemerkte sie ein großes Problem: Viele Patchworkdecken-Muster hatten ein schlechtes Design. „Ich verstehe nicht, warum niemand sich dieser Sache annimmt“, beklagte Sam sich eines Tages gegenüber einer Freundin. „Warum machst du es denn nicht selbst?“, erwiderte die Freundin.

Also tat sie es. Sam entwarf ihr erstes Muster und teilte es mit Freundinnen. Als deren Reaktion positiv war, entschloss sie sich, ihre Arbeit einem größeren Publikum zur Verfügung zu stellen.

Bemerkenswert fand ich ihre Antwort auf meine Frage, wie Textilkünstler ihre Muster an andere Künstler vertreiben. „Jeder sagt, man müsse sich abrackern, bis irgendwann ein Vertriebspartner auf einen aufmerksam wird“, sagte sie zu mir. „Das ist Blödsinn. Ich habe meinen Vertriebspartner gefunden, indem ich ihn anrief und sagte: ‚Hallo, ich habe etwas, was Ihnen gefallen wird.' So habe ich auch alle anderen gefunden. Man braucht einfach etwas Mut."

Nachdem sie durch diese telefonische Kaltakquise ihren ersten Vertriebspartner gefunden hatte, blieb sie weiterhin fleißig, entwarf noch mehr Muster und sorgte für deren Verbreitung. Sie entwickelte eine Website mit einem Blog und einem Onlineshop. Sie begann, Kurse in Bastelläden und bei Ausstellungen zu geben. Sie verhandelte mit einem Verleger über eine Buchveröffentlichung. Und während des ganzen Prozesses tat sie konsequent zwei Dinge. Erstens wandte sie sich an andere Leute, die in der Branche erfolgreich waren, und bat sie immer wieder um Rat. [1] Zweitens blieb sie am Ball – das heißt, sie entwickelte ein Muster nach dem anderen und machte weitere kreative Experimente, um sie anderen Quiltmachern zugänglich zu machen und zu sehen, was sich bewährte.

Als Sam weitere Muster auf den Markt brachte, stieß sie auf eine wichtige Entdeckung. Sie half gern Anfängern, und ebenso wie die Frustration über eine Vorlage sie zur Entwicklung ihres ersten Musters angeregt hatte, bemerkte sie, dass die meisten für angehende Quiltmacher entworfenen Muster relativ einfach und langweilig gestaltet waren. In gewisser Hinsicht ist das ja auch sinnvoll – wenn Sie zum ersten Mal ein neues Handwerk erlernen, können Sie wahrscheinlich nicht auf der Stelle ein anspruchsvolles Design in Angriff nehmen. Aus diesem Grund boten die Designer einfache Muster an. Viele Quilt-Anfänger brachten jedoch ihre Enttäuschung über solche simplen Muster zum Ausdruck.

Und genau auf diese Weise fand Sam ihren nächsten Karriereschritt. Sie fing an, Muster zu kreieren und zu verkaufen, die kompliziert *aussahen*, aber einfach in der Ausführung waren. Ungeübte Quiltmacher konnten schnell in ein Projekt einsteigen, das ihnen das Gefühl vermittelte, versiert und klug zu sein. Es war ein Riesenerfolg. In den ersten drei Jahren verkaufte sie über 15.000 Muster und der Umsatz verdoppelte sich jedes Jahr. Die Tätigkeit passte auch hervorragend zu ihr, da sie ihre Zielgruppe bestens kannte. „Ich selbst bin einmal eine von denen gewesen, für die ich heute Muster entwerfe", sagte sie zu mir, „also weiß ich genau, was sie brauchen."

Als ich mit Sam sprach, bemerkte ich, dass sie dieselbe Sichtweise wie viele andere Leute hatte, die Freude an ihrer Arbeit haben und sie gut machen. Sie strahlte, wenn sie darüber sprach, anderen Künstlern dabei zu helfen, ihre Arbeit zu einem angemessenen Preis zu verkaufen, etwas, worin sie leidenschaftlich aufgeht. Das beste Feedback erhält sie, wenn diese Künstler sich ihre Ratschläge zu Herzen genommen haben. Es hat beinahe etwas Missionarisches – sie glaubt an ihre Arbeit und gibt alles dafür, ihren Kollegen beim Vorankommen zu helfen.

AKTIVES ZUHÖREN

In den letzten drei Kapiteln haben Sie eine Reihe Ihrer Fertigkeiten identifiziert – einige, mit denen Sie gerechnet haben, und vielleicht auch einige unerwartete. „Jeder ist bei irgendetwas ein Experte" ist ein gutes Motto, das man sich merken sollte, und oft stellt sich das „irgendetwas" als Überraschung heraus. Aber selbst wenn Sie Ihre Fertigkeiten kennen, ist eine Fertigkeit nur insofern wertvoll, als jemand Sie dafür bezahlen möchte. Wie finden Sie heraus, welche Ihrer Fertigkeiten am wertvollsten und vermarktungsfähigsten sind? In diesem Kapitel lernen Sie einen kreativen Prozess kennen, den Sie nutzen können, um von der Fertigkeit zur Lösung zu kommen.

Hier ist das Grundprinzip: Wenn Sie nicht sicher sind, was Ihr „Ding" ist – wenn Sie also nicht so richtig wissen, wo Sie den Job oder die Karriere suchen sollen, die Ihnen Freude, Flow und ein gutes Einkommen verschafft –, dann können die Leute, mit denen Sie täglich sprechen, Ihnen bei der Suche helfen.

Die Antwort ergibt sich vielleicht aus Ihren persönlichen Kontakten, ob dies nun die E-Mails in Ihrem Posteingang sind, die immer wieder die gleichen Fragen enthalten, Ihre Social-Media-Feeds oder einfach die Gespräche, die Sie mit Ihren Freunden führen. Anders gesagt, die Leute in Ihrem Netzwerk haben vielleicht ein besseres Gespür als Sie dafür, was Ihre vermarktungsfähigsten Fertigkeiten sind.

Entscheidend ist, dass Sie auf die Fragen achten, die man Ihnen stellt, auf die Gefälligkeiten, um die Sie gebeten werden, und vielleicht sogar auf die Bücher oder Artikel, welche die Leute Ihnen einfach deshalb schicken, weil sie denken, dass Sie sich dafür interessieren könnten. Wenn jemand zu Ihnen sagt: „Hallo, darf ich Sie um

einen Gefallen bitten?“ und Sie bereits wissen, was diese Person fragen wird, dann haben Sie Ihre Antwort. Denken Sie doch mal nach: Wenn Sie Schwierigkeiten haben, Ihr Telefon auf den neuesten Stand zu bringen, wen bitten Sie um Hilfe? Wenn Sie regelmäßig ins Fitnessstudio gegangen sind, ohne Ergebnisse zu sehen, wen bitten Sie um Ratschläge im Hinblick auf ein Trainingsprogramm? Wenn Sie eine Reise ins Ausland planen und ein Hotel finden müssen, wen bitten Sie um Empfehlungen?

Nun schauen Sie sich die Sache mal von der anderen Seite an. Bittet jeder *Sie* um Hilfe, um ein Telefon neu zu programmieren, ein Trainingsprogramm zu verbessern oder um Ihnen ein Hotel zu empfehlen? Bei genauer Betrachtung werden Sie wahrscheinlich feststellen, dass es bestimmte Arten von Ratschlägen gibt, um die Sie immer wieder gebeten werden. Ob es sich nun um Empfehlungen für Bücher und Filme, um Investmenttipps oder um Ihre Meinung zu dem neuesten auf den Markt kommenden Gerät handelt, die Ratschläge, um die Sie gebeten werden, sind ein idealer Hinweis darauf, welche Ihrer Fertigkeiten und welches Know-how von Ihnen am meisten gefragt – und daher wahrscheinlich auch am vermarktungsfähigsten – sind.

Was mich angeht, wissen meine Freunde, dass ich mindestens 20 Länder besuche und über 200.000 Meilen pro Jahr fliege. Daher bitten sie mich oft um Hilfe oder Rat in Bezug auf das Buchen von Flugtickets.

Es ist daher naheliegend, dass ich die Arbeit fand, für die ich geboren wurde, als ich mich auf das Schreiben von Büchern und die Unterstützung von Reisenden konzentrierte.

Wenn Sie Ihre Mails checken und nichts Besonderes heraussticht, gibt es noch ein paar andere Methoden, diese Technik zu nutzen, um Ideen zu bekommen:

- Wenn in der Schule oder am Arbeitsplatz die Schüler oder Mitarbeiter sich in kleinen Gruppen zusammentun mussten, um eine gemeinsame Aufgabe zu lösen, was war dann normalerweise Ihre Rolle? Sind Sie der geborene Gruppensprecher, die Person, die aufs Detail achtet, die Protokollführerin oder jemand anders?
- Was bringen Sie anderen gern bei? Das Unterrichten muss sich nicht aufs Klassenzimmer beschränken; Unterricht kann praktisch überall stattfinden. Die Frage lautet: Was können Sie so gut, dass Sie es gern mit anderen teilen würden?
- Bei welchen Dingen bitten Ihre Kinder Sie um Hilfe? Als Kind lernte ich, dass mein Vater besonders gut beim Schreiben und Formulieren von Ideen war. Wenn ich Hilfe bei einem Referat brauchte, begleitete er mich immer in die Bibliothek oder prüfte meinen schlechten ersten Entwurf. Zweifellos nutzte er diese Fertigkeiten bei seiner Arbeit für die NASA, aber in seinem späteren Leben begann er, Romane zu schreiben, wobei ihm vielleicht das Talent zugutekam, das sich bereits in jüngeren Jahren gezeigt hatte.

In den letzten sieben Jahren betrieb ich ein kleines Geschäft, das sich ursprünglich direkt aus meinem E-Mail-Posteingang ergab. Als ich erstmals begann, eine Chronik meiner Reisen in sämtliche Länder der Welt zu veröffentlichen, habe ich des Öfteren erwähnt, dass meine Flüge dank Vielfliegermeilen, Weltreise-Flugtickets und diverser anderer Tricks, auf die mich meine jahrelange Reiseerfahrung gebracht hatte, „fast nichts kosteten“. Viele meiner Leser sagten: „Moment mal – das klingt interessant. Wie komme ich an diese Flugtickets?“

Als Reaktion darauf konzipierte ich einen Flugpreisführer, den ich zu einem günstigen Verkaufspreis anbot. Als er sich gut verkaufte, schrieb ich noch einen Führer und dann noch weitere. Schließlich begann ich, mit anderen Autoren und einem kleinen Herstellungsteam zusammenzuarbeiten. Das Geschäft nahm nie einen besonders großen Umfang an, aber das wollte ich auch nicht unbedingt. Es brachte ein gutes Einkommen und die Arbeit war saisonal. Wenn ich einen neuen Flugpreisführer herausbrachte, hatte ich einiges zu tun, aber zu anderen Zeiten konnte ich es einfach nebenherlaufen lassen, während ich mich auf andere Projekte konzentrierte.

Im Laufe der Zeit lernte ich, wie ich die Reaktion auf neue Preisführer verfolgen konnte, indem ich genau zur Kenntnis nahm, was die Leute wirklich meinten. Als ich es richtig machte, standen die Käufer Schlange. Bildete ich mir jedoch ein, zu wissen, was das Beste war, anstatt den Leuten wirklich zuzuhören und die Preisführer auf die Wünsche und Bedürfnisse meiner Community auszurichten, war die Reaktion verhalten. Dies führte nicht nur dazu, dass ich bescheiden blieb, sondern war auch eine gute Lektion, mit der wir zu einem Grundprinzip im Zentrum dieses Kapitels kommen: Je mehr Sie sich darauf konzentrieren, die Probleme anderer Menschen zu lösen, umso erfolgreicher werden Sie sein.

SEIEN SIE EIN EXPERTE FÜR PROBLEMLÖSUNGEN

Bevor wir fortfahren, habe ich noch eine weitere Geschichte von jemandem, der in seinen Posteingang sah und dort eine einzigartige Idee fand, ein weit verbreitetes Problem zu lösen. Jahrelang war Wes Wages unter dem Spitznamen „der Videotyp" bekannt. Er war zusammen mit seiner Frau Tera, einer professionellen Fotografin, erfolgreich als Hochzeitsfotograf tätig, aber er wollte etwas anderes machen. Sein Talent sprach sich herum und bald erweiterte er sein Angebotsspektrum auf Konzertfotografie, Trailer und Werbefilme jeder Art. Er war sehr gefragt und für gewöhnlich monatelang im Voraus ausgebucht, aber es gab trotzdem ein großes Problem: Er wurde nur dann bezahlt, wenn er eine Kamera hielt oder im

Schnittraum saß. Wes und Tera lebten und arbeiteten bereits acht Jahre zusammen und hatten nun zwei kleine Kinder. Die Hochzeiten nahmen das ganze Wochenende in Anspruch, und für die Konzerte und andere Events außerhalb der Stadt musste Wes länger von zu Hause weg, als ihm lieb war.

Unterdessen fiel ihm immer mehr auf, dass bei jedem Event, wo er fotografierte, ihn unweigerlich jemand fragte: „Wie lerne ich, das zu tun, was Sie tun?“ Wes hörte diese Frage immer wieder von Dutzenden von Leuten, denen er durch seine Arbeit begegnete, darunter alle möglichen Berufsgruppen, von Bloggern über Musiker bis hin zu seinen eigenen Kunden. Heutzutage haben die meisten Leute einen Computer oder ein Smartphone mit einer eingebauten Videokamera – aber wie jeder, der mal im Internet unterwegs war, weiß, variiert die Qualität der Produktion beträchtlich.

Wes glaubte, dass sich die Arbeit eines professionellen Fotografen zwar nicht kopieren lässt, aber mit ein bisschen Mühe dennoch jeder enorme Verbesserungen bei seinen Fertigkeiten im Bereich der Fotografie und des Filmens erreichen kann. Also entwickelte er einen Online-Videokurs, um die drängendsten Fragen zu beantworten, die er immer wieder hörte:

- Wie viel Geld muss ich ausgeben?
- Welche Ausrüstung muss ich wirklich kaufen und was ist optional?
- Welches ist die einfachste Methode, um meine Videos besser aussehen zu lassen?
- Wie viel Zeit muss ich in den Lernprozess investieren?
- Welchen Schritt muss ich als Nächstes in Angriff nehmen?

Wes hatte nicht vor, andere professionelle Fotografen zu unterrichten; diese Gruppe kannte sich bereits bestens aus. Stattdessen versuchte er, Fotografie-Anfängern bei der Lösung ihrer Probleme zu helfen, die ihn fragten, wie sie ähnlich gute Fotografien wie er machen könnten (und allen anderen, die einen Laptop zur Erstellung von Online-Videos nutzten). Er beantwortete diese Fragen schon seit Jahren, aber nun beantwortete er sie *und* schuf damit gleichzeitig eine neue Einkommensquelle. Auf diese Idee wäre er wahrscheinlich nie gekommen, wenn er sich nicht darauf konzentriert hätte, die Probleme anderer Leute in der realen Welt zu lösen.

Was ist also die beste Methode für *Sie*, herauszufinden, welche Probleme in der realen Welt Sie lösen können und wie Sie dies am besten tun? Hier habe ich ein paar Tipps:

1. Lösungen für alltägliche Probleme sind normalerweise der einfachste und erfolgreichste Ansatz.

Sie können nichts falsch machen, wenn Sie den Leuten dabei helfen, allgemein verbreitete, alltägliche Probleme zu lösen. Beispielsweise kann es darum gehen, abzunehmen, kräftiger zu werden, Geld zu sparen, sich besser zu fühlen oder Ähnliches. Eine Geschäftsidee, die den Leuten dabei hilft, bei ihrer Handyrechnung Geld zu sparen, ist ein gutes Beispiel für eine profitable Idee, die darauf abzielt, ein Alltagsproblem zu lösen. Viele von uns zahlen eine hohe monatliche Rechnung, ohne zu verstehen, warum es so viel kostet und ob irgendwelche guten Alternativen vorhanden sind. Wenn jemand dieses Problem für uns lösen kann, ohne dass wir dafür unseren Provider wechseln oder anderweitig viel Zeit investieren müssen, dann ist das wertvoll und wünschenswert.

2. Spezifische, messbare Probleme zu lösen ist viel besser, als den Versuch zu machen, große Verhaltensänderungen zu bewirken.

Eine meiner Freundinnen verbrachte mal sechs Monate damit, jede Menge Hilfsmittel für Unternehmensgründer zusammenzustellen, die mit ihrem Marketing kämpften. Als ich die Liste an Material sah, war ich beeindruckt. „Da gibt es ja wahnsinnig viel!“, sagte ich. Aber das war tatsächlich ein Problem: Es war *zu* viel, und das war wahrscheinlich der Grund dafür, dass die anfängliche Reaktion ihres Publikums in Ordnung, aber nicht überwältigend war. Anstatt inspiriert zu sein, fühlten die Leute sich überfordert.

Meine Freundin überarbeitete den Kurs so, dass er sich mehr auf ein spezifisches Thema konzentrierte: Unternehmensgründern bei der Verbesserung des Cashflow zu helfen. Das funktionierte besser! Sie war mit dem überarbeiteten Angebot, das ein spezifisches Problem betraf, viel erfolgreicher.

3. Um nicht vom Thema abzuschweifen, fragen Sie sich immer: „Warum sollten die Leute sich dafür interessieren?“

Das ist keine Frage, die Sie übergehen können. Letztendlich hängt Ihr Erfolg im Leben und bei der Arbeit davon ab … Wenn Sie also keine gute Antwort darauf haben, dann denken Sie längere Zeit darüber nach. Deswegen ist auch das Projekt, über das Sie gleich etwas erfahren werden, so effektiv – weil es Sie dazu zwingt, sich bei allen Interaktionen mit dieser Frage zu beschäftigen.

ERÖFFNEN SIE EIN GESCHÄFT, INDEM SIE MIT 100 LEUTEN SPRECHEN

Shenee Howard war als talentierte Markenstrategin stolz auf ihre Arbeit. Im Jahr 2011 war sie aber auch pleite und hatte keine Kunden mehr. Da sie nicht genau wusste, was sie falsch gemacht hatte, entschloss sie sich, mit Leuten zu sprechen. Zunächst ging sie den üblichen Weg, indem sie Personen, die sie als Mentoren betrachtete, um Rat fragte.

Dann hatte sie eine andere, bessere Idee.

Anstatt mit Experten zu sprechen in der Hoffnung, von ihnen Weisheiten und gute Ratschläge zu bekommen, entschloss Shenee sich, den Spieß umzudrehen und mit 100 normalen Leuten zu reden. Sie fragte sie nach ihren Problemen mit dem Ziel, ihre einzigartigen Fertigkeiten zu deren Lösung einzusetzen. Über soziale Medien und E-Mail bot sie 15-minütige telefonische Markenstrategie-Beratungen für jeden an, der Fragen zu diesem Thema hatte – und zwar kostenlos.

Die kostenlosen Beratungen waren nicht nur ein Lockmittel für einen kostenpflichtigen Service; sie wollte wirklich die Probleme der Leute kennenlernen in der Hoffnung, daraus Ideen für deren Lösung ableiten zu können. Nach und nach (sie machte mehrere Monate lang mindestens zwei 15-minütige Telefonberatungen pro Tag) gewann sie Erfahrung und es gelang ihr immer besser, in einem kurzen Zeitraum hilfreiche Ideen zu finden.

Einige der Anrufe führten zu bezahlter Arbeit, da die Kunden von der kostenlosen Beratung so angetan waren, dass sie eine gründlichere Analyse ihrer Probleme in Anspruch nehmen wollten. Doch selbst wenn die Telefongespräche nicht zu einer direkten Geschäftsverbindung führten, hatten sie oft enge Beziehungen zur Folge. Diese Leute wurden zu einer Art inoffiziellem Beraterteam. Sie gaben ihr sogar Empfehlungen. Sie schrieben in ihren Blogs über das Projekt. Und als Shenee später kostenpflichtige Produkte entwickelte, wurden sie ihre treuesten Kunden.

Vier Monate nach dem Start ihres sogenannten „100 Personen"-Projekts brachte Shenee, die zuvor „pleite und ohne Kunden" gewesen war, ihren ersten Kurs auf den Markt. Er verkaufte sich zu einem guten Preis und sie meint, der Rest der Geschichte sei ja bekannt – was in ihrem Fall bedeutet, dass sie nun ein gutes, verlässliches Einkommen hat und zu ihren eigenen Konditionen arbeitet.

Sheenes Erfolgsgeschichte ist inspirierend, aber bedeutsamer ist, dass auch *Sie* sich die Weisheit von 100 Personen zunutze machen können, um auf diese Weise leichter herauszufinden, für welche Arbeit Sie geboren wurden. Entscheidend ist dabei, dass Sie das Experiment nicht dafür verwenden, Kunden an Land zu ziehen, sondern um Feedback dahingehend zu bekommen, welche Ihrer Fertigkeiten und Talente am meisten geschätzt werden – und vielleicht sogar, um zu testen, wie hoch die Nachfrage für das Produkt oder die Dienstleistung ist, die Sie anzubieten gedenken.

Selbst wenn Sie denken, dass Sie keine 100 Leute kennen: Zählen Sie mal Ihre Facebook-Freunde und jeden, mit dem Sie schon eine Weile nicht mehr gesprochen haben, dann werden Sie sicher auf die eine oder andere Art doch so viele kennen. Ebenso wichtig ist, dass die Leute, die Sie kennen, mit vielen anderen vernetzt sind, die Ihnen ebenfalls weiterhelfen können.

Im Folgenden finden Sie eine Anleitung, wie Sie Ihr eigenes „100 Personen"-Projekt schaffen können.

1. Listen Sie fünf Probleme auf, die Sie für jemanden lösen konnten.

Machen Sie dies im Rahmen eines Brainstormings, bei dem Sie sich nicht selbst beschränken oder zensieren. Fragen Sie sich: „Bei welchen Dingen bitten andere mich um Hilfe? Mit welchen Dingen, die anderen schwerfallen, kenne ich mich gut aus?"

Bei meinen Reisen und Begegnungen mit Gruppen in der ganzen Welt war ich immer wieder erstaunt über die unterschiedlichen

Geschäftsideen und neuen Karrieren, die einfach dadurch entstanden, dass jemand eine Methode fand, sich hilfreich zu erweisen. Angefangen bei der Frau, die einen Blog über das Kochen von Vollkornreis (über 100.000 Dollar Jahreseinkommen) startete, über den professionellen Hundeausführer (80.000 Dollar Jahreseinkommen) bis hin zu vielen anderen ist das Nachdenken über Probleme und Lösungen *entscheidend*, um eine Arbeit zu finden, die Ihnen gefällt und für die Sie auch tatsächlich bezahlt werden.

2. Wählen Sie einen geeigneten Namen für Ihr 15-minütiges Telefongespräch mit 100 Personen.

Wenn Sie 100 Personen dazu bringen wollen, am Telefon über ihre Herausforderungen und Probleme mit Ihnen zu sprechen, dann ist es hilfreich, wenn Sie einen kreativen oder klugen Namen für Ihr Rechercheprojekt haben. Selbst wenn Ihr Telefongespräch im Wesentlichen ein Coaching oder eine Beratung darstellt, sollten Sie es nicht so nennen. Geben Sie ihm einen Namen, der Spaß macht! Ein paar interessante Namen, die ich von Shenee gehört habe, waren „Love Intervention", „Power-up Pow-wow" und „Clarity Chat". Hängen Sie sich jedoch nicht an diesen Beispielen auf. Wenn Sie etwas Geschäftsmäßigeres bevorzugen, dann ist das völlig in Ordnung. Und wenn Sie immer noch herauszufinden versuchen, worum es in Ihrer Beratung genau gehen soll, dann verbringen Sie nicht Ihre ganze Zeit mit der Suche nach dem perfekten Namen. Machen Sie immer das, was Ihnen am authentischsten erscheint.

3. Fertigen Sie eine Kurzbeschreibung und ein Angebot für Ihre Beratung an.

Sheenes Projekt war erfolgreich, da es mit einem klaren Angebot und einer festgelegten Reihe von Ergebnissen (15-minütige Markenstrategieberatungen für 100 Personen anbieten) verbunden war. Auch hier galt, dass es umso besser war, je spezifischer es war. Jemand, der mit Sheene zusammenarbeitete, war technisch begabt und hatte festgestellt, dass Unternehmensgründer Unterstützung bei der Auswahl von Onlinediensten brauchten. Er nannte das 15-minütige Telefongespräch eine „technische Interventions-Sitzung" und versprach den Leuten, ihnen in kurzer Zeit zu einem besseren Verständnis von Geräten und Software zu verhelfen.

Finden Sie heraus, welche Ihrer Fertigkeiten und Dienstleistungen Sie testen wollen, und entwickeln Sie entsprechend die Ziele und Ergebnisse Ihres „kostenlosen Tests“.

4. Schaffen Sie einen schnellen und einfachen Buchungsprozess und laden Sie die Leute zum Buchen ein.

Neben Name, E-Mail-Adresse und Telefonnummer (die wichtigsten Dinge) sollten Sie im Voraus auch ein paar Informationen über die Leute sammeln. Was ist das größte Problem jeder Person und was ist das größte Ziel, das jede Person anstrebt?

Beginnen Sie mit Leuten, denen Sie vertrauen, und bitten Sie sie darum, teilzunehmen. Wenn Sie eine Liste an Teilnehmern haben, machen Sie weiter und legen Sie die Termine für Treffen oder Telefongespräche fest. Mit hoher Wahrscheinlichkeit werden Sie auf diese Weise alle Empfehlungen bekommen, die Sie brauchen. Wenn nicht, zögern Sie nicht, die Botschaft weiterzuverbreiten, indem Sie sie im Internet posten oder mehr Leute darum bitten, sie zu teilen. Immerhin ist das ein wertvoller Service, den Sie kostenlos anbieten. Wenn Sie Leute mit einem echten Problem erreichen können, von dem Sie wissen, dass Sie es lösen (oder für das Sie zumindest einen Weg zur Lösung aufzeigen) können, dann werden sie diese Dienstleistung definitiv auch in Anspruch nehmen wollen.

5. Sorgen Sie für angenehme Telefongespräche.

Nutzen Sie Ihr Handy, Skype oder welchen Service auch immer Sie bevorzugen, um die Leute zur vereinbarten Zeit anzurufen. Seien Sie freundlich, aber achten Sie auch darauf, dass die Leute beim Thema bleiben. Vielleicht kommen Sie in Versuchung, länger als 15 Minuten zu sprechen, und wenn es gut läuft, können Sie das tun – aber achten Sie darauf, dass dies auch für Ihr Gegenüber in Ordnung ist.

6. Zusammenfassung nach dem Telefongespräch (wichtig).

Nach jeder Telefonberatung sollten Sie auf jeden Fall eine zusammenfassende Mitteilung versenden. Wenn die andere Person es Ihnen erlaubt, können Sie das Telefongespräch mithilfe kostenloser Software aufzeichnen und ihr den Zugang dazu ermöglichen. Eine andere Möglichkeit ist es, eine Kurzfassung des Gesprächs zusammen mit den vorgeschlagenen Handlungsempfehlungen zu verschicken.

Oft werden Sie sich einfach nur bedanken wollen. Denken Sie daran, dass diese Leute vielleicht Ihr inoffizielles Beraterteam werden, es ist also wichtig, diese Beziehungen zu pflegen.

Das ist es im Großen und Ganzen. Um die besten Ergebnisse zu erzielen, wiederholen Sie dies 100 Mal.

MOMENT MAL, WIE WERDE ICH DAFÜR BEZAHLT?

Das „100 Personen"-Projekt soll kein akademisches Experiment sein. Es gibt eine Reihe unterschiedlicher Methoden, Gewinn daraus zu schlagen. Entweder von Anfang an oder etwas später. Sheene gelang es schnell, wirtschaftlichen Nutzen daraus zu ziehen, indem sie gründlichere Beratungen für diejenigen Kunden bot, die interessiert waren. Nach einigen Beratungen gewann sie ein besseres Verständnis dafür, was ihre potenziellen Kunden brauchten, und nutzte diese Daten zur Entwicklung eines Kurses namens Hot Brand Action.

Viel wertvoller als ein unmittelbarer finanzieller Vorteil ist jedoch die Tatsache, dass das „100 Personen"-Projekt Ihnen *hilft, herauszufinden, was Sie zu bieten haben.* Bedenken Sie, im Wesentlichen geht es darum, Ihre Stärken herauszufinden, für die andere Leute zu zahlen bereit sind. Das ist äußerst wichtig! Sheene formulierte es so:

> *Wenn Sie immer mehr machen, werden Sie auch schneller und merken, bei welchen Problemen Sie am liebsten helfen wollen. Zum Beispiel begann meine Shazam Session als ein Allerwelts-Telefongespräch zu geschäftlichen Themen, und ich verfeinerte sie bald zu einem Gespräch, bei dem es überwiegend darum ging, blitzschnell Klarheit zu bekommen. Die Leute kamen zu mir mit einem Problem, bei dem sie nicht weiterkamen, und ich half ihnen aus der Klemme.*

Egal, welche Arbeit Sie momentan machen – ob Sie Unternehmerin, selbstständiger Berater oder ein Angestellter sind, der eine Möglichkeit sucht, sich nebenher etwas dazuzuverdienen –, wenn

Sie Mühe damit haben, herauszufinden, was Sie gut können und wofür andere Sie auch bezahlen wollen, dann probieren Sie es doch einfach mit dem „100 Personen"-Projekt. Sie haben nun sowohl die Gründe als auch die Instrumente, die Sie für den Start brauchen. [2]

DIE KUNST, EINE SACHE DURCHZUZIEHEN

Was kommt als Nächstes, wenn Sie eine Fertigkeit erkannt haben, von der Sie denken, dass Sie diese in bare Münze umwandeln können? Wie machen Sie aus dieser Fertigkeit tatsächlich ein regelmäßiges Einkommen? Es läuft alles darauf hinaus, dass Sie die Kunst beherrschen müssen, eine Sache durchzuziehen.

Viele Leute haben großartige Geschäftsideen, oder zumindest sind sie dieser Meinung, aber die meisten setzen sie nie in die Tat um. Es ist wie mit dem Bücherschreiben: Etwa 80 Prozent der Leute sagen, dass sie eines Tages ein Buch schreiben wollen, aber weniger als zehn Prozent tun es tatsächlich. (Wenn Sie tatsächlich ein Buch schreiben wollen, ist das übrigens gar nicht so schwierig – ich hoffe, dass Sie dranbleiben.)

Die Personen, die Sie in diesem Kapitel kennengelernt haben – Sam, Sheene und Wes – waren nicht nur deshalb so erfolgreich, weil sie über ihre Kontakte gute Ideen fanden, sondern auch weil sie bei der Umsetzung dieser Ideen *aktiv* waren. Wenn Sie Ihren Posteingangsordner oder Ihre Gespräche nach Ideen durchforsten, welche Schritte können Sie gehen, um die Dinge aktiv umzusetzen? Es gibt unter anderem folgende Möglichkeiten:

- andere Leute unterrichten oder beraten
- ein Produkt, einen Kurs, einen Ratgeber oder eine App entwickeln
- eine Dienstleistung entwickeln, die anderen eine zeitraubende Aufgabe abnimmt
- dieses Modell auf Ihren Job anwenden (siehe unten)

Wenn Sie nicht an unternehmerischen Wagnissen interessiert sind, können Sie dennoch die Strategie nutzen, mithilfe Ihrer Kontakte Ihre Fertigkeiten bei der Arbeit besser zu Geld zu machen und bessere Ergebnisse in Ihrem aktuellen Job zu erzielen, wie auch immer dieser aussehen mag. Anstatt mit dem Gelernten einen Limonadenstand aufzumachen oder ein Online-Business zu gründen, können Sie es zu dem Zweck nutzen, in Ihrem Job erfolgreicher zu arbeiten.

Nehmen wir Teamsitzungen als Beispiel. In den meisten solcher Sitzungen gibt es festgelegte Tagesordnungspunkte und nicht festgelegte. Die Leute sind nicht immer in der Lage, ihre Bedürfnisse klar zum Ausdruck zu bringen. Wenn Sie es schaffen, auf die nicht festgelegten Tagesordnungspunkte und die unausgesprochenen Bedürfnisse zu achten, dann werden Sie engere Beziehungen aufbauen. Wenn Sie Ihrem Chef und Ihren Kollegen dabei helfen können, sich im Hinblick auf ihre Arbeit *besser zu fühlen*, wird Ihr Ansehen sich enorm erhöhen. Wenn Sie etwas für Ihre Kunden tun können, das über Ihr normales berufliches Engagement hinausgeht, werden Sie dafür belohnt. Egal, ob Sie Unternehmer oder Angestellter sind, Ihr Ziel ist es, Bedürfnisse zu erfüllen und Lösungen zu liefern. Je mehr Sie sich auf Aktivitäten konzentrieren, die auf dieses Ziel hinführen, umso erfolgreicher werden Sie sein.

. . .

Shenees Leben veränderte sich, als sie sich durch die 100 Telefongespräche hindurcharbeitete. Sie gewann Selbstvertrauen und Klarheit als Markenstrategin. Sie stärkte ihre Beziehungen, die ihr bis heute, Jahre danach, treu geblieben sind. Sie hat nun ein gutes Einkommen und verbringt ihre Zeit mit einer Arbeit, die ihr gefällt. Wäre dies ohne das „100 Personen“-Projekt möglich gewesen? Klar, wahrscheinlich schon. Aber indem sie sich intensiv mit ihren Fertigkeiten beschäftigte und eine bessere Vorstellung davon gewann, was sie zu bieten hatte, nahm sie eine bedeutende Abkürzung auf ihrem Weg zur ersehnten Freiheit.

Unterdessen gründete Sam Hunter ein erfolgreiches Textilkunst-Unternehmen, indem sie einen noch nicht gedeckten Bedarf entdeckte. Wie bei jedem Hobby gab es auch beim Quilten weitaus mehr Anfänger als Fortgeschrittene –, aber alle Muster, die es für Anfänger gab, waren langweilig. Mit Mut und Hartnäckigkeit schaffte sie es, bei Vertriebspartnern und in Geschäften einen Fuß in die Tür zu bekommen. Danach richtete sie ihre Aufmerksamkeit auf das, was die Leute wollten, und entwickelte das Geschäft weiter. Sobald sie begann, Fragen zu stellen, erkannte sie, dass die Antwort die ganze Zeit schon direkt vor ihrer Nase gelegen hatte.

Anmerkungen

1. Tipp: Wenn Sie wichtige Leute, egal in welchem Bereich, treffen, dann achten Sie darauf, sich mit gezielten Fragen vorzubereiten. Viele werden Ihnen gern helfen, aber Sie sollten diesen Leuten nicht die Zeit stehlen.
2. Wollen Sie mehr darüber wissen, wie man am besten Telefongespräche terminiert und was Sie in Ihrer Beratung genau sagen können? Unter BornforThisBook.com finden Sie ein kostenloses Skript und mehrere Beispiele.

„Machen Sie es sich zur Gewohnheit, ein bescheidener Experte zu sein. Seien Sie mehr daran interessiert, wie andere Leute arbeiten, als daran, denen zu erzählen, wie Sie selbst arbeiten. Ihre Arbeit sollte für sich sprechen. Ich kämpfe noch immer mit dem Hochstapler-Syndrom, aber im Laufe der Zeit habe ich versucht, andere Menschen so gut ich kann auf meine Art und Weise zu unterstützen."

– LEON, 47
TECHNIKGURU

KAPITEL 6

LEBENSBERATUNG VON JAY-Z

ZIEL: Erweitern Sie Ihre Optionen, um sie anschließend einzuschränken

Sie haben es vielleicht nicht mit dem Dilemma zu tun, zwischen einem Leben als Krimineller oder einer endlosen Flut von Plattenfirmen-Tantiemen wählen zu müssen, aber auch Sie müssen sich entscheiden, worauf Sie Ihre Zukunft aufbauen wollen. Was ist die beste Methode, zwischen zwei oder mehr Wegen bzw. Möglichkeiten zu wählen? Zunächst sollten Sie Ihre Optionen erweitern. Und dann schränken Sie sie wieder ein.

Bevor Shawn Carter unter dem Namen Jay-Z als Entertainer eine Milliarde verdiente, war er als Drogendealer in den sozialen Brennpunkten von Brooklyn unterwegs. Auf diese frühen Jahre zurückblickend scheint sein unglaublicher Aufstieg sogar ihn selbst in Staunen zu versetzen. „Ausgehend von meinen persönlichen Erfahrungen“, erzählte er dem Filmemacher Ron Howard, „hätte ich es nie für möglich gehalten, so weit zu kommen. Wenn es nach meinen

Träumen gegangen wäre und ich gesagt hätte: ‚Das ist das Ziel, wo ich hinwill', dann wäre ich mit meinen Erwartungen weit unter dem geblieben, was ich heute erreicht habe."

Die Straßen von Brooklyn sahen 1986 ganz anders aus als die gentrifizierten Viertel, die man heute dort findet. Hip-Hop war im Kommen, aber das Umfeld war rau, Süchtige lungerten auf den Straßen herum und Bandenkriege tobten zwischen benachbarten Vierteln.

Im Alter von 15 Jahren hatte Shawn Carter zwei Hauptbeschäftigungen. Die erste bestand darin, dass er Rap-Texte in seiner Küche schrieb. Die andere bestand darin, Crack in den Treppenhäusern der Sozialwohnungen zu verkaufen. Beim Blick auf seine Zukunft gab es nur wenige Vorbilder und Erfolgsgeschichten, sodass die beiden einzigen halbwegs realistischen Optionen, die er sah, zwei sehr unterschiedliche Karrierewege waren:

Option 1: professioneller Drogendealer
Option 2: professioneller Entertainer

Diese Karriereoptionen hatten beide geringe Erfolgsaussichten. Abgesehen von den mit dem Kokainverkauf verbundenen juristischen und moralischen Problemen wäre es vielleicht kurzfristig die bessere Wahl gewesen, mit den Drogen weiterzumachen. Immerhin zahlte sich dies unmittelbar aus – in bar und steuerfrei. Auch der Status war höher: Im Brooklyn der 1980er-Jahre gehörten Drogendealer zu den mächtigsten (und am meisten gefürchteten, wenn auch nicht immer am meisten respektierten) Leuten in der Gemeinde. Und letztendlich war es relativ leicht, Drogendealer zu werden. Der junge Shawn Carter *wusste*, wie man Drogen verkauft. Es war ein Markt mit praktisch grenzenloser Nachfrage und er hatte eine treue Stammkundschaft. Die Entscheidung, einfach beim Status quo zu bleiben und mit den Drogen weiterzumachen, war also naheliegend.

Aber wie wir alle wissen, tat er dies nicht.

Shawn Carter wurde kein berühmter Drogendealer – und das ist gut so, denn die meisten erfolgreichen Drogendealer sind tot. In der Musikbranche gibt es zwar auch keine Garantie, ein Star zu werden, die Konsequenzen eines Scheiterns sind im Allgemeinen jedoch weitaus weniger dramatisch. Wenn Sie scheitern, müssen Sie sich eben einen Brotberuf suchen. Wenn Sie hingegen als Drogendealer scheitern, wandern Sie in den Knast oder Sie sterben.

Aber von dem Sterblichkeitsrisiko einmal abgesehen ist es sehr wahrscheinlich, dass niemand von uns den Namen Jay-Z jemals gehört hätte, wenn er nicht das Leben eines Rappers dem Kriminellendasein vorgezogen hätte. Er hätte kein Vermögen von einer Milliarde Dollar, er hätte wahrscheinlich nicht das Herz von Beyoncé gewonnen und sehr wahrscheinlich wäre er heute in Haft, wenn nicht sogar tot.

Jahre später beschreibt Jay-Z seinen Erfolg so: „Wie gut diese Musik ankam, war für mich unglaublich. Natürlich spielt Glück eine Rolle dabei, aber jeder Mensch hat ein geniales Talent. Es gibt keine Auserwählten, man muss einfach herausfinden, worin man hervorragend ist, und sich dies zunutze machen."

Eine Musikerkarriere zu verfolgen bedeutete nicht nur, eine bessere Wahl in moralischer Hinsicht zu treffen und sich für einen besseren Lebensstil zu entscheiden. Es ging auch darum, die richtige Karriereentscheidung zu treffen – die Entscheidung, etwas zu tun, was ihm gefiel (Freude), wofür er gut bezahlt wurde (Geld) und worin er begabt war (Flow).

Sie werden vermutlich kaum vor dem Dilemma stehen, sich zwischen Drogenhandel und einer Existenz als Superstar entscheiden zu müssen, aber Sie können eine ähnliche Analysemethode verwenden, um Ihre eigenen Karriereentscheidungen zu treffen.

ERWEITERN SIE ZUNÄCHST IHRE OPTIONEN, UM SIE DANN WIEDER EINZUSCHRÄNKEN

Nehmen wir mal an, Sie ziehen keine Karriere als Drogendealer oder Rapper in Erwägung. Aber es könnte dennoch sein, dass Sie sich in einem schwierigen Karrieredilemma befinden. Es gibt eine idiotensichere Taktik, die Sie verwenden können, insbesondere am Anfang einer Karriere oder sogar im späteren Leben, wenn Sie einen Neustart planen: Sie können zunächst Ihre Optionen erweitern und sie anschließend wieder einschränken.

Jay-Z hatte eine extreme Wahl zwischen zwei hochriskanten, äußerst einträglichen Berufen zu treffen. Aber die Wahrscheinlichkeit ist hoch, dass er auch alle möglichen anderen Dinge hätte tun können – sie wären nur nicht die besten Optionen für ihn gewesen. Er hätte die Volkshochschule besuchen, einen normalen Job annehmen (das heißt weder im Drogenhandel noch in der Musikbranche) oder zum Friedenskorps gehen können und so weiter.

Auch Sie haben vielleicht viel mehr Optionen, als Sie meinen. Sie können diese Optionen entdecken, indem Sie so viele Möglichkeiten, wie Ihnen einfallen, auflisten. Fürs Erste müssen sie nicht praktikabel oder realistisch sein. Zu Ihrer Liste können Punkte wie die folgenden gehören:

- mit dem fortfahren, was Sie gerade tun
- mit Ihrem Arbeitgeber darüber verhandeln, dass Sie eine neue Funktion, neue Aufgaben oder Arbeitszeiten zugewiesen bekommen
- einen neuen Job im selben Bereich finden
- einen neuen Job in einer ganz anderen Branche finden
- wieder zur Universität gehen oder eine Weiterbildung machen, um eine neue Fertigkeit zu erlernen
- in einem Nebenjob arbeiten (siehe Kapitel 7)
- mit einem Freund ein Unternehmen gründen
- in den Ruhestand gehen und auf einer Yacht Mittelmeerkreuzfahrten mit Leonardo DiCaprio machen (vielleicht nicht für jeden ohne Weiteres möglich)

Abhängig von Ihrer jeweiligen Lebensphase enthält Ihre Liste vielleicht sogar mehr Punkte, von denen einige attraktiv erscheinen mögen. Bei so vielen Optionen wird es jedoch nur noch schwieriger, eine Wahl zu treffen. Es wird daher sehr hilfreich für Sie sein, wenn Sie unter Verwendung des Freud-Geld-Flow-Modells einige dieser Optionen ausschließen können. Denken Sie daran:

Freude: was Sie gern tun
Geld: womit Sie Ihre Rechnungen bezahlen
Flow: worin Sie wirklich gut sind

Der erste Schritt besteht darin, dass Sie Ideen ausschließen, die Ihnen keine Freude machen, wenn Sie daran denken. Das sollte Ihr

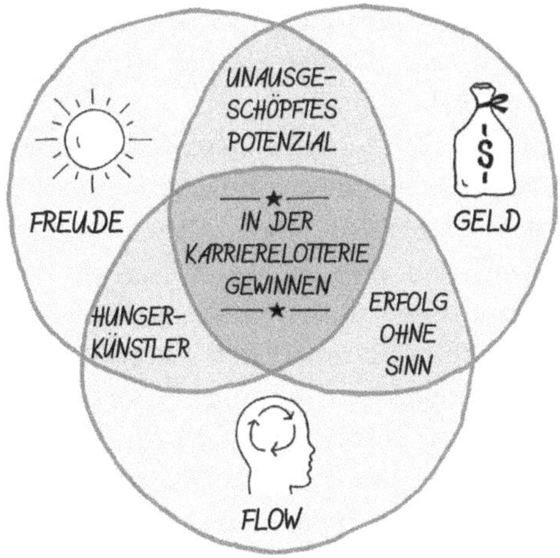

erstes Entscheidungskriterium sein, denn das Leben ist kurz und Sie wollen bestimmt nichts tun, was Ihnen keinen Spaß macht.

Als Nächstes sollten Sie Ideen ausschließen, die kein reales Potenzial zur Generierung von Einkommen haben. Das bedeutet nicht, dass Sie diese Dinge nicht als Hobby betreiben können, aber in diesem Buch geht es nicht um Hobbys. Das Ziel ist es, Karriereentscheidungen zu treffen, die Sie glücklich machen *und* gleichzeitig ein Einkommen generieren.

Schließlich sollten Sie diejenigen Ideen ausschließen, bei denen Sie nicht besonders gut sind oder wo Sie nicht über spezielle Fertigkeiten verfügen.

Denken Sie daran, es gibt mehr als einen Weg. Bei der Suche nach Ihrer Traumkarriere geht es jedoch nicht darum, was Sie tun *können*, sondern vielmehr darum, was Sie tun *sollten*. Das Ziel besteht nicht darin, irgendeinen möglichen Weg zu finden, sondern den Weg zu finden, der am besten für Sie ist.

DIE SCHAUSPIELERIN, DIE KARRIEREBERATERIN WURDE

Als Laura Simms ins College ging, gefielen die Kurse ihr ganz gut, aber es fiel ihr schwer, sich für ein Hauptfach zu entscheiden. Ihr

Studienberater gab ihr einen gutgemeinten Rat, der allerdings nicht besonders hilfreich war: „Suchen Sie sich einfach etwas aus, wo Sie gute Noten bekommen."

Sie machte einen Abschluss in Geschichte, einem Fach, in dem sie hervorragend war, aber lange vor den Abschlussprüfungen wusste sie bereits, dass sie nicht in einem Museum arbeiten wollte. Geschichte kam ihr öde vor, während das Theater ihr lebendig erschien. Nach einer Englandreise, auf der sie Shakespeare-Schauspieler kennenlernte, die ihr sofort sympathisch waren, fühlte sie sich noch stärker zur Bühne hingezogen. Sie ging also zu einem Gruppen-Casting für eine Reihe von Theaterensembles, die in der Sommersaison Theaterstücke aufführen wollten. Das Casting fand an einem Ort statt, der mehrere Stunden von ihrem Zuhause entfernt war, und nach der Bekanntgabe der Ergebnisse war Laura enttäuscht, dass sie keine Zusage erhalten hatte.

Aus einer Laune heraus prüfte sie das Schwarze Brett noch einmal, bevor sie ging – und diesmal fand sie ihren Namen darauf. Eine von 40 Casting-Gruppen hatte angebissen und das war alles, was sie brauchte. Sie hatte die Rolle bekommen und ging in der Region auf Tour.

Nachdem Laura mehrere Jahre lang in regionalen Theatern gearbeitet hatte, wollte sie ihre Fertigkeiten auf ein neues Niveau bringen. Sie bewarb sich an der Claire Trevor School of Arts der Universität von Kalifornien und wurde angenommen. Dort nahm sie an einem dreijährigen „Master of Fine Arts"-Programm teil, zu dem ein anspruchsvolles Training gehörte und das auf große Erfolge bei der Stellenvermittlung von Absolventen verweisen konnte. Nach dem Abschluss arbeitete sie mehrere Jahre lang als professionelle Schauspielerin, manchmal in Vollzeit und manchmal als Nebenjob, indem sie ihre Karriere mit einer Vielzahl anderer Jobs ergänzte.

Sie arbeitete auch fürs Fernsehen und trat in mehreren bekannten Serien auf. Mit der Zeit wurde ihr Renommee immer größer. Dennoch gab es etwas, was sie an der Unterhaltungsbranche störte. „Bei der Schauspielerei ging es nicht nur um die Arbeit als solche", meinte sie zu mir. „Es ging auch darum, wen man kannte, mit wem man zu Mittag aß, und um dieses ganze Szene-Getue." Anders formuliert, die Arbeit selbst war in Ordnung. Es waren die Kultur und die Arbeitsbedingungen – insbesondere die Notwendigkeit, sich permanent mit den richtigen Leuten zu zeigen –, was ihr nicht gefiel.

In dieser Zeit erhielt sie einen Ruf ihrer Alma Mater, der Universität von Kalifornien, ein Semester lang zu unterrichten – eine Idee, für die sie sich sofort begeisterte. Das war der Wendepunkt in ihrer Karriere. Der Unterrichtsort war eine Autostunde entfernt und der Kurs fand in der wichtigen „Vorsaison" statt, in der von den Besetzungschefs die Haupt-und Nebenrollen vergeben werden. Wenn sie das Angebot annehmen würde, müsste sie ihren Agenten anrufen und sich mindestens für mehrere Monate von Castings abmelden.

Dieses Dilemma bedeutete für Laura, dass sie sich zwischen zwei Dingen klar entscheiden musste: Entweder musste sie das Risiko einer neuen Chance eingehen und die Karriere aufgeben, in die sie so viel investiert hatte, oder sie musste beim Status quo bleiben, der ihr keine Freude mehr machte.

Manchmal ist das, was Sie lange gemacht haben, nicht das, was Sie weiterhin tun sollten. Die richtige Entscheidung war naheliegend, aber bis Laura voll und ganz dahinterstehen konnte, das hat eine Weile gedauert. Selbst nachdem sie die angebotene Dozentenstelle angenommen hatte, fühlte Laura sich noch als Verräterin und plagte sich mit Schuldgefühlen herum. „Ich hatte so lange als Schauspielerin gearbeitet", sagte sie. „Für meine Karriere hatte ich Opfer gebracht. Ich hatte Hochzeiten, Geburten und Begräbnisse geliebter Menschen zu Hause versäumt."

Sie gab den Kurs, aber in dem Moment, da das Semester endete, stand sie wieder an einem Scheideweg. Nachdem sie der Unterhaltungsbranche eine Weile ferngeblieben war, wurde ihr klar, dass sie nicht mehr dorthin zurückkehren wollte. Das einzige Problem war, dass sie nicht wusste, was sie stattdessen tun wollte. Um es herauszufinden, musste sie durch eine Phase hindurchgehen, die sie mir gegenüber als Zeit der Prüfung bezeichnete. Diese Periode, in der sie einfach nicht wusste, was sie als Nächstes tun sollte, dauerte volle zwei Jahre.

Im Laufe dieser zwei Jahre erweiterte sie ihre Optionen, indem sie vieles versuchte, und vieles funktionierte nicht. Neben anderen Fehlstarts versuchte sie sich eine Zeit lang als Webdesignerin. Sie kaufte Unmengen an Büchern und studierte sie eifrig, erkannte jedoch bald, dass dies nicht der richtige Beruf für sie war. Der nächste Versuch war, sich als „Kreativitätsberaterin" zu betätigen, was ebenso wenig funktionierte. Bei diesen Experimenten saß Laura nicht nur herum und testete verschiedene Geschäftsideen. Sie arbeitete gleichzeitig, um ihren Lebensunterhalt zu verdienen, entweder in Vollzeit oder in Teilzeit.

Langsam fand sie heraus, worin sie gut war. Die Kreativität anderer Leute zu fördern, war nicht ihre Stärke, aber ihnen bei ihren *Karrieren* zu helfen, schien das Richtige für sie zu sein. Tatsächlich war es das, wonach die Leute verlangten – und in dem Moment, da sie merkte, wie gut das zu ihr passte, schränkten ihre Optionen sich immer mehr ein und sie gewann immer mehr Kunden. Laura nahm Unterricht und begann, ein Online-Profil zu erstellen, das zu noch mehr Empfehlungen führte. Sie produzierte eine Videoserie und verbesserte ihre Website.

Als sie sich nach einer Beratung einmal ein Sandwich zubereitete, kam ihr Mann in die Küche. „Ich weiß immer, wann du ein Gespräch beendet hast", sagte er. „Du strahlst dann über das ganze Gesicht."

Das stimmte: Karriereberatung war nicht nur etwas, was Laura gut konnte. Sie *fühlte* sich dabei auch anders als sonst bei der Arbeit. Zudem war es gut bezahlt, insbesondere nachdem sie ihr Profil erweitert und begonnen hatte, Kurse für Gruppen anzubieten. Laura und ihr Mann bekamen vor Kurzem ihr erstes Kind, und die Arbeitsbedingungen waren ideal. Sie konnte genau so viel arbeiten, wie sie wollte, und fast immer zu ihren bevorzugten Arbeitszeiten. Wenn sie Zeit mit ihren Kunden verbrachte, ging es nur um die Arbeit selbst und nicht um die Notwendigkeit, Regisseure oder Brancheninsider zu beeindrucken. Genau *das* war die Arbeit, die sie immer gesucht hatte.

DENKEN SIE NICHT WIE EIN UNTERNEHMENSCHEF, DENKEN SIE WIE DER HAUSMEISTER

Mit der Geschichte über Jay-Z wollte ich eine extreme Wahl zwischen entgegengesetzten Karrierewegen illustrieren. Sie sollten jedoch keineswegs versuchen, genau denselben Weg zum Erfolg nachzuahmen. Ein typischer Karriereratgeber oder ein Ratgeberartikel in einer Zeitung beginnt mit dem Profil eines bekannten Unternehmensgründers, eines Promis oder einer anderen äußerst erfolgreichen Person als Vorbild. Der Autor untersucht die tägliche Routine und die Prioritäten dieser Person, um daraus Vorschläge abzuleiten, was Sie tun sollten. Diese Geschichten erzählen uns, dass wir nur X, Y und Z tun müssen, um ebenso erfolgreich wie Warren Buffett, Bill Gates oder irgendeine andere überlebensgroße Figur zu sein. Aber wissen Sie was? Das Problem bei diesem Ratschlag ist, dass das, was bei Warren oder Bill funktioniert, nicht unbedingt auch bei uns funktioniert. Wir sind nämlich nicht Warren oder Bill, noch sind wir Steve Jobs, Gwyneth Paltrow oder irgendein anderer bekannter Promi. Wir sind keine Milliardäre, die ein großes Vermögen investieren können, und wir haben nicht Tausende von Untergebenen, die bereit sind, unseren Anweisungen zu folgen.

Vielleicht lautet die Lektion, dass Sie nicht dasselbe wie Warren Buffett tun sollten, denn es kann nur einen Warren Buffett geben. Stattdessen sollten Sie lernen, das zu tun, was aktuell für Sie funktioniert.

Der Fehler liegt vor allem in diesem alten „Denk wie ein Unternehmenschef!"-Ratschlag. Sie sind der Unternehmenschef Ihres Lebens, so lautet die Idee, also sollten Sie wie ein echter Unternehmenschef denken. Das Problem ist jedoch, dass Sie nicht nur der Unternehmenschef Ihres Lebens sind – Sie sind darüber hinaus auch der Finanzvorstand, der Vorstand für das operative Geschäft, der Justiziar, der Vorstandsvorsitzende und der Chef-Hausmeister. Wenn Sie also die Devise „Denk wie ein Unternehmenschef!" hören, dann sollten Sie vielleicht eher wie der Hausmeister oder wie der Typ von der Poststelle denken.

Der Hausmeister steht nicht oben in der Hierarchie und erteilt Anweisungen – er hat die Aufgaben zu erfüllen, die er sich gestellt hat. Ebenso ist Ihr Leben nicht ein Unternehmen mit Tausenden von Angestellten, vielmehr sind Sie derjenige, der mit seinen Entscheidungen leben muss und diese ausführen muss. Ein Leben ist auch etwas anderes als ein Unternehmen. Ihre Ziele und Werte sind andere. Manchmal müssen Sie wie ein Unternehmenschef denken, aber zu anderen Zeiten sollten Sie besser wie der Hausmeister denken – das ist derjenige, der im ganzen Gebäude arbeitet, jeden kennt und jederzeit am Puls des Geschehens ist.

WARREN BUFFETTS „FÜNF LEBENSZIELE"-ERFOLGSMODELL

Ich habe gesagt, dass Sie nicht versuchen sollten, Warren Buffett nachzuahmen, wenn es ums Investieren geht, solange Sie nicht zufällig irgendwo 70 Milliarden Dollar herumliegen haben. Wenn es jedoch darum geht, sich Ziele zu setzen, hat der Weise von Omaha ein paar interessante Ratschläge, die auch für Otto Normalverbraucher passend sein könnten.

Laut einer Anekdote forderte Buffett einen Freund, der sich in Schwierigkeiten befand, auf, seine Liste von Zielen wie folgt aufzuschreiben:

1. Erstens, mach eine Liste der 25 Dinge, die du in deinem Leben tun willst.
2. Zweitens, mach einen Kreis um die fünf Dinge in der Liste, die dir am wichtigsten sind. Triff eine kluge Wahl!
3. Streich die anderen 20 Punkte. Gib dich ausschließlich mit den Aufgaben ab, die sich auf die wichtigsten fünf Ziele beziehen.

Das Prinzip ist, dass man unmöglich 25 wichtige Dinge auf einmal verfolgen kann. Vielleicht denken Sie, dass die anderen 20 dennoch wichtig sind, wenn auch nicht so wichtig wie die wichtigsten fünf. Aber nein – Buffetts Ratschlag lautet, die nicht eingekreisten Punkte so schnell wie möglich hinter sich zu lassen. Wenn Sie nur fünf Lebensziele auswählen, werden Sie sich viel stärker dafür engagieren, sie auch tatsächlich zu erreichen.

ERWEITERN SIE IHRE KÖRBE, UM SIE DANN WIEDER EINZUSCHRÄNKEN

Wahrscheinlich kennen Sie den klassischen Rat: „Niemals alle Eier in einen Korb legen." Wie wählen Sie beim Gestalten eines Lebens in Freiheit die sprichwörtlichen Eier aus, die Sie ausbrüten wollen – und wie finden Sie heraus, in welchen hypothetischen Korb Sie diese sprichwörtlichen Eier legen sollen? (Ein Hinweis: Fast niemand kennt die Antwort, ohne vorher viel herumexperimentiert zu haben.)

Es gibt zu diesem Thema zwei große, einander widersprechende Theorien. Einerseits gibt es die „Setz alles auf eine Karte"-Bewegung, die Ihnen empfiehlt, sich voll auf Ihren Karriereweg, Ihr Projekt oder Ihr Geschäft zu konzentrieren. Laut dieser Theorie sind Nebenprojekte und hybride Arbeitsformen nur Ablenkungen. Wenn Sie versuchen, verschiedene Dinge miteinander zu kombinieren, wird Ihre Aufmerksamkeit geteilt und jede Rolle oder jedes Projekt leidet darunter.

Die entgegengesetzte Theorie ist das „Du kannst alles haben"-Versprechen, das Sie dazu ermutigt, mehrere Projekte und Geschäfte gleichzeitig zu betreiben. Diese Theorie argumentiert, dass die meisten Leute nicht ständig das Gleiche tun wollen. Ebenso wichtig: Diese Theorie behauptet auch, dass es letztendlich sicherer und weniger riskant ist, wenn Sie mehrere Standbeine gleichzeitig haben.

Es lässt sich trefflich darüber streiten, ob es nun klug ist, alle Eier in einen Korb zu legen, denn beide Ansichten lassen sich leicht vertreten – dennoch ist es kein hypothetischer oder abstrakter Streit. Welche Entscheidung Sie treffen, hat spürbare Konsequenzen in Ihrem Leben. Wenn Sie nicht wissen, wie Sie sich zwischen miteinander konkurrierenden Projekten und Ideen entscheiden sollen, dann werden Sie auf jeden Fall zögern – und kontinuierliches Zögern ist *definitiv* nicht hilfreich.

Zum Glück gibt es eine gute Methode, die Ihnen bei Ihrer Entscheidung helfen wird, indem sie die Frage aus den folgenden Perspektiven untersucht.

1. Fokus. Sind Sie die Art von Mensch, die sich am liebsten auf eine einzige Sache konzentriert? Die klassische „Setz alles auf eine Karte"-Perspektive ist, dass Sie den „Kartentrick" nur dann wirklich draufhaben, wenn Sie Ihre Aufmerksamkeit auf ein einziges Projekt oder Ziel richten. Glauben Sie, dass Sie am ehesten Hervorragendes leisten, wenn Sie andere Interessen links liegen lassen, um sich voll auf eine Sache zu konzentrieren und mit ganzem Herzen auf ein bestimmtes Ziel hinzuarbeiten?

2. Diversifikation. Springen Sie gern vom einen Projekt zum nächsten? Sind Sie berüchtigt dafür, gleichzeitig an mehreren Projekten zu arbeiten und Dinge unfertig liegen zu lassen? Das klassische Argument des „Du kannst alles haben"-Versprechens ist, dass Sie mehr Sicherheit haben, wenn Ihr Einkommen aus verschiedenen Quellen stammt. Das Gegenargument lautet, dass Sie nicht breit genug aufgestellt sind, wenn Sie mehrere Dinge gleichzeitig tun, und sich letztendlich verzetteln. Dieser Sichtweise zufolge könnten Sie viel bessere Ergebnisse erzielen, indem Sie sich auf ein einziges „Ei" oder auf ein Kerngeschäft konzentrieren.

Aber was, wenn Sie die Antworten auf diese Fragen noch nicht kennen? Was, wenn sowohl Fokussierung als auch Diversifikation gut für Sie klingen? Einfach gesagt, solange Sie keine Kristallkugel haben, werden Sie beim Start nicht wissen, was funktioniert. Sie haben Ideen und Theorien, aber Kassierer in der Bank sind dafür berüchtigt, dass sie sich weigern, Ihrem Bankkonto Ideen und Theorien gutzuschreiben.

Gibt es noch eine andere Lösung? Ja, die gibt es.

Sie besteht darin, mit vielen verschiedenen Körben zu beginnen. Versuchen Sie viele Dinge. Nach und nach werden Sie etwas entdecken, das mehr von Ihrer Zeit und Aufmerksamkeit in Anspruch nimmt – und ab diesem Moment werden Sie sich immer mehr auf diese eine Sache konzentrieren. Anders gesagt, Sie erweitern Ihre Optionen und schränken Sie dann wieder ein.

Mit hoher Wahrscheinlichkeit werden Sie an vielen verschiedenen Ideen und Projekten arbeiten oder zumindest an vielen verschiedenen Versionen einer Idee oder eines Projekts, bevor Sie etwas finden, was wirklich funktioniert. Vielleicht wissen Sie eine Zeit lang nicht, was das sein könnte. Irgendwann werden Sie es vielleicht herausfinden – oder Sie werden zumindest etwas finden, das wirklich vielversprechend ist – und dann ist es Zeit für einen Strategiewechsel! Das ist der Augenblick, in dem Sie sich voller Energie in die Arbeit stürzen. Jetzt nehmen Sie all Ihre Eier und legen sie in einen einzigen Korb.

Und hier folgt der letzte Ratschlag, der zahlreichen Leuten zugeschrieben wird, darunter Mark Twain und Andrew Carnegie: „Legen Sie alle Eier in einen Korb und geben Sie dann sehr gut auf diesen Korb acht."

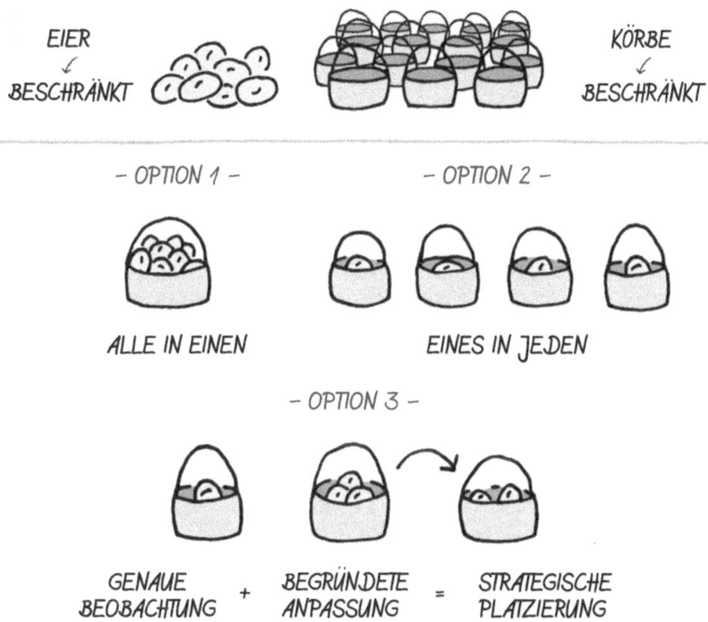

ERSTELLEN SIE EINEN LEBENSLAUF AUS DER PERSPEKTIVE DER ZUKUNFT

Wenn es Ihnen schwerfällt, Ihre eigene Kombination von Freude, Geld und Flow zu finden, dann nehmen Sie sich ein paar Minuten Zeit, um darüber nachzudenken, wie Ihr Lebenslauf in einigen Jahren aussehen sollte. Wir nennen dies Ihren „Lebenslauf aus der Zukunft“.

Nehmen wir beispielsweise an, dass Sie gerade Ihren College-Abschluss gemacht und als Nachwuchsanalyst bei einem Energieunternehmen angefangen haben. Dieser Job ist interessant, aber es ist ein Einstiegsjob. Das heißt, dass Sie möglichst bald aufsteigen wollen. Ihr Lebenslauf aus der Zukunft könnte also wie folgt aussehen:

Eigenen Namen einfügen

Zusammenfassung: Früherer Nachwuchsanalyst arbeitete hart und trug bei seiner ersten Tätigkeit zu wesentlichen Verbesserungen bei; sucht nun eine höhere Funktion als Befehlshaber oder Ähnliches
Ausbildung: Ph. D., Stanford (ehrenhalber), Oxford (Fernstudium), weitere, die an dieser Stelle nicht alle genannt werden können
Erfahrung: hat die Welt verändert; will damit fortfahren
Fertigkeiten: fortgeschrittene Kenntnisse im Betrieb von Raketenrucksäcken und Schwerelosigkeitsflügen, spricht fünf Sprachen fließend, springt in einem einzigen Sprung auf hohe Gebäude
Gehaltsvorstellung: $$$$$$ (richtig Kohle machen)
Erwartungen an die Arbeitszeiten: flexibel
Ideale Arbeitsbedingungen: ein Job, der die perfekte Balance zwischen selbstständigem Arbeiten und Teamwork bietet, und dazu das richtige Maß an Herausforderungen

Möglicherweise wollen Sie gar keine Raketenrucksäcke oder Schwerelosigkeitsflüge in Ihrem Lebenslauf aus der Zukunft aufführen, und vielleicht sprechen Sie zu diesem Zeitpunkt lediglich vier Sprachen. Wenn Sie jedoch ein paar Ideen aufgelistet haben, folgt als nächster Schritt, die Karriereoptionen zu wählen, die am ehesten dazu führen, dass Ihre Zukunftsträume sich tatsächlich verwirklichen. Wenn Ihr Lebenslauf aus der Zukunft beispielsweise einen höheren Bildungsabschluss oder irgendeine andere Ausbildung oder Weiterbildung enthält, dann machen Sie sich Gedanken, ob Sie irgendetwas tun können, um diesen Prozess nun zu beginnen. Oder wenn zu Ihren idealen Arbeitsbedingungen eine Position mit größerer Verantwortung gehört, dann warten Sie nicht darauf, bis diese Position Ihnen angeboten wird, sondern unternehmen Sie selbst etwas, um dorthin zu gelangen.

> Es ist gut, einen Blick in die Zukunft zu richten, während Sie Entscheidungen in der Gegenwart treffen. Wenn Sie auf die Zukunft blicken, können Sie die Gegenwart nutzen, um Maßnahmen zu ergreifen, welche das Imaginäre real werden lassen.

Sobald Jay-Z klar wurde, wozu er berufen war, setzte er alles daran, sein Ziel zu erreichen. Er tat nicht das, was von ihm erwartet wurde, und er fand einen Weg, eine eigene Entscheidung zu treffen.

Laura Simms fand einen Lebensstil, bei dem sie ihre Fertigkeiten am besten nutzen konnte. Es war kein schneller oder linearer Weg – und als die ersten Ideen nicht funktionierten, zögerte sie nicht, einen Zweitjob anzunehmen, um ihre Rechnungen bezahlen zu können. Trotzdem blieb sie am Ball und entdeckte letztendlich eine bestimmte Art von Karriereberatung, die Freude in ihr Leben brachte, indem sie den Kunden half, deren Leben zu verbessern. Sie erweiterte ihre Optionen, um diese ideale Lösung zu finden, und schränkte sie dann wieder ein, als ihr klar wurde, dass es funktionieren würde.

Ihre Optionen sind nicht auf Ihre Ausbildung oder Ihre bisherigen Tätigkeiten beschränkt. Vielleicht wartet etwas viel Besseres auf Sie, womit Sie experimentieren und das Sie erkunden können.

NÄCHSTE SCHRITTE: EINE AUSWAHL AN OPTIONEN

Im nächsten Abschnitt des Buches geht es um spezifische Strategien für verschiedene Arten von Arbeit. Hier ist eine Kurzzusammenfassung der Menüpunkte, die vor uns liegen:

Nebenverdienst: Im Prinzip sollte jeder irgendeinen Nebenjob haben. In Kapitel 7 werden Sie erfahren, wie Sie mehr Geld verdienen können, indem Sie ein Mikrounternehmen gründen, selbst wenn Sie keineswegs in Vollzeit selbstständig arbeiten wollen.

Ihr eigenes Unternehmen: Einige Leute wollen sich voll auf ihr eigenes Unternehmen konzentrieren. Kapitel 8 wird Ihnen helfen, den Sprung von einem kleinen Projekt zu einem großen (oder zumindest mittelgroßen) Imperium zu schaffen.

Wie Sie Ihren Traumjob finden: Das Aktualisieren Ihres Lebenslaufs können Sie vergessen; die meisten Traumjobs werden durch unkonventionelle Methoden gefunden oder geschaffen. Kapitel 9 wird Ihnen dabei helfen, über den Tellerrand zu blicken und sich mit dem bestmöglichen Arbeitgeber zusammenzutun.

Der selbstständige Arbeitnehmer: Seien Sie brillant in Ihrem Job und werden Sie auf diese Weise für das Unternehmen unverzichtbar – nutzen Sie dann Ihren Status, um sicherzustellen, dass der Job auch weiterhin Ihren Bedürfnissen entspricht.

Do-it-yourself-Rockstar: Musiker, Künstler und Schriftsteller heutzutage haben begriffen, wer ihre Miete bezahlt – es sind nicht die Plattenfirmen oder Mäzene wie früher. Kapitel 11 erkundet die neue Methode, den Lebensunterhalt durch direkte Beziehungen mit Fans zu verdienen.

Wie man mehrere Dinge zugleich tut: Einige Leute sind erfolgreich, indem sie sich spezialisieren. Andere wiederum ziehen es vor, mehrere Dinge miteinander zu kombinieren und unterschiedliche Ziele gleichzeitig zu verfolgen. Egal, wofür Sie sich entscheiden, Sie werden lernen, ein Leben um Ihre Interessen herum aufzubauen.

Gewinner geben immer wieder auf: Echte Gewinner zögern nicht, eine gescheiterte Unternehmung hinter sich zu lassen. Kapitel 13 wird Ihnen dabei helfen, die Kunst des Handelns zu beherrschen, indem Sie lernen, wann man am besten aufhört und wann man weitermacht.

Ich hoffe übrigens, dass Ihnen das Buch so weit gefällt. Wenn Sie mir eine Rückmeldung geben wollen, schreiben Sie mir einfach eine E-Mail an hello@chrisguillebeau.com.

„Ich war erstaunt, wie gut es sich anfühlte, dass zusätzliche Einnahmen auf mein Bankkonto eingingen. Ich behielt meinen Brotberuf, aber gleichzeitig freute ich mich darauf, meiner Nebentätigkeit nachzugehen, wann immer ich Zeit dafür hatte. Es gab mir Selbstvertrauen und Hoffnung."

– HASSAN, 42
VOLLZEIT-ARCHITEKT UND TEILZEIT-UNTERNEHMER

KAPITEL 7

NEBENVERDIENST

ZIEL:
Mehr Geld verdienen

Bevor wir fortfahren, will ich Ihnen eine Methode vorstellen, wie Sie Geld außerhalb einer konventionellen Angestelltentätigkeit verdienen können. Ob Sie nun komplett selbstständig sein wollen oder nicht, Sie sollten ein Einkommen haben, das unabhängig von einem Arbeitgeber auf Ihrem Bankkonto eingeht, vorzugweise regelmäßig. In diesem Kapitel finden Sie mehrere konkrete, ausführbare Pläne, um dies mit sofortiger Wirkung in die Tat umzusetzen.

Für Elle war es eine lange, schlaflose Nacht. Sie drehte sich immer wieder im Bett herum und hatte große Mühe, einzuschlafen. Tatsächlich war es ganz anders. Sie ging um 22:00 Uhr zu Bett und schlief ausgezeichnet. Am Morgen wachte sie auf und prüfte telefonisch ihren Kontoauszug. Über Nacht waren 170 Dollar eingegangen. *Nicht übel*, dachte sie.

Sechs Monate zuvor hatte Elle eine Bekleidungsfirma gegründet. Sie verkaufte ausgefallene Accessoires, die sie selbst entworfen hatte. Nach ein paar gescheiterten Experimenten fand sie eine leichte Methode, ihre Waren herzustellen, ohne dass dies viel Zeit in Anspruch genommen hätte. Etwa eine Stunde täglich beantwortete sie Kundenanfragen. Einmal wöchentlich ging sie zur Post, um Ware zu verschicken, und einen Teil des Wochenendes verbrachte sie mit Marketing. Die restliche Zeit arbeitete sie in einem anderen Teilzeitjob, während sie sich gleichzeitig um ihre Tochter kümmerte, die seit Kurzem in den Kindergarten ging.

Anderenorts arbeitete David Hart als Wirtschaftsingenieur, indem er Halbleiter für ein großes Unternehmen baute. Ab und zu warf er in der Privatsphäre seiner Großraumbüro-Box einen kurzen Blick auf die Statistiken seiner persönlichen Website. Vor einigen Monaten hatte er einen Abo-Service für „Fantasy Sports"-Fans[1] gegründet, und es lief gut. Von dem zusätzlichen Geld konnte er nicht leben, aber es war eine wichtige Ergänzung zu dem Einkommen aus seinem Brotberuf. Kürzlich konnte er einen Kredit zurückzahlen und eine Reise in die Karibik machen. Er blickte einer strahlenden Zukunft entgegen.

Unterdessen arbeitete Maya für eine gemeinnützige Organisation. Sie setzte sich voll für die gute Sache ein – es ging um Sprachförderung benachteiligter Kinder – und es gefiel ihr, etwas zu bewirken. Der einzige Nachteil war die finanzielle Seite des Ganzen. Maya fühlte sich durch ihre Arbeit zwar in emotionaler Hinsicht belohnt, aber sie wurde nicht gut bezahlt. Sie musste einen Autokredit abstottern, ihre Miete war nicht gerade niedrig, und dann waren da noch die lästigen Studiendarlehen aus ihrer Zeit an einer renommierten (aber auch kostspieligen) Kunstakademie.

Maya war immer technikaffin gewesen. Bereits in der Mittelstufe hatte sie ihre eigene Website entwickelt und im College programmierte sie eine App für einen ihrer vielen studentischen Clubs. In Zusammenarbeit mit ihrer Schwester, die ebenfalls in einer gemeinnützigen Organisation tätig war, schrieb sie ein E-Book, um angehenden Wohltätern bei einer besseren Nutzung der Technologie zu helfen. Das E-Book brachte im ersten Monat 500 Dollar und im zweiten 700 Dollar ein. Das war kein riesiger Geldbetrag, aber es war für beide ein zusätzliches Einkommen, über das sie sich freuten. Sie planten, ein Wochenende pro Monat für das Schreiben einer Fortsetzung zu nutzen und möglicherweise einen Online-Kurs zu entwickeln.

Jede dieser Geschichten ist wahr, und sie sind auch repräsentativ für noch viel mehr Menschen, die eine Methode gefunden haben, ihr Einkommen durch ein Liebhaberprojekt aufzustocken, das sie in ihrer begrenzten Freizeit entwickeln. Das Prinzip: Sie müssen Ihren Job nicht aufgeben, um sich nebenbei etwas hinzuzuverdienen, und es muss nicht Ihr ganzes Leben in Anspruch nehmen, solange Sie dies nicht wollen.

MEHR GELD, WENIGER PROBLEME

Das Ziel dieses Kapitels ist es, Ihnen einen Verdienst jenseits einer konventionellen Anstellung zu verschaffen. Ob Sie nun ein Vollzeit-Unternehmer werden wollen oder nicht, *jeder* sollte ein Einkommen haben, das unabhängig von einem Arbeitgeber auf dem Bankkonto eingeht, und zwar möglichst regelmäßig.

Immer wieder höre ich von Leuten, dass sie eine unverhältnismäßig starke Befriedigung empfinden, wenn sie über ein Einkommen verfügen, das aus anderen Quellen als ihrer Angestelltentätigkeit stammt. Insbesondere gilt dies für Projekte oder Geschäftsideen, die sie selbst entwickelt haben.

Wir nennen dies einen Nebenverdienst. Das heißt, dass Sie diese Tätigkeit normalerweise neben Ihrem Vollzeitjob oder Ihrem Vollzeitstudium machen. Ebenso können Sie einen Nebenjob in einer Pause von anderer Arbeit, in einer Übergangssituation, bevor Sie etwas Neues anfangen oder sogar, wenn Sie bereits eine andere unternehmerische Tätigkeit verfolgen, erledigen.

Sie meinen, dass Sie für ein weiteres Projekt zu beschäftigt sind? Egal wie beschäftigt Sie sind, fragen Sie sich: „Habe ich das richtige Gleichgewicht zwischen Freude, Geld und Flow in meinem Leben?“ Wenn Sie ein Ergebnis wollen, das in eine andere Richtung als Ihr gegenwärtiger Weg führt, dann müssen Sie irgendwie die Zeit dafür finden. Beschäftigt zu sein ist vielleicht die neue soziale Währung, aber die wahren Gewinner finden die Zeit, um das zu tun, was ihnen wichtig ist.

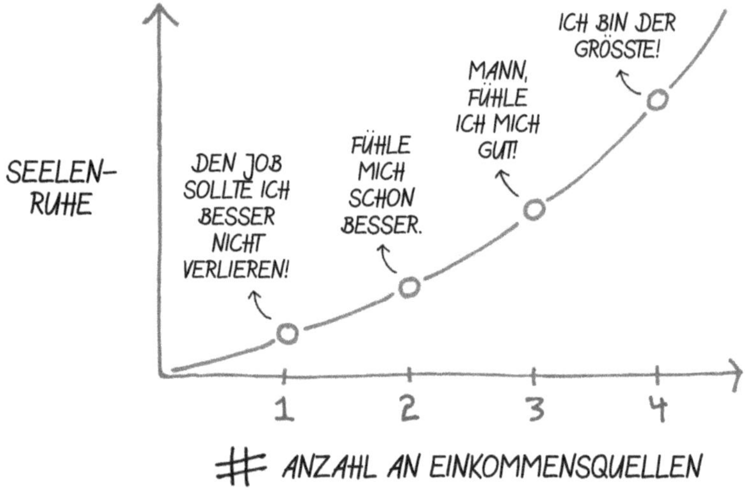

Wenn Sie noch nicht davon überzeugt sind, dass zusätzliches Geld gut ist, dann lesen Sie wahrscheinlich das falsche Buch. Es gibt sehr viele Gründe, warum ein Nebenjob Ihnen nützen kann. Lassen Sie uns nun auf die Umsetzung schauen.

3, 2, 1 – LOS!

Gehen wir mal davon aus, dass Sie von der Nützlichkeit eines Nebenjobs überzeugt sind. Wie gehen Sie an die Sache heran?

Denken Sie zunächst daran, was wir vorher besprochen haben: In Ihrem Traumjob wollen Sie die ideale Kombination aus Freude, Geld und Flow – und dies gelingt Ihnen, indem Sie die Bedürfnisse der Leute befriedigen und echte Lösungen anbieten. Dieses Prinzip gilt auch für Nebenjobs. Um dies in diesem Kontext zu tun, gibt es vier Kategorien von Nebenjobs, aus denen Sie wählen können. Wir werden jede davon im Detail anschauen.

1. Etwas verkaufen.

Amber war immer handwerklich begabt gewesen und sie verkaufte ihre Textilkunst auf den Wochenmärkten in ihrer Heimatstadt Myrtle Beach, South Carolina. Die Umsätze waren allerdings gering und der Kundenkreis war beschränkt. Außerhalb der Tourismussaison kamen jede Woche nur dieselben Stammkunden. Vor einigen Jahren stieß Amber auf Etsy, den Online-Marktplatz für handgefertigte Produkte. Nachdem sie ein paar Produkte eingestellt und gutes Feedback erhalten hatte, erweiterte sie ihr Angebot und hatte bald über 300 Waren im Angebot. (Das ist gar nicht so schwierig zu bewerkstelligen, wie es klingt, da sie häufig dieselben Produktbeschreibungen für ähnliche Angebote nutzt.)

Amber hat nun Zusatzeinnahmen in Höhe von 450 Dollar pro Monat, und zwar mit einem sehr geringen zusätzlichen Arbeitsaufwand. Als alleinerziehende Mutter, die tagsüber als Krankenpflegerin arbeitet, kann sie das Geld gut brauchen.

Was können *Sie* verkaufen? Schauen Sie, was andere so alles in klingende Münze verwandeln. Beobachten Sie, wofür Ihre Freunde Geld ausgeben. Achten Sie genau darauf, denn wenn Sie sich etwas Mühe geben und ein wenig experimentieren, können Sie fast sicher etwas finden, was funktioniert.

Wenn Sie noch nie etwas verkauft haben und wirklich keine Ahnung haben, wo Sie beginnen sollen, dann sammeln Sie ein paar Erfahrungen, indem Sie Waren auf einer Online-Auktionsplattform zum Verkauf anbieten – auch wenn es nur altes Zeug ist, das bei Ihnen zu Hause herumliegt. Vielleicht ist das nicht der beste langfristige Plan (am Ende werden Ihnen die Sachen zum Verkaufen ausgehen), aber es kann Ihnen dabei helfen, sehr schnell Selbstvertrauen zu gewinnen (und als Nebeneffekt bekommen Sie noch ein aufgeräumtes Haus). Siehe auch den Kastentext auf den Seiten 137 bis 139.

2. Einen Beratungsservice anbieten.

Ein weiteres großartiges Beispiel ist Harry Campbell, ein 27-jähriger Bauingenieur. Auf der Suche nach einem Zusatzeinkommen begann er, nachts und an Wochenenden für Uber, den Online-Fahrvermittlungsdienst, zu fahren (zur gewerblichen Form von Fahrgemeinschaften gleich mehr). Ziemlich bald bemerkte Harry, dass die Uhrzeiten, zu denen er fuhr, einen starken Einfluss auf die Anzahl seiner Kunden und damit auch auf seinen durchschnittlichen Stundenverdienst hatten. Neugierig ging er ins Internet, um zu sehen, ob andere ähnliche Erfahrungen machten, aber er konnte nicht viel finden ... Also begann er, seine eigenen Beobachtungen über die besten

Fahrzeiten aufzuschreiben, um sie zunächst in einem Blog und anschließend in einem Podcast zu veröffentlichen.

Harrys der Öffentlichkeit zur Verfügung gestelltes Wissen wurde schnell bekannt. Es gab Zehntausende von Fahrern, die ebenso wie er für einen Fahrgemeinschaften-Dienstleister fuhren, aber da die Branche so neu war, gab es nicht viele unabhängige Quellen für Nachrichten und Ratschläge. Auf Anfrage von mehreren Fahrern hin begann er, kostenpflichtige Beratungen anzubieten, um ihnen dabei zu helfen, mehr Geld durch „klügeres, nicht längeres Fahren" zu verdienen. Das Geschäft ist nun *eine weitere* Einkommensquelle für ihn, auch wenn er während der Stoßzeiten weiterhin fährt.

3. Vertriebspartner werden.

Wenn Sie keinen Service starten und selbst nichts zu verkaufen haben, können Sie für jemand anderen etwas verkaufen und Geld damit verdienen. Das nennt sich „Affiliate Marketing", und es ist ein riesiges, potenziell sehr lukratives Geschäft.

Marie Forleo ist eine Unternehmerin, die Affiliate Marketing zu einer Art Kunst gemacht hat. Jedes Jahr startet sie wieder von Neuem ihren äußerst beliebten Online-Kurs namens B-School. Der achtwöchige Intensivkurs soll Frauen (und auch einigen Männern) dabei helfen, die Grundlagen eines Online-Geschäfts zu beherrschen. Zehntausende Personen haben das Programm bereits absolviert, und es gibt immer eine riesige Anzahl an Buchungen, sobald im Frühjahr die „B-School-Saison" beginnt.

B-School ist großartig, egal auf welche Art und Weise Sie den Kurs buchen, aber die Teilnehmerzahlen sind vor allem deshalb so stark gewachsen, weil Marie besonders erfolgreich bei der Zusammenarbeit mit einer kleinen Armee von Vertriebspartnern ist. Dabei handelt es sich um ehemalige Kursteilnehmerinnen und -teilnehmer, die ihrem Publikum das Programm empfehlen und dafür eine Provision erhalten. Da sie so sehr an das Programm glauben, geben viele Ehemalige sich große Mühe mit den Werbemaßnahmen und sind bei deren Entwicklung sehr kreativ – einige von ihnen verdienen damit auch ein beträchtliches Einkommen. Es erfordert jedoch Zeit und Engagement, da es keineswegs ausreicht, nur einen Link auf eine Website zu setzen und darauf zu warten, dass ein Wunder geschieht. Sie müssen sich dafür schon anstrengen!

Der Schlüssel zum Geldverdienen als Vertriebspartner/-in liegt darin, sich zumindest eine von zwei Kräften zunutze zu machen: entweder irgendeinen technologischen Vorteil (zum Beispiel bessere Suchmaschinenergebnisse) oder „Autorität" in den Augen der Leute, die daran interessiert sind, etwas auf der Basis von Empfehlungen zu kaufen.

Eines meiner Unternehmen, CardsforTravel.com, bekommt Provisionen, indem es interessierten Lesern die besten Reise-Kreditkarten empfiehlt. Es ist eine Win-win-Situation, da diejenigen, die Kreditkarten beantragen, hohe Antragsprämien bekommen, die sie auf ihren Reisen nutzen können.

Abhängig von Ihren Interessen und der Größe Ihrer bestehenden Community kann Affiliate Marketing ein großartiger Nebenjob sein. Dennoch eine Warnung: Mein Posteingangsordner ist regelmäßig voll mit E-Mails, in denen mir von den neuesten und großartigsten Multilevel-Marketing-Programmen vorgeschwärmt wird, und dabei handelt es sich fast nie um lohnenswerte Angebote. Es mag Ausnahmen geben, aber die meisten dieser Programme nützen den Leuten, die sie gestartet haben, viel mehr als denjenigen, die später hinzukommen. Wenn Sie keine messbaren Ergebnisse gefunden haben, die belegen, wie effektiv das Programm für *Sie* sein kann, dann lassen Sie die Finger von diesen Programmen und machen Sie etwas anderes.

4. Sich der Share Economy als Anbieter anschließen.

Trends und spezifische Dienstleistungen mögen kommen und gehen, aber die Share Economy – Plattformen und Dienste, die es normalen Leuten ermöglichen, Dinge zu verleihen, solange sie nicht in Benutzung sind – wird Bestand haben. Eine ganze Schar unabhängiger Auftragnehmer bietet die Arbeitskraft (manchmal auch Fahrzeuge, Werkzeuge und Gebäude) für diesen Lebensstil und Sie können ein Teil davon werden. Die meisten dieser Angebote sind bewusst auf Teilzeitbasis und bei vielen lassen sich die Arbeitszeiten flexibel nach Ihren persönlichen Wünschen gestalten.

- *Fahrgemeinschaften.* Jamie holte mich mit seinem Auto auf dem Weg zu seinem Arbeitsplatz ab. Wir hatten uns nie zuvor getroffen, aber ich verwendete die Uber-App auf meinem Smartphone, um eine Fahrt anzufragen, und ein paar Minuten später war er da. Da er einen Vollzeitjob hatte, war er nur nebenberuflich als Fahrer tätig. Jamie hatte eine klare Strategie: Jeden Morgen fuhr er eine Stunde früher von zu Hause los in Richtung Flughafen. Mitfahrer auf Anfrage hin abzuholen brachte normalerweise einen höheren Verdienst ein, und nachdem er jemanden abgesetzt hatte, blieb ihm meistens noch genug Zeit für ein oder zwei weitere Fahrten. Auf dem Nachhauseweg von der Arbeit machte er noch einmal eine Stunde lang dasselbe. Dieser Nebenjob brachte ihm ein wöchentliches Zusatzeinkommen von 260 Dollar ein.

- *Dienstleistungsnetzwerke.* Rachel kam zu mir ins Haus, nachdem ich sie mithilfe einer Online-Plattform namens TaskRabbit beauftragt hatte. An diesem Morgen hatte ich eine Auftragsanfrage gepostet, in der ich jemanden suchte, um ein paar Sachen für mich in ein Geschäft zurückzubringen. Rachel nahm die Aufgabe an, tauchte rechtzeitig auf und brachte die Sachen zurück. Nach Erledigung der Aufgabe wurde meine Kreditkarte sofort mit dem für ihre Arbeitszeit vereinbarten Betrag belastet. Ich war glücklich und sie ebenfalls – und dann gaben wir uns gegenseitig eine gute Bewertung auf der Seite. Als ich mich das nächste Mal wieder einloggte, bemerkte ich, dass Rachel über 100 Aufträge für andere Nutzer erledigt hatte. Das erschien mir viel, also fragte ich sie in einer E-Mail, wie sie das machte. Sie erzählte mir, dass sie als Lehrerin in Vollzeit arbeiten würde, jedoch in den Sommerferien und gelegentlich auch während des Schuljahres flexibel sei. In ihrer Freizeit machte sie Botengänge für Fremde, angefangen beim Zurückbringen unerwünschter Einkäufe bis hin zum In-der-Schlange-Stehen für Konzertkarten. Sie sparte alle ihre TaskRabbit-Einkünfte für Reisen und ihr aktuelles Ziel war es, mit ihrem Freund eine lange Reise nach Island zu machen.
- *Home Sharing.* Nachdem Maylene und Charity eine kleine Wohnung gemietet hatten, kauften sie ein viel größeres Haus. Brauchten sie mehr Platz? Nicht unbedingt – sie wollten ein zusätzliches Schlafzimmer mithilfe von Airbnb,

> dem äußerst populären Online-Marktplatz für die Vermietung von Privatunterkünften, an Urlaubsreisende vermieten. Ein Zimmer zu vermieten machte Spaß und war profitabel, aber sie bemerkten bald einen anderen großen Bedarf: Vielen anderen Wohnungseigentümern gefiel die Idee, ein Zusatzeinkommen zu verdienen, aber sie wollten nicht die Scherereien der Immobilienverwaltung am Hals haben. Daraufhin starteten Maylene und Charity ein neues Nebenprojekt, nämlich Immobilieneigentümern die Verwaltung kurzfristiger Vermietungen abzunehmen. In diesem Fall entwickelte das Nebenprojekt sich tatsächlich zu einem Vollzeitgeschäft.

Natürlich sind all diese Dienstleistungen und Plattformen wohl kaum in Ihrer Gegend verfügbar und einige werden sich im Laufe der Zeit wahrscheinlich verändern. Das ist normal. Wesentlich ist, dass all die Leute in den oben genannten Beispielen einen überdurchschnittlichen Stundenlohn für ihre Arbeit bekommen und gleichzeitig die Flexibilität bewahren, die sie für ihr weiteres Leben benötigen. Das ist genial!

5. Eigentümer digitaler Assets werden.

Zum Thema Kauf und Verwaltung von Immobilien gibt es reihenweise Bücher und Seminare. Aber wo liegt das Problem? Nun ja, zunächst brauchen Sie normalerweise eine Menge Kapital. Ebenso brauchen Sie viel Zeit und es kann vieles schiefgehen dabei. Wenn Sie nicht ganz genau wissen, was Sie tun, dann sind dies drei gute Gründe, sich anders zu orientieren.

Die Alternative besteht darin, in digitale Assets zu investieren, die von Anfang an gewinnbringend sind.

Als Teenager lieferte ich Pizza aus. Der Stundenlohn und die Trinkgelder waren damals für mich viel Geld, aber als Erwachsener, der Rechnungen zu bezahlen hatte, konnte ich von diesem Job nicht leben. Die Welt wird immer Pizzaservicefahrer brauchen, aber es ist wahrscheinlich klüger (und profitabler), Dienstleistungen mit einem höheren Einkommen wie die oben aufgeführten anzubieten. Allein mit einem Smartphone und einem Bankkonto hat *jeder* Zugang zu einer größeren Bandbreite gewinnbringender Geschäftsmöglichkeiten.

	TRADITIONELLES INVESTIEREN IN IMMOBILIEN	EIN DIGITALES ASSET SCHAFFEN
Kapitalbedarf	hoch	niedrig
erwartetes Wachstum	variabel	variabel
Wartungsaufwand	mäßig bis hoch	niedrig bis hoch

Anmerkung: Es wird immer Ausnahmen geben und das Investieren in Immobilien ist für viele Leute, die über genug Investitionskapital verfügen, durchaus eine gute Lösung. Aber fast jeder kann mit digitalen Assets experimentieren, und wenn Sie nicht die Ersparnisse Ihres ganzen Lebens investieren (das sollten Sie auf keinen Fall tun!), ist das Risiko normalerweise viel niedriger und die Zeit bis zum Erfolg viel kürzer.

VERDIENEN SIE GELD IM SCHLAF, SETZEN SIE SICH IHREN EIGENEN MINDESTLOHN UND ERARBEITEN SIE SICH EINEN HERVORRAGENDEN RUF

Lassen Sie uns auf den Anfang dieses Kapitels zurückkommen. Können Sie wirklich Geld im Schlaf verdienen? Viele Leute schaffen dies tatsächlich, also versäumen Sie die Party nicht. Wenn Sie es auch versuchen wollen, könnten die folgenden Tipps Ihnen helfen:

Legen Sie einen Mindestlohn für sich fest. Wenn Sie sich also auf die vielen Ideen einlassen wollen, die in diesem Kapitel enthalten sind, werden Sie wohl keinen Mangel an Geschäftsmöglichkeiten haben. Auf den Seiten 144 bis 146 finden Sie Übungen, die Ihnen bei der Auswahl der besten Geschäftsmöglichkeiten helfen sollen, aber es empfiehlt sich auch, dass Sie für sich selbst einen Mindestlohn festlegen. Dies wird Ihnen bei der Entscheidung helfen, welche Optionen sich für Sie lohnen und welche nicht. Manchmal entscheiden Sie sich im Leben für Dinge, die nicht gut bezahlt sind, und das ist in Ordnung – ein Nebenjob sollte naturgemäß jedoch so viel abwerfen, dass es sich finanziell lohnt.

Preisfestsetzung aufgrund des Wertes. Wenn Sie selbst ein Unternehmen gründen wollen, anstatt einfach nur bei einem bestehenden Service mitzuwirken, dann sollten Sie den Preis Ihres Produktes oder Ihrer Dienstleistung nicht davon abhängig machen, wie viel Zeit Sie für die Herstellung oder Bereitstellung brauchen; der Preis muss auf dem Wert basieren, der dem Kunden geboten wird. Bis auf wenige Ausnahmen sollte die benötigte Zeit nicht der entscheidende Faktor bei der Preisgestaltung sein. Am wichtigsten ist vielmehr, wie sehr das Leben Ihrer Kunden sich dadurch verbessert. Denken Sie bei der Preisfestlegung an diesen Wert.

Denken Sie letztendlich daran, dass Ihr Ruf Ihr wertvollster Vermögenswert ist. Insbesondere bei Dienstleistungen in der Share Economy, wo praktisch jede Website den Kunden die Möglichkeit bietet, öffentlich Rezensionen und Feedbacks über Ihren Service zu posten, ist es entscheidend, einen guten Ruf (und eine möglichst gute Bewertung) zu haben. Setzen Sie alles daran, die Zufriedenheit Ihrer Kunden sicherzustellen. Es wird immer Nörgler geben, die selbst dann, wenn sie einen perfekten Service bekommen haben, etwas finden, worüber sie sich beschweren können. Aber jedes negative Feedback und jede negative Bewertung, die Sie bekommen, sollte durch viele andere positive Rezensionen und Bewertungen entkräftet werden.

ZWÖLF LEKTIONEN, WIE MAN SEINEN LEBENSUNTERHALT BEI EBAY VERDIENEN KANN

Vor sehr langer Zeit startete ich als Unternehmer, indem ich auf eBay und anderen Online-Auktionsplattformen Dinge kaufte und verkaufte. Ich war nicht der Einzige – eine ganze Generation von Leuten kam durch die Auktionsplattform zur Selbstständigkeit. Zu diesen Leuten gehörte auch Amy Hoy, eine Strategin mit Firmensitz in Philadelphia, die auch diverse andere Unternehmen gründete.

Wie ich und andere fand Amy einen Weg, ihren Lebensunterhalt zu verdienen, indem sie Dinge kaufte und an einem anderen Ort wieder verkaufte. Im Laufe von Tausenden von Auktionen lernte sie, was funktionierte und was nicht. Sie entwickelte die folgenden Richtlinien, die Leuten bei der Umsetzung ähnlicher Pläne helfen sollen. (Auch ich habe die meisten dieser Empfehlungen umgesetzt, und da sie ihre Liste so gut formuliert hat, werde ich diese im Folgenden zitieren. Danke, Amy!)

- Beginnen Sie mit einem sehr niedrigen minimalen Gebotspreis (wie 99 Cent). Höhere minimale Gebotspreise führen zu einer geringeren Anzahl an Geboten; bei eher niedrigen minimalen Gebotspreisen wird das Interesse von mehr Leuten geweckt sowie ein Gefühl von Spannung und Hoffnung erzeugt.
- Verzichten Sie auf einen Mindestpreis oder geben Sie diesen zumindest bekannt – es gibt nichts, was die Leute so sehr vom Bieten abschreckt wie eine geheimnisvolle Linie, welche die Bieter nicht sehen und von der sie nicht wissen, ob sie diese überschreiten können.
- Je mehr Fotos Sie einstellen, umso besser; es spielt keine Rolle, wenn sie nichts „Neues" zeigen.
- Selbst wenn es sich um eine Ware aus Massenproduktion handelt, laden Sie unbedingt Fotos des jeweiligen Exemplars hoch, das Sie verkaufen.
- Wenn Sie viele Exemplare desselben Produkts haben, variieren Sie ab und zu die Produktbeschreibung.
- Erzählen Sie etwas über das Produkt, seine Verwendung und seinen Nutzen. Ebenso, warum es eine gute Wahl ist, und sogar, warum es im Einzelfall vielleicht nicht die perfekte Wahl ist.
- Formulieren Sie die Produktbeschreibung persönlich. Erzählen Sie, warum Sie das Produkt haben; wenn es eine Produktkategorie ist, wo häufig Betrug vorkommt (beispielsweise Kameraausrüstung), dann erzählen Sie, seit wann Sie den Gegenstand haben, warum Sie ihn verkaufen und wann Sie ihn verschicken.
- Erzählen Sie eine Geschichte darüber, wie Käufer das Produkt verwenden und Freude daran haben können. Wird die Reispapierlampe im Noguchi-Stil den Räumlichkeiten ein subtil weltmännisches Flair verleihen? Sagen Sie es den Leuten!

- Fügen Sie stets Informationen über die Maße, das Alter, den Hersteller und alle anderen spezifischen Produktdetails hinzu.
- Gebrauchen Sie möglichst Schlagworte (insbesondere in den Suchfeldern), die Ihre Käufer als relevant betrachten und wahrscheinlich verwenden werden. Sie haben ja keine Ahnung, wie viele Leute etwas „Kunst" und nicht „Ölgemälde" oder „Landschaft" nennen.
- Wenn das Produkt einen Mangel hat, weisen Sie explizit und detailliert darauf hin und beschreiben Sie, inwiefern er das Produkt beeinflusst oder nicht.
- Seien Sie jederzeit absolut ehrlich.

Hinweis: Wie bei anderen Verkaufsmethoden und Märkten kann es auch bei eBay der Fall sein, dass Sie von Ihrem Standort aus nicht darauf zurückgreifen können oder es zur Zeit der Drucklegung dieses Buches eine geringere Relevanz hat. Prinzipiell gelten obige Regeln immer.

DAS EINMALEINS DES GOLDRAUSCHES

Zur Zeit des ursprünglichen Goldrausches sprangen angehende Goldgräber auf Züge nach Kalifornien in der Hoffnung, einen Haufen Geld zu machen. Viele scheiterten, aber manche schafften es. Auch heute gibt es moderne Entsprechungen zum Goldrausch, und heutzutage sind sie eher einfacher zu entdecken. Sie erfordern auch viel geringere Investitionen und beinhalten weniger Risiken – heute müssen Sie nicht mehr all Ihre Habseligkeiten verkaufen und auf einen Zug springen.

Benny Hsu, dessen Geschichte Sie im nächsten Kapitel detaillierter lesen werden, verdiente über 100.000 Dollar mit dem Design und Verkauf von T-Shirts über Facebook-Anzeigen. Dank einer neuen Technologie und viel Kreativität musste er kein einziges T-Shirt auf Lager halten – dies tat eine andere Firma für ihn, sodass er sich ganz auf das Design konzentrieren konnte.

In Vancouver, Kanada, gründete ein kreativer Unternehmer Pirate Joe's, ein Handelsgeschäft für Lebensmittel, dessen Waren ausschließlich im eine Stunde entfernten und über der US-Grenze liegenden Bellingham, Washington, gekauft werden. Viele Einwohner von Vancouver lieben die Produkte von Trader Joe's, die wegen ihrer guten Qualität und niedrigen Preise einen guten Ruf haben, aber das Handelsgeschäft hat in Kanada keinen Laden. Mike Hallet, der Gründer, macht regelmäßig jenseits der Grenze seine Lebensmitteleinkäufe im Wert von Zehntausenden von Dollar. Es ist nicht illegal, aber Trader Joe's fürchten sich immer noch so sehr vor der Konkurrenz, dass sie versuchen, eine Geschäftsstilllegung zu bewirken. (Genieße den Goldrausch, solange es dauert, Mike.)

Ich selbst hatte einmal meinen eigenen Goldrausch im Bereich der Online-Werbung. Während ich mit einer Nebentätigkeit experimentierte, die ich während meiner Zeit als ehrenamtlicher Entwicklungshelfer in Westafrika begonnen hatte, kam ich auf einen Trick, der es mir ermöglichte, permanent mehr Geld zu verdienen, als ich ausgab, indem ich Werbeanzeigen auf Google kaufte und den Traffic an eine Leadgenerierungs-Seite weiterleitete, die mich auf Provisionsbasis bezahlte.

Leider waren die Verdienstmöglichkeiten nicht unbegrenzt. Ich konnte regelmäßig 300 Dollar ausgeben und 350 Dollar einnehmen (mit einem Gewinn von 50 Dollar), und an einigen Tagen konnte ich 1.000 Dollar ausgeben und 1.200 Dollar einnehmen (mit einem Gewinn von 200 Dollar), aber viel mehr war nicht drin. Trotzdem war es eine tolle Sache, abends einen Geldbetrag auszugeben und am nächsten Morgen mit einem viel größeren Geldbetrag aufzuwachen. Ein Jahr später gab es diese Möglichkeit nicht mehr, da andere die gleiche Idee gehabt hatten und den Markt überschwemmt hatten. Bevor dies geschah, konnte ich jedoch meine Gewinne mitnehmen und sie zur Finanzierung eines teuren Aufbaustudiums nutzen.

Geschäftsmöglichkeiten gibt es immer, und wenn eine Goldrausch-Tür zugeht, öffnet sich eine andere. Gehen Sie durch die offene Tür!

DENKEN SIE NICHT ANDERS, UM EINEN GOLDRAUSCH ZU FINDEN, DENKEN SIE LANGWEILIG

Viele Leute stecken fest auf der Suche nach einer „großen Idee“. Aber wie Sie in Kapitel 5 bereits gesehen haben, brauchen Sie nicht unbedingt eine große Idee, um Gewinne zu machen. Sie brauchen eine *hilfreiche* Idee. Denken Sie an den Typ, der den Becherhalter erfunden hat. Zugegeben, das ist nicht so sexy wie die Erfindung des neuesten Smartphone-Modells, aber wenn Sie mit einem Getränk im Auto unterwegs sind, ist dieser Becherhalter ganz sicher eine praktische Sache.

Denken Sie auch an einige der Beispiele, die Sie in diesem Kapitel kennengelernt haben. Harry Campbell, der Fahrgemeinschaften-Fahrer, gab neuen Fahrern, die effizienter sein wollten, gewinnbringende Tipps. Mike Hallet gründete in Kanada Pirate Joe's, um Lebensmittelspezialitäten zu importieren, von denen er wusste, dass es für sie einen Markt gab. Auch hier ist *hilfreich sein* der höchste Wert.

Diese Merkmale sind gute Zeichen für einen potenziellen Goldrausch:

- ein großer, unerschlossener Markt
- eine neue Technologie oder eine Weiterentwicklung, deren Nutzung oder Inanspruchnahme vielen Leute noch nicht bekannt ist
- Verwirrung oder Unsicherheit im Hinblick darauf, wie man an der Neuerung teilhaben kann
- etwas, was die Leute wollen, aber nicht bekommen können („illegale“ Lebensmittel aus dem Nachbarland)
- etwas, was als knapp wahrgenommen wird oder bei dem die Angst, etwas zu verpassen, im Spiel ist

Denken Sie immer daran, dass es darum geht, Bedürfnisse zu erfüllen und Probleme zu lösen. Wenn Sie eine mögliche Goldgrube finden, dann sollten Sie sie schleunigst heben. Starten Sie Ihr Experiment selbst dann, wenn Sie nicht sicher sind, was passieren wird. Wenn es funktioniert, können Sie es immer noch verbessern. Und wenn nicht, nun ja, dann haben Sie auch nicht viel Zeit investiert und können sich einfach etwas anderem zuwenden.

19 TAGE BIS ZUM NEBENVERDIENST: VORSCHLAG FÜR EINEN ZEITPLAN

Wenn Sie Ihren ersten Nebenverdienst starten, ist es möglicherweise schwierig, herauszufinden, wie Sie am besten anfangen. Es folgt daher ein Vorschlag für einen Zeitplan. Indem Sie 19 Tage lang eine Stunde täglich investieren, gelingt Ihnen ein erfolgreicher Start in weniger als einem Monat.

1. Tag: Das Wichtigste zuerst! Entscheiden Sie sich für eine Nebentätigkeit. Welche Fertigkeiten werden Sie einsetzen? Welche Leidenschaft werden Sie sich zunutze machen? Welches Problem werden Sie lösen?
2. Tag: Was ist der Liefergegenstand? Entscheiden Sie sich: Soll es ein Produkt, eine Dienstleistung oder irgendeine Kombination von beidem sein? Wie machen Sie Ihre Nebentätigkeit zu Geld?
3. Tag: Denken Sie an die idealen Kunden für Ihre Idee. Wer sind sie und was sind ihre Probleme? Wenn Sie fünf Kunden hätten, was hätten sie alle gemeinsam?
4. Tag: Legen Sie ein Budget fest. Bestimmen Sie alle notwendigen Kosten und halten Sie diese möglichst niedrig.
5. Tag: Notieren Sie drei wesentliche Nutzen Ihres neuen Nebenjobs. Dies ist besonders wichtig, da die von Ihnen angebotenen Nutzen eine viel größere Rolle spielen als alle anderen Details oder Merkmale.
6. Tag: Legen Sie fest, wie viel Sie für Ihr Angebot berechnen wollen.
7. Tag: Richten Sie eine einfache, einseitige Website ein. Sie muss nicht kompliziert oder besonders schick sein; unter BornforThisBook.com finden Sie eine kurze Anleitung, wie Sie in weniger als einer Stunde eine Website erstellen können.
8. Tag: Schreiben Sie einen einfachen Angebotstext für Ihre Website. Auch dieser braucht nicht sonderlich originell sein; denken Sie einfach darüber nach, was Sie anbieten und wie es den Leuten helfen wird. Und vergessen Sie nicht, ihnen zu sagen, was sie tun müssen, um die Ware zu kaufen oder die Dienstleistung zu buchen.

9. Tag: Schreiben Sie den „Häufig gestellte Fragen"-Abschnitt für Ihre Website. Denken Sie an die Fragen, die Sie hätten, wenn Sie zum ersten Mal auf Ihr Angebot stoßen würden. Was würden Sie wissen wollen?
10. Tag: Fügen Sie Ihrer Website (die auch nur eine Seite umfassen kann) einen PayPal-Button (oder eine andere Bezahlmethode) hinzu. Denken Sie daran: Wenn Sie keine Bezahlmethode haben, nennt es sich Hobby und nicht Geschäft.
11. Tag: Bieten Sie alternativ an, Kunden eine Rechnung für Ihren Service zu schicken. Wenn Sie diese Option wählen, stellen Sie sicher, dass es eine klare Zahlungsverpflichtung für die Kunden gibt, bevor Sie einen Haufen Arbeit für sie machen.
12. Tag: Zeigen Sie den Entwurf Ihres Projekts drei Leuten und bitten Sie diese um ein Feedback. Um beste Ergebnisse zu erzielen, sollten Sie nicht nur Freunde fragen; fragen Sie Leute, die zu dem Hintergrund oder Profil passen, das Sie am dritten Tag festgelegt haben. Bitten Sie sie um ihre ungefilterte Meinung und stellen Sie sicher, dass sie Ihnen jede Unklarheit im Hinblick auf Ihr Angebot mitteilen.
13. Tag: Start! Veröffentlichen Sie Ihr Angebot oder Ihre einfache Website. Glückwunsch! Aber feiern Sie nicht zu lange, denn es gibt noch viel zu tun.
14. Tag: Erzählen Sie es Ihren Freunden. Lassen Sie es die Leute wissen, woran Sie arbeiten und wie sie Mundpropaganda für Sie machen können.
15. Tag: Erzählen Sie es anderen Bekannten – den Freunden von Freunden, Kollegen, früheren Klassenkameraden. Versuchen Sie nicht, diese direkt zum Kauf zu bewegen; bitten Sie sie nur darum, Ihr Projekt weiterzuempfehlen, wenn sie jemanden kennen, der sich dafür interessieren könnte.
16. Tag: Erwähnen Sie Ihr Angebot in sozialen Medien. Versuchen Sie auch hier, nicht zu sehr zum Kauf zu drängen, sondern zeigen Sie den Leuten, was Sie gemacht haben.
17. Tag: Bitten Sie Ihre Kunden darum, ihre ehrliche Meinung zu sagen. Was gefiel dieser Person und wie könnten Sie sich verbessern?
18. Tag: Starten Sie von Neuem! Nehmen Sie aufgrund des bisher Gelernten ein paar Optimierungen vor. Muss der Preis

geändert werden? Sind mehr Informationen auf der Verkaufsseite nötig? Starten Sie mit Ihrem neuen Angebot.

19. Tag: Ebenso wie Einzelhändler den ersten verdienten Dollar einrahmen, sollten Sie eine Methode finden, Ihre Nebentätigkeit zu feiern, indem Sie an den ersten eingelösten Scheck, die E-Mail-Benachrichtigung Ihres ersten Kunden oder etwas anderes erinnern. Es geht darum, dass Sie sich an Ihrem Erfolg freuen und, besser noch, wissen, dass das Beste erst noch kommt!

Bemerkung: Ob Sie jeden Tag eine dieser Aktionen durchführen, spielt keine große Rolle, sondern es geht ganz allgemein um die Vorgehensweise. Folgen Sie dem dargestellten Ablauf und passen Sie ihn je nach Bedarf an Ihre eigene Nebentätigkeit an.

WIE VIEL GELD WIRD IHR PROJEKT EINBRINGEN?

Wäre es nicht großartig, wenn Sie genau wüssten, wie viel Geld Ihre Nebentätigkeit einbringen wird? Solange Ihr Umsatz oder Ihre Kunden nicht irgendeine Obergrenze haben, ist eine präzise Schätzung vielleicht nicht möglich – und das ist in Ordnung, denn bei einem neu gegründeten Unternehmen darf es ruhig eine angenehme Überraschung geben.

Dennoch können Sie wahrscheinlich *irgendeine* Schätzung machen. Wenn Sie verschiedene Optionen und Ideen auswerten, wird das Verständnis des jeweiligen Gewinnpotenzials Ihnen bei der Entscheidungsfindung helfen.

In Kapitel 4 haben Sie Daniel Vlcek, den tschechischen Einwanderer, kennengelernt, der überrascht war, als er erfuhr, dass er bereits mit einer kleinen Anzahl an Kunden einen auskömmlichen Lebensunterhalt verdienen konnte. Diese Erkenntnis war entscheidend, denn bevor er sich selbstständig machte, hatte er sich immer eingebildet, massenhaft Kunden zu brauchen, um „es schaffen zu können“.

Sie können Ihre Schätzungen wie folgt vornehmen:

METHODE ZUR GEWINNBERECHNUNG

Beispielprojekt 1: Eine bessere Mausefalle bauen

Bei diesem produktbasierten Projekt gehen wir davon aus, dass Sie eine Methode gefunden haben, etwas zu bauen oder herzustellen (in diesem Fall eine Mausefalle), das fixe Stückkosten hat.

Gründungskosten: 250 $
Verkaufspreis pro Stück: 50 $
Kosten pro Stück: 10 $
Gewinn pro Stück: 40 $
Verkauf einer Mausefalle pro Tag = 40 $ Gewinn
Verkauf von drei Mausefallen pro Tag = 120 $ Gewinn
Maximaler Verkauf von Mausefallen pro Tag = 300 $
(Die Stückzahl eines physischen Produkts, die sich verkaufen lässt, ist praktisch unbegrenzt. In vielen Unternehmen erreicht man nach einer gewissen Zeit des Experimentierens jedoch eine natürliche „Grenze“. Wenn Sie nicht sicher sind, wie hoch diese ist, dann gehen Sie eher von einer niedrigen Zahl aus.)

Fazit: Wenn Sie täglich eine Mausefalle verkaufen, verdienen Sie durchschnittlich 1.200 Dollar pro Monat. Mit jeder Mausefalle nach dem ersten Verkauf kommen 40 Dollar pro Tag hinzu.

Beispielprojekt 2: Lebenslaufoptimierer

Bei diesem zeitbasierten Projekt gehen wir davon aus, dass Sie regelmäßig Kunden haben, die den von Ihnen angebotenen Service brauchen. In diesem Fall gibt es keine fixen Stückkosten, sondern der Zeitaufwand ist entscheidend, da er eine begrenzte Ressource darstellt.

Gründungskosten: 100 $
Preis pro geleistetem Service: 200 $
Zeitaufwand pro Service: 90 Minuten
Eine Lebenslaufoptimierung pro Woche: 200 $
Maximale Anzahl an Lebenslaufoptimierungen pro Tag = 1

Fazit: Wenn Sie jede Woche einen Lebenslaufoptimierungs-Service verkaufen, verdienen Sie durchschnittlich 800 Dollar pro Monat mit einem Arbeitsaufwand von sechs Stunden. Bei 22 Wochenarbeitstagen in einem durchschnittlichen Monat beträgt Ihr maximaler Verdienst in diesem Szenario 4.400 Dollar pro Monat bei einem Arbeitsaufwand von 33 Stunden.

Natürlich gibt es viel detailliertere Analysemethoden, wenn Sie präzisere Berechnungen brauchen. Hier geht es darum, anhand einfacher Beispiele das Prinzip aufzuzeigen. Meistens brauchen Sie nur eine allgemeine Vorstellung davon, was möglich ist und welche Art von Investition sich lohnt. In der Realität sieht es so aus, dass Sie normalerweise nicht wissen, welche Projekte erfolgreich sind und welche nicht. Eine solche Übung zeigt Ihnen, wo ein Versuch sich lohnt.

Es mag selbstverständlich erscheinen, aber wenn Sie zwischen verschiedenen Ideen wählen müssen, die beide gleichermaßen attraktiv für Sie sind, dann wählen Sie die Idee mit dem höheren Gewinnpotenzial. Ich selbst stand einmal vor der Entscheidung, ob ich besser Werbeposter entwerfen oder einen Online-Kurs entwickeln sollte. Beide Projekte erschienen mir interessant, aber ich hatte nicht die Zeit, beides zu machen. Nachdem ich eine Gewinnanalyse durchgeführt hatte, war die Antwort klar: Die Poster zu entwerfen würde sicher Spaß machen, aber die Tätigkeit hätte nur ein sehr begrenztes Potenzial zum Geldverdienen. Das Entwickeln des Online-Kurses würde ebenso Spaß machen, gleichzeitig jedoch die Möglichkeit zu sehr viel höheren Einnahmen bieten. Unter diesen Umständen entschied ich mich natürlich für den Kurs.

DAS 24-STUNDEN-PRODUKT

Nachdem er ein paar Jahre an einer Reihe von Software-Projekten gearbeitet hatte, kannte der aus Idaho stammende Nathan Barry sich ganz gut mit der Herstellung von Produkten aus. Er hatte sogar in nur 60 Tagen ein ganzes Buch über das Thema geschrieben und veröffentlicht. Während er sich voll und ganz einem Projekt verschrieben hatte, mit dem er seine früheren Erfolge noch zu übertreffen hoffte, reizte es ihn immer noch, sich ab und zu auf etwas Neues einzulassen.

Insbesondere eine Idee hatte es ihm seit Langem angetan, allerdings wollte er sich nicht von seiner Vollzeittätigkeit ablenken lassen.

Was sollte er also tun? Vermutlich können Sie die Antwort anhand der Überschrift erraten: Nathan entschloss sich, das komplette Produkt, einen Ratgeber namens „In zehn Tagen zu einem besseren Design", in nur 24 Stunden fertigzustellen.

Er führte das Experiment öffentlich durch, indem er etwa stündlich den ganzen Tag über einen Video-Blog aktualisierte. In den ersten Stunden skizzierte er den Ratgeber und sammelte zusammen mit einem interessierten Publikum von Followern in einem Brainstorming Ideen für Namen. Als er zu Bett ging, war ein Großteil des Ratgebers bereits geschrieben. Am nächsten Tag stand er um 5:15 Uhr auf und arbeitete hart an einer einfachen Website.

Wie versprochen veröffentlichte Nathan den Ratgeber nach 24 Stunden. Er schaffte es nicht, alles *komplett* fertigzustellen, aber er war nahe daran. Über 90 Personen kauften den Ratgeber sofort, was einen Gesamtgewinn von knapp über 1.000 Dollar einbrachte. Eineinhalb Tage später, als mehr Leute auf das Experiment aufmerksam geworden waren, hatte er bereits die 3.000-Dollar-Marke überschritten. Nicht übel für einen Tag Arbeit!

4½ FRAGEN, DIE SIE SICH STELLEN SOLLTEN, WENN SIE IHR EIGENES 24-STUNDEN-PRODUKT HERSTELLEN

Nennen Sie es Ihren persönlichen „Hackathon" beziehungsweise Programmiermarathon, ein bei Computerfreaks beliebtes Event, wo kleine Teams gegeneinander antreten, um Start-ups zu gründen oder in einem begrenzten Zeitraum ein spezifisches Problem zu lösen. Typischerweise führen die Teilnehmer solcher Veranstaltungen sich jede Menge Koffein zu und machen gelegentlich eine Pause, um Pingpong zu spielen. Auch Sie können dieses Modell nutzen, um in kurzer Zeit ein „Quick & Dirty"-Produkt herzustellen. Sie brauchen dafür nur 24 Stunden Zeit und, das muss fairerweise dazugesagt werden, etwas Vorbereitung, damit Sie wissen, worauf Sie sich einlassen.

Der Angriffsplan unterscheidet sich nicht so sehr von dem „19 Tage bis zum Nebenverdienst"-Plan auf den Seiten 142 bis 144 – es geht nur viel schneller. Und wenn Sie es an einem einzigen Tag machen, müssen Sie sofort ein paar Entscheidungen treffen:

1. Was ist das Produkt?

Wenn Sie etwas in 24 Stunden machen, dann wird es am ehesten irgendein wissensbasiertes Produkt sein. Denken Sie darüber nach, was Sie wissen und durch geschriebene Texte, Audio-, Video- oder ein anderes Format vermitteln könnten.

2. Wie werden Sie es verkaufen?

Machen Sie es unkompliziert. Wenn Sie keine einfachen Möglichkeit haben, etwas zu versenden, dann sollten Sie Ihr 24-Stunden-Produkt online vertreiben.

3. Welchen Preis soll es haben?

Eine Preisfestsetzung auf der Grundlage des Wertes ist immer gut, aber Sie können vermutlich kein Vermögen für etwas berechnen, was Sie schnell herstellen. Und außerdem können Sie bei einem schnell hergestellten Produkt auch versuchen, es an möglichst viele Personen zu vertreiben.

Ach ja, und da gibt es noch etwas Wichtiges …

4. Wie schaffen Sie es, andere Leute zu begeistern?

Nathans 24-Stunden-Projekt war erfolgreich, da er die Leute einlud, ihm zu folgen und sich zu beteiligen. Tatsächlich bat er sie um ihren Input und schuf ein öffentlich geteiltes Dokument, wo jeder Fragen stellen und sogar Vorschläge für den endgültigen Namen des Produkts machen konnte. Dadurch wurde eine gemeinsame Erfahrung geschaffen, welche für die anderen interessant und für Nathan motivierend war, insbesondere dann, wenn er Kommentare bekam wie „Das macht Spaß, und ich werde es auf jeden Fall kaufen, wenn es fertig ist“.

Bonusfrage: Worauf warten Sie noch?

DER „MEHR GELD“-TAG (ODER WIE MAN ZU JEDER BELIEBIGEN ZEIT KLEINE GELDBETRÄGE VERDIENT)

Hier habe ich eine Aktivität für Sie, die Spaß macht: Ab und zu sollten Sie ein paar Stunden am Stück, idealerweise den Großteil eines Arbeitstages, reservieren, um diese Zeit speziell für Brainstormings zu nutzen, mit denen sich Ihr aktueller Cashflow verbessern lässt. Ich nannte dies früher einen persönlichen Finanztag, aber dann hatte ich eine bessere Idee: Eine Aufgabenstellung wie diese kann man einen „Mehr Geld“-Tag nennen – ein Tag, an dem Sie Ihre Arbeit und Ihre Finanzen in Ordnung bringen mit dem Ziel, *mehr Geld zu verdienen.*

An einem „Mehr Geld“-Tag arbeite ich normalerweise an Dingen wie den folgenden. Bei Ihnen persönlich können es natürlich andere Aufgaben sein.

Verkaufen Sie Ihr unbenutztes Zeug. Kürzlich bemerkte ich, dass ich vor einiger Zeit ein Paar Schuhe gekauft und es nie getragen hatte. Für einen Umtausch war es zu spät, aber ich konnte sie für 44 Dollar in einem Secondhandshop verkaufen.

Klar, Sie könnten jetzt sagen, dass dies tatsächlich ein Verlust war, weil ich sie für einen höheren Betrag gekauft hatte. Das stimmt, aber der Punkt ist, dass ich sie nicht benutzte. Sie waren absolut wertlos, solange sie nur in meinem Schrank standen, aber ich musste nur einen Weg von fünf Minuten zum Schuhgeschäft auf mich nehmen, um 44 Dollar aus ihnen zu machen.

Prüfen Sie Ihre Kreditkarten- oder Kundenkartenauszüge. Als ich dies kürzlich tat, sah ich, dass mein Mobilfunkanbieter mir während einer Reise nach Kanada mehr als 100 Dollar zu viel berechnet hatte. Ich bemerkte auch eine doppelte Belastung meines Kontos durch einen anderen Verkäufer. Ich ging der Sache nach und ließ diese Beträge zurückbuchen. Wenn ich die Auszüge nicht geprüft hätte, wäre das Geld einfach spurlos verschwunden gewesen.

Kündigen Sie Ihre nicht genutzten Services. Gibt es etwas, wofür Sie bezahlen, ohne es zu nutzen? Kündigen Sie es und

Sie haben jeden Monat den entsprechenden Geldbetrag auf Ihrem Bankkonto zur freien Verfügung. Klingt gut, oder?

Sie können auch …

- Ihren Kabel- oder Mobilfunkanbieter nach einem besseren Tarif fragen
- die Zinssätze für Ihre Kreditkarten oder Ihre Anlagekonten prüfen; rufen Sie dann das Kreditkartenunternehmen an und versuchen Sie, bessere Konditionen auszuhandeln
- Ihr Investment-Portfolio umschichten
- ein neues Sparkonto mit einem Extrabonus eröffnen
- sich sowohl langfristige als auch kurzfristige finanzielle Ziele setzen

Wie würden Sie die Liste ergänzen?

WIE PASST EIN NEBENVERDIENST ZU DER ARBEIT, FÜR DIE SIE GEBOREN WURDEN?

An dieser Stelle könnten Sie sich fragen, was das Verkaufen von Lebensmitteln damit zu tun hat, dass Sie die Arbeit finden, für die Sie geboren sind? Inwiefern trägt es zum Glück bei, andere Leute in Fahrgemeinschaften herumzufahren oder die Wohnungen von Fremden zu putzen? Denken Sie jedoch an das Wesentliche: Nebentätigkeiten schaffen einen hohen Grad an Zufriedenheit bei einem relativ geringen Zeit- und Arbeitsaufwand. Mithilfe einer Nebentätigkeit können Sie weiterhin Ihre Fertigkeiten in Ihrem Brotberuf einsetzen und gleichzeitig andere Leidenschaften und Ambitionen in Ihrer Freizeit erkunden.

Auf diese Weise kommt auch etwas Abwechslung in Ihr Arbeitsleben. Selbst wenn Ihre Arbeit Sie völlig ausfüllt und Sie die Tätigkeit, für die Sie geboren wurden, in Ihrem Brotberuf gefunden haben, wird Ihnen etwas Abwechslung sicher gefallen. Zudem entwickeln viele Nebentätigkeiten sich zu etwas Größeren. Manchmal liefern sie die entscheidende Motivation oder Inspiration für den beruflichen Wechsel, den Sie schon immer machen wollten, oder für das Unternehmen, das Sie aufbauen wollten. Sie können das finanzielle Sicherheitsnetz bieten, das es Ihnen ermöglicht, andere Risiken einzugehen oder einen grandiosen Plan zu verfolgen.

Und selbst wenn dies nicht der Fall ist, fühlt es sich einfach gut an, wenn durch Ihre Tätigkeit zusätzliches Geld hereinkommt. Das Fazit ist, dass eine Nebentätigkeit eine Methode sein kann, die es Ihnen ermöglicht, mit geringem Risiko und wenig Aufwand das Terrain zu sondieren, inwieweit eine Geschäftstätigkeit größere Chancen bietet – und gleichzeitig verdienen Sie zusätzliches Geld. Es gibt keinen guten Grund, warum Sie es nicht versuchen sollten, aber sehr viele gute Gründe, warum eine Nebentätigkeit sich als enorm vorteilhaft erweisen könnte.

Lassen Sie sich nicht von der Unentschlossenheit lähmen! Legen Sie einen Mindestlohn für sich fest und fangen Sie an, Geld zu scheffeln.

Anmerkungen

1. In den Vereinigten Staaten beliebtes Online-Spiel, bei dem die Teilnehmer über eine fiktive Mannschaft (Fantasy Team) verfügen, die sich aus echten Sportlern einer bestimmten Liga (zum Beispiel der National Football League) zusammensetzt (Anm. d. Übers.).

„Ich verdiene viel mehr Geld als in meinem früheren Job und wahrscheinlich mehr, als ich jemals verdient hätte, wenn ich in meinem alten Beruf geblieben wäre. Es kann schwierig sein, sich selbstständig zu machen, aber sobald dieses Hindernis einmal überwunden ist, hat man die Chance auf ein viel höheres Einkommen als zuvor."

– ALEXIS, 34
GRÜNDERIN EINER CONTENT-MARKETING-AGENTUR

KAPITEL 8

IHR EIGENES UNTERNEHMEN

ZIEL:
Ein kleines Imperium aufbauen

Manchmal gibt es den von Ihnen gewünschten Job noch nicht – das ist normalerweise deshalb der Fall, weil Sie nicht einfach nur einen Job wollen, sondern die volle Kontrolle über Ihr Einkommen und Ihre Karriere. Viele Leute, die als Selbstständige arbeiten, halten dies tatsächlich für den sichersten Karriereweg. Dieses Kapitel ist für diejenigen, die nicht mehr als Angestellte arbeiten und die Dinge in die eigene Hand nehmen wollen – ohne zuerst ein wirtschaftswissenschaftliches Studium zu machen und sich zu verschulden.

Es gibt ein klassisches Geschäftsprinzip namens First Mover Advantage. Das bedeutet, dass das Unternehmen oder die Organisation, die als Erstes in einen Markt eintritt, naturgemäß den anderen voraus ist, sofern alle anderen Variablen gleich sind. Dieser Theorie zufolge ist es nicht unbedingt *unmöglich*, einen First Mover zu übertrumpfen, aber der First Mover hat einen ihm eigenen Vorsprung.

Der First Mover Advantage gilt für viele große Branchen und Märkte, aber wenn es um den Aufbau eines kleinen oder mittleren Unternehmens geht, kann es tatsächlich besser sein, der Zweite, Dritte oder Zehnte zu sein, der in den Markt eintritt. [1]

Denken Sie an die bekannte Parabel vom frühen Wurm. Es heißt, dass der frühe Vogel den Wurm fängt, und vielleicht stimmt das auch. Aber was ist, wenn Sie der Wurm sind? Wenn Sie der Wurm sind und aufwachen und zu früh Ihren Hals herausstrecken, dann können Sie sich darauf verlassen, gefressen zu werden. Wenn Sie Ihren Hals in einen neuen Markt oder ein neues Projekt hineinstrecken, ist es viel besser, der späte Wurm zu sein. Der frühe Vogel fängt vielleicht den Wurm, aber der späte Wurm bleibt am Leben.

WIE MAN MIT DEM VERKAUF VON T-SHIRTS 101.971 DOLLAR VERDIENT

Benny Hsu entdeckte im Alter von 37 Jahren eine Goldgrube, und zwar nicht, indem er ein früher Wurm war. Als früherer App-Designer, der neugierig war, wie er Unbekannten etwas verkaufen konnte, hatte Benny das Ziel, eine ganz neue Art von Tätigkeit aufzunehmen. Er hatte sich immer für Mode interessiert, insbesondere für T-Shirt-Designs. Frühere Versuche, einen Haufen T-Shirts mit der Siebdrucktechnik zu bedrucken, hatten eine große Startinvestition erfordert, und er musste zudem immer anwesend sein, um Bestellungen entgegenzunehmen und die Ware zu verschicken. Eine neue Technologie ermöglichte es ihm nun, ohne jeden Lagerbestand bei nur zehn Bestellungen T-Shirts herzustellen.

Es gab nur ein Problem: Er hatte keine Kunden. Nachdem er beobachtet hatte, dass andere Leute sich mithilfe von Online-Anzeigen Zielgruppen basierend auf bestimmten demografischen und beruflichen Merkmalen erschlossen, wollte auch er versuchen, seine Kundenbasis durch zielgruppenspezifische Werbung zu erweitern. Einundzwanzig Mal versuchte er, seine T-Shirt-Designs an spezifische Kundengruppen auf Facebook zu verkaufen mit dem Ziel, seine Werbekosten wieder hereinzubekommen und einen ordentlichen Gewinn zu machen – und ebenso oft misslang es ihm, ein einziges Mal etwas zu verkaufen.

Allerdings kosteten diese Fehlschläge ihn nur wenig Geld; er gab bei jedem Experiment maximal zehn Dollar aus, und er dokumentierte jedes Mal genau, was schiefgelaufen war. Beim 22. Versuch zog er schließlich ein Gewinnlos: Bevor er die 10-Dollar-Grenze erreichte, konnte er seinen ersten Verkauf realisieren. Dieses Mal ließ er die Anzeigenkampagne weiterlaufen. Am Ende hatte er 81,72 Dollar ausgegeben und 112,25 Dollar eingenommen, was einem Gewinn von 30,53 Dollar entsprach.

GESCHEITERTE EXPERIMENTE (#1-21)	ERFOLGREICHES EXPERIMENT (#22)
10 $ x 21 = 210 $ (Start-up-Kosten)	Umsatz (112,25 $) – Werbekosten (81,72 $) = Gewinn (30,53 $)

Dreißig Dollar reichten nicht, um aus Benny einen reichen Mann zu machen, aber der Erfolg ermutigte ihn. Er wusste, dass die gescheiterten Experimente die ganze Zeit in die richtige Richtung gewiesen hatten, also optimierte und verfeinerte er das Ganze bei jeder neuen Werbekampagne. Jeden Morgen wachte er auf und prüfte sofort seine Verkaufszahlen, um zu sehen, was über Nacht passiert war. Jeden Abend lud er neue Werbeanzeigen hoch und wartete gespannt auf die Testergebnisse des nächsten Tages. Er hatte weitere Erfolge und auch weitere Fehlschläge – aber er legte die Fehlschläge schnell ad acta und blieb am Ball in Bezug auf die Erfolge.

Nach nur einem Monat hatte er den Verlust durch die fehlgeschlagenen Kampagnen wieder gutgemacht und die Gewinnschwelle erreicht, sodass den Betriebsausgaben von circa 1.000 Dollar entsprechende Einnahmen gegenüberstanden. Danach hatte er leichtes Spiel.

Nach fünf Monaten hatte er über 50.000 Dollar für Anzeigen ausgegeben, aber über 150.000 Dollar eingenommen. In diesem Moment wurde ihm klar, dass es sich nicht nur um einen Nebenverdienst handelte; es war vielmehr eine Vollzeittätigkeit. Bennys „Experiment“ läuft nun seit über zwei Jahren und er entwirft weiterhin T-Shirts in Vollzeit. „Die Freiheit, die ich durch dieses Geschäft gewonnen habe, ist unglaublich“, sagte er zu mir. „Ich kann an etwas arbeiten, was mir Spaß macht, meinen Arbeitsort frei wählen und Geld im Schlaf verdienen.“

Benny war nicht der erste Mensch, der jemals T-Shirts verkauft hat, und viele andere Leute haben bereits mit Facebook-Anzeigen experimentiert. Anders gesagt, er war nicht der frühe Vogel – indem er seine Vorgehensweise jedoch durch eine Reihe sorgfältiger Tests immer weiter verfeinerte, konnte er ein verlässliches Geschäft mit gutem Verdienst gründen.

SELBSTSTÄNDIGKEIT IST DIE NEUE RENTE

In meinem Buch *Start-up!: Wie Sie mit weniger als 100 Euro ein Unternehmen auf die Beine stellen und Ihr eigener Chef werden* habe ich das Modell skizziert, mit dem Tausende von selbstständigen Unternehmern gewinnbringende Projekte ins Leben gerufen haben, und zwar typischerweise ohne jegliche formale kaufmännische Ausbildung.

1. Tun Sie etwas, was Ihnen irgendwie gefällt. Ich sage „irgendwie", weil Sie nicht einfach *alles* tun können, was Sie wollen, und erwarten können, damit Geld zu verdienen. Es gibt aber wahrscheinlich *etwas*, was Sie tun können, um Ihr Ziel zu erreichen.
2. Finden Sie eine Übereinstimmung zwischen dem, was Sie wertschätzen, und dem, wofür andere Leute etwas zu zahlen bereit sind. Benny glaubte daran, dass es einen Markt für handgefertigte T-Shirts gab, da er und viele seiner Freunde gerne T-Shirts mit einzigartigen Designs trugen. Um seine Theorie zu beweisen, stellte er sie in einem echten Markt auf den Prüfstand.
3. Beginnen Sie schnell und mit einer geringen Investition. Sobald Benny seine T-Shirts on demand bedrucken konnte, waren seine Start-up-Kosten zu vernachlässigen – sie betrugen nur zehn Dollar für jede der 21 erfolglosen Anzeigen.
4. Schauen Sie, was passiert, und ändern Sie unterwegs, wenn nötig, Ihren Kurs. Benny benutzte Facebook als riesiges Testlabor für seine Designs und passte sie entsprechend den Wünschen seiner Kunden an.

Sie können dieses Modell nutzen unabhängig davon, ob Sie bereits ein Unternehmen gegründet haben oder ob Sie die Absicht haben, eine selbstständige Tätigkeit in Vollzeit aufzunehmen. Im letzten Kapitel haben Sie gelernt, wie man eine erfolgreiche Nebentätigkeit startet; hier werden Sie lernen, wie man einen Nebenverdienst oder ein anderes Teilzeitprojekt zu etwas Ernsthafterem ausbaut.

In Kapitel 7 haben Sie auch gelernt, wie man eine grobe Schätzung des Gewinnpotenzials einer Nebentätigkeit macht (Sie finden dies auf den Seiten 145 bis 146, wenn Sie eine Auffrischung brauchen). Wenn Ihr Projekt gut läuft und es so aussieht, als könnte es richtig durchstarten, wenn Sie ihm mehr Zeit widmen, dann sollten Sie ernsthaft darüber nachdenken, es zu einem vollwertigen Geschäft auszubauen. Aber wie?

Eine Nebentätigkeit zu einem Geschäft zu erweitern ist tatsächlich viel einfacher, als es klingt. Bei jedem Produkt und jeder Dienstleistung gibt es nur zwei Möglichkeiten der Expansion:

1. *mehr an vorhandene Kunden verkaufen*
2. *an mehr Kunden verkaufen*

Es ist wirklich so einfach, und welche Strategie am besten ist, wird vermutlich durch die Art Ihrer Geschäftstätigkeit bestimmt. Beispielsweise wird Benny mit seinem T-Shirt-Geschäft wahrscheinlich nicht reich werden, indem er T-Shirts immer wieder an dieselben Kunden verkauft. Es ist nett, wenn Leute mehr als nur ein T-Shirt kaufen (da für Mehrfachkäufer keine zusätzlichen Werbekosten anfallen), aber die meisten Leute brauchen nicht jeden Monat eine ganz neue Garderobe von T-Shirts. In diesem Fall hängt das Unternehmenswachstum davon ab, mehr Kunden zu gewinnen.

In vielen anderen Geschäftsbereichen ist es jedoch viel einfacher, mehr an bereits vorhandene Kunden zu verkaufen. Die beste Methode besteht in der Entwicklung von zusätzlichen Produkten oder Erweiterungen der bestehenden Dienstleistungen. Ihre vorhandenen Kunden werden wahrscheinlich auch Ihre neuen Angebote annehmen, und alle *neuen* Kunden, die noch zusätzlich auf den Zug aufspringen, sind im Grunde als Bonus zu betrachten.

SEIEN SIE IHR EIGENES WAGNISKAPITAL

Wenn Sie nicht in sich selbst investieren, wer soll es dann tun? Heath Padgett, ein junger Videofilmer und Hansdampf in allen Gassen aus Austin, Texas, wollte sich ursprünglich ein Sicherheitsnetz schaffen, bevor er seinen Job in einem Start-up-Unternehmen kündigte. Als er jedoch versuchte, ein Projekt in seiner Freizeit zu entwickeln, merkte er bald, dass dieser Plan nicht funktionieren würde.

„Ein Unternehmen an Abenden und Wochenenden zu gründen ist vielleicht eine Option für manche Leute", sagte er, „aber ich hatte nicht genug Druck, um mich voll auf meine eigenen Projekte zu konzentrieren. Ich hatte einen netten, angenehmen Job, der meinen Lebensunterhalt sicherte – wenn ich an einem Tag also nicht an meinem Geschäft arbeitete, wurde ich trotzdem bezahlt. Ich wusste, dass ich mich Hals über Kopf hineinstürzen müsste, wenn ich erfolgreich sein und mir selbst eine echte Chance geben wollte. Wenn ich auf die Schnauze fallen würde, dann richtig. Ich begriff auch, dass wir nur dann wie ein Depp dastehen, wenn wir scheitern. Wenn wir erfolgreich sind, werden wir gefeiert und die Leute halten uns für richtig klug. Ich musste mir erst diese Mentalität, aufs Ganze zu gehen, zu eigen machen, um meine Reise zu beginnen."

Heath folgte der Strategie, seinen Wert in allen Aspekten seines Lebens zu erhöhen. Er entwickelte seine Fertigkeiten weiter, indem er sich mit neuen Technologien vertraut machte und interessiert die Projekte anderer Videofilmer verfolgte. Er knüpfte Kontakte, unter anderem mit einem Nachwuchsautor, der ein fesselndes Buch über eine positive Sicht auf das Eingehen von Risiken geschrieben hatte und Hilfe beim Erstellen eines Werbetrailers brauchte. Er ging Risiken ein und machte Experimente, indem er mit seiner Frau Alyssa in einem Wohnmobil im Land umherfuhr. Dabei nahmen sie in verschiedenen Bundesstaaten Gelegenheitsjobs an und dokumentierten ihre Abenteuer.

Unterwegs investierte er auch in sich selbst, indem er alle Chancen ergriff, die sich ihm boten. Es stand letztendlich nicht allzu viel auf dem Spiel – wenn es nicht funktionierte, konnte er immer noch in seinen alten Job zurückkehren. Heath entschloss sich, den Sprung ins kalte Wasser zu wagen und zu sehen, was sich unterwegs an Gelegenheiten ergab.

Wenn Sie sich entschließen, in Ihr eigenes Unternehmen zu investieren, sollten Sie sich über vier Bereiche Gedanken machen:

1. *Fertigkeiten.* Verbessern Sie sowohl die technischen Aspekte Ihrer Arbeit (ebenso wie Heath sich Kenntnisse über die neueste Technologie im Videofilmen aneignete) als auch Ihre Soft Skills wie Schreiben, Lesen, Verhandeln und so weiter (siehe dazu Kapitel 4).
2. *Kontakte.* Netzwerken Sie und versuchen Sie, möglichst viele Leute zu treffen (wie der Nachwuchsautor, der Heath seinen ersten Auftrag gab).
3. *Experimente.* Probieren Sie neue Dinge aus und setzen Sie sich neuen Orten, Menschen und Ideen aus (wie Heath es auf seiner einjährigen Reise durch das Land tat).
4. *Chancen.* Ergreifen Sie Geschäftschancen, die sich Ihnen eröffnen (Heath ergriff fast alle Gelegenheiten, auch wenn diese nicht zu 100 Prozent dem entsprachen, was er letztendlich tun wollte).

Achten Sie dabei auch auf Ihren Posteingangsordner oder auf das Medium, über das Sie von Kunden und Geschäftspartnern hören – denn gerade dort könnten Sie mehr Antworten und Ideen finden, die Ihnen dabei helfen, aus Ihrem Nebenjob eine Haupttätigkeit zu machen.

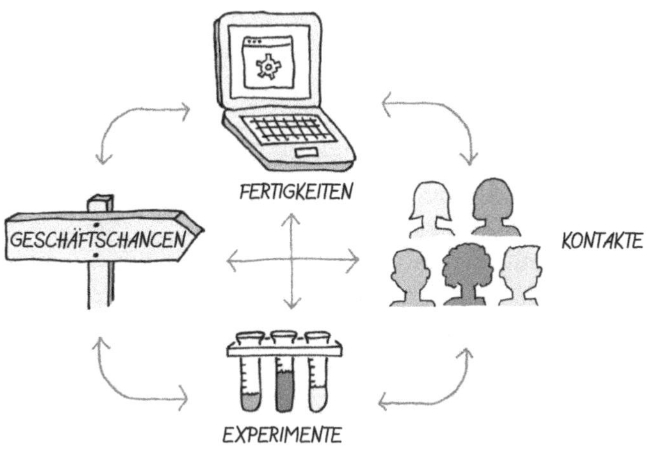

DER VORLIEBEN-PLANER

Kann eine College-Studentin eine Midlifecrisis haben? Eher nicht, aber Angelia Trinidad hatte ein Erlebnis in ihrem zweiten Studienjahr, das sie dazu veranlasste, alles zu überdenken. Angelia war in einer strengen asiatisch-amerikanischen Familie aufgewachsen, in der sie eigentlich immer nur Bestnoten nach Hause bringen durfte, weil alles andere als ein Fehlschlag galt. In ihrem vorbereitenden Medizinstudium an der Universität von Kalifornien musste sie also hohen Erwartungen gerecht werden. So weit, so gut – aber sie war nicht zufrieden.

Zum Glück gelang es ihr, fleißig zu studieren, ganze Bände über Molekularbiologie auswendig zu lernen und ihre Prüfungen mit guten Noten zu bestehen. Das gefiel zwar ihren ehrgeizigen Eltern, aber sie wusste, dass Medizin nicht ihre Traumkarriere war. Obwohl sie an Naturwissenschaften ziemlich interessiert war, blieb Angelia weiterhin auf der Suche nach etwas, was ihr noch mehr gefiel. In der Highschool war die Kunst ihre Zuflucht gewesen. Sie zeichnete überaus gern und betrachtete dies als ihren „Rückzugsort". Beim Zeichnen musste sie keine Referate schreiben oder Prüfungen ablegen. Aus einer Laune heraus und ohne es ihren Eltern zu erzählen, brach sie ihr vorbereitendes Medizinstudium ab und wechselte zum Hauptfach Kunst.

Die Geschichte ist damit noch nicht zu Ende. Das Hauptfach Kunst brachte seine eigenen Herausforderungen mit sich, darunter auch die gefürchtete Frage, mit der jeder Kunststudent unweigerlich konfrontiert wird: „Das macht sicher Spaß, aber was wirst du mit diesem Abschluss später mal anfangen?" Zur Zeit ihres Abschlusses hatte Angelia immer noch keine wirkliche Antwort auf diese Frage. Anstatt sich inspiriert zu fühlen, hatte sie den Eindruck, festzuhängen, und sie blickte ängstlich in die Zukunft, da der Arztberuf keine Option mehr für sie war und sie noch keine berufliche Alternative sah. Sie war eine klassische Streberin, die plötzlich keine Prüfungen mehr abzulegen hatte und sich in keine Kunstprojekte mehr stürzen konnte. Dazu kam noch, dass sie sich zwar über ihren Kunstabschluss freute, aber eigentlich keine richtige Künstlerin sein wollte. Sie begriff, dass es einfach nicht die Arbeit war, zu der sie sich berufen fühlte. Was war es also dann?

Angelia fand einen Teil der Antwort, indem sie nicht nur auf ihre Fertigkeiten (die Fähigkeit, fleißig zu studieren, erfolgreich Prüfungen abzulegen und ihr Leben zu organisieren) oder einfach auf ihre Leidenschaften (Kunst) blickte, sondern auf die Kombination von beidem. Indem sie ihre Begeisterung für das Zeichnen sowie ihr Talent für kreatives Denken und ihre Fähigkeit, sich gut auf einen vollen Terminkalender mit Tests, Referaten und Freizeitaktivitäten vorzubereiten, miteinander verband, kam ihr die Idee, einen Prototyp für eine neue Art von Tagesplaner zu schaffen: ein gedrucktes Journal, das sowohl Studierenden als auch Nicht-Studierenden dabei helfen sollte, den Überblick über sämtliche Aktivitäten zu behalten, und sie gleichzeig dazu animieren sollte, kreativ zu sein und Spaß zu haben. Sie nannte es den Vorlieben-Planer und der unterschied sich von allen anderen Zeitmanagement-Tools, die sie bis dahin gesehen hatte (und als planvoll agierende Person, die immer nach einem Vorteil suchte, hatte sie etliche gesehen).

Es war sicher keine Medizin und ebenso wenig war es Kunst. Es war eine einzigartige Verbindung von Angelias unterschiedlichen Vorlieben, Interessen und Fertigkeiten – und es war ein Riesenhit. Die Bestätigung, dass sie damit auch *Geld verdienen* konnte, bekam sie, als sie es der Öffentlichkeit erstmals in einer Kickstarter-Kampagne anbot, bei der über 48.000 Dollar zusammenkamen, nachdem sie ein anfängliches Ziel von 19.000 Dollar gesetzt hatte. Ein paar Monate später machte sie es noch einmal, und es gelang ihr, über 100.000 Dollar für eine andere, schlankere Version einzusammeln.

Aber Moment mal, da gibt es noch mehr: Eine dritte Kickstarter-Kampagne ging komplett viral und erhielt Auftrieb durch begeisterte Rezensionen von Käufern einer früheren Version. Als der letzte Countdown endete, versammelten Angelia und das Team, das mittlerweile mit ihr zusammenarbeitete, sich um einen Laptop und aktualisierten die Kickstarter-Website ein letztes Mal. Die Ergebnisse waren unglaublich: 23.626 Unterstützter verpflichteten sich zur Zahlung einer Gesamtsumme von 658.434 Dollar, um dieses Projekt ins Leben zu rufen.

In diesem Moment war nicht nur die riesige Anzahl von Unterstützern (die in diesem Kontext praktisch Kunden waren) so aufregend. Bald spendeten Angelia und ihr Unternehmen Zeitplaner an Schulen, Bibliotheken und Organisationen. Dann gab Electronic

Arts, ein Hersteller von Computer- und Videospielen, eine Sammelbestellung für alle seine Angestellten auf. Der Vorlieben-Planer war plötzlich kein Liebhaberprojekt mehr – er war zu einem richtigen Geschäft geworden.

DER „ZERO TO ONE"-TEST

Peter Thiel, der Wagniskapitalgeber und Gründer von PayPal, propagierte ein Modell, mit dem sich der entscheidende Faktor für ein massives Unternehmenswachstum, insbesondere bei Technologieunternehmen, verstehen lässt. Er nennt dies „Zero to One" und unterscheidet ein „Zero to One"-Unternehmen von anderen Unternehmensarten: „Horizontaler Fortschritt bedeutet, Bewährtes nachzuahmen und von 1 auf *n* zu gehen. Diese Art von Fortschritt können wir uns leicht vorstellen, da wir bereits wissen, wie er aussieht. Vertikaler Fortschritt bedeutet hingegen, etwas Neues in Angriff zu nehmen und von 0 auf *1* zu gehen. Er entzieht sich stärker unserer Vorstellungskraft, da er völlig neue Aktionen erfordert. Wenn Sie eine Schreibmaschine nehmen und 100 Stück davon bauen, haben Sie einen horizontalen Fortschritt gemacht. Wenn Sie eine Schreibmaschine haben und ein Textverarbeitungssystem entwickeln, haben sie einen vertikalen Fortschritt gemacht."

Die folgende Illustration soll den Unterschied deutlich machen:

Die meisten Leser dieses Buches haben es sich nicht zum Ziel gesetzt, ein großes Technologieunternehmen zu gründen (auch wenn der eine oder andere dies vielleicht tun wird). Trotzdem sollten Sie den „Zero to One"-Test durchführen, wenn Sie vor der Entscheidung stehen, ob Sie Ihre Nebentätigkeit zu einem richtigen Unternehmen ausbauen wollen.

Viele Nebentätigkeiten sind im Wesentlichen 1-auf-*n*-Projekte und das ist in Ordnung. Sich nützlich zu machen und hilfreich zu sein, wird nie aus der Mode kommen. Wenn Sie jedoch die Chance haben, von 0 auf 1 zu gehen, indem Sie etwas wirklich Neues und Anderes schaffen, dann reicht eine Nebentätigkeit Ihnen möglicherweise nicht mehr und Sie wollen sich auf etwas Größeres vorbereiten.

So furchterregend es auch sein kann, sich ganz allein als Unternehmer an den Markt zu wagen, Sie sollten dennoch nicht der Versuchung erliegen, eine halbsichere Situation durch eine andere auszutauschen, indem Sie einfach eine vorhandene Idee nachahmen oder Teil eines bestehenden Unternehmens werden. Schaffen Sie stattdessen Ihre eigene Sicherheit, indem sie das „Zero to One"-Prinzip umsetzen und Ihr eigenes kleines (oder auch nicht so kleines) Imperium von Grund auf neu aufbauen.

WANN SIE IHREN JOB KÜNDIGEN UND IHRE NEBENTÄTIGKEIT ZU EINEM VOLLZEITGESCHÄFT AUSBAUEN SOLLTEN

Wenn Sie sich entschlossen haben, aufs Ganze zu gehen, woher wissen Sie, wann der richtige Zeitpunkt dafür ist? Leider gibt es keine allgemeingültige Antwort auf diese Frage. Meiner Erfahrung nach kündigen Leute ihre Jobs, um sich voll ihrem eigenen Unternehmen zu widmen, in vielen verschiedenen Phasen. Für Heath Padgett, den jungen Videofilmer (und vielleicht auch für andere Leute in einer ähnlichen Situation) funktionierte der Start in die Selbstständigkeit aus einem Brotberuf heraus *nicht* gut. Möglicherweise haben Sie nicht die Zeit oder die Kapazitäten, um Ihr Unternehmen aufzubauen, während Sie Vollzeit in einem anderen Job arbeiten. Andere jedoch bevorzugen es, ein regelmäßiges Einkommen als Sicherheitsnetz zu haben, während sie ihr Nebenprojekt erweitern, selbst wenn dies zur Folge hat, dass sie weniger schlafen sowie abends und am Wochenende arbeiten müssen.

Es gibt eine todsichere Methode, eine Entscheidung zu fällen, wenn Sie unentschlossen sind: *Sie kündigen Ihren Job, wenn Ihr*

Geschäft so viel Geld einbringt, dass Sie damit Ihren Lebensunterhalt bestreiten können – nicht schon zu dem Zeitpunkt, da es nur vielversprechend ist und Potenzial hat, sondern erst dann, wenn Sie mit den Einnahmen tatsächlich Ihre Rechnungen bezahlen können, auch wenn die Einnahmen geringer sind als Ihr Angestelltengehalt. Bis dahin sollten Sie dem Verlangen zu kündigen widerstehen, wenn Sie nicht absolut davon überzeugt sind, dass Ihr im Entstehen begriffenes Imperium eine große Zukunft vor sich hat.

EIN KURZER (ABER UMFASSENDER) WEGWEISER ZU DER TECHNOLOGIE, DIE SIE BRAUCHEN

Im Allgemeinen wird angenommen, dass die Gründung eines erfolgreichen Unternehmens unzählige Fertigkeiten oder Erfahrungen mit Technologie erfordert. Heutzutage ist dies jedoch keineswegs mehr der Fall. Mit Instrumenten wie WordPress und Squarespace kann jeder eine Website erstellen, online ein Produkt vermarkten, eine Anhängerschaft in sozialen Medien aufbauen und so weiter – auch wenn Sie nie im Leben einen Programmiercode geschrieben haben.

Wie in Kapitel 4 erwähnt, werden diejenigen, die kein Problem mit der Nutzung neuer Technologien haben, in aller Regel in der New Economy wettbewerbsfähiger sein. Dies bedeutet allerdings nicht, dass Sie vor Begeisterung ausflippen und Programmierer werden müssen oder dass Sie jeden Monat losrennen sollten, um die neueste technische Spielerei zu kaufen. Denken Sie daran, dass der Sinn und Zweck des Sich-selbstständig-Machens darin besteht, kein Sklave mehr für jemanden zu sein, und in diesem Fall gehört zu „jemand" auch die Technologie. Sie müssen nicht jede Innovation, die auf den Markt kommt, beherrschen; sie müssen die Technologie nur insoweit nutzen, als sie Ihnen hilft, Ihre Ziele zu erreichen.

Es folgen ein paar „Quick and Dirty"-Tipps, mithilfe derer Sie die grundlegenden technologischen Fertigkeiten entwickeln können, die Sie brauchen, um Ihr erfolgreiches Mini-Imperium zu betreiben.

- *Lassen Sie sich nicht durch die Tatsache beunruhigen, dass soziale Medien sich permanent verändern.* Es gibt täglich ein neues Netzwerk, wie bleiben Sie also auf dem Laufenden? Antwort: gar nicht. Anstatt den Versuch zu unternehmen, *überall* zu sein, bemühen Sie sich besser darum, in einigen wenigen Netzwerken Präsenz zu zeigen und mit Ihren Fans Kontakt zu halten, und belassen es dabei.

- *Bleiben Sie auf dem Laufenden im Hinblick auf die wichtigsten Kommunikationsformen.* Die Kommunikationstechnologie verändert sich langsamer als die sozialen Medien, und hier ist es wichtig, auf dem Laufenden zu bleiben. Wenn Sie immer noch E-Mails und alle anderen bereits Textnachrichten schreiben oder wenn Sie eine AOL-Mail-Adresse nutzen, während alle anderen bei Gmail sind, dann haben Sie das Gefühl, abgehängt zu sein.
- *Stellen Sie sicher, dass Sie eine Bezahlmethode haben.* Ich habe es in diesem Buch bereits erwähnt, aber man kann es nicht oft genug sagen: Sie können kein Geld verdienen, wenn Sie keine Bezahlmethode haben. Zum Glück ist das Bezahlen heutzutage durch neue Technologien einfacher als jemals zuvor. Sie können Geld für Ihre Waren oder Dienstleistungen akzeptieren, indem Sie einfach ein kostenloses Konto bei PayPal, Square oder verschiedenen anderen Systemen einrichten. Vor allem müssen Sie darauf achten, es für den Kunden, der das Geld schickt, möglichst einfach zu machen. Ich kannte einmal jemanden, der PayPal hasste und das Bezahlen mit diesem System grundsätzlich ablehnte. Wenn Sie auch so jemand sind, habe ich eine verrückte Idee für Sie: Es spielt keine Rolle, was *Sie* über eine bestimmte Bezahlmethode denken, sondern vielmehr, was Ihr Kunde bevorzugt.
- *Sie brauchen irgendeine Website.* Ob es Ihnen nun gefällt oder nicht, wenn Google Sie nicht finden kann, können auch Ihre potenziellen Kunden Sie nicht finden. Die gute Nachricht lautet, dass Sie mithilfe von WordPress, einer kostenlosen Software, die für jeden Computer verfügbar ist, eine Website oder einen Blog in maximal einer Stunde erstellen können. In der Rubrik „Online Resources“ finden Sie unter BornforThisBook.com eine kostenlose Anleitung, wie es funktioniert.

Selbst wenn Sie nicht technikaffin sind, ist es wirklich nicht besonders schwer, ein Online-Geschäft zu gründen. Übrigens können Sie einen Großteil dessen, was Sie wissen müssen, leicht aus dem Internet lernen. Googeln Sie es und bleiben Sie auf dem Laufenden!

IN DREI MINUTEN ZUM GRADUIERTEN BETRIEBSWIRT

Es gibt eine Reihe von Missverständnissen, was ein Betriebswirtschaftsstudium angeht, und das größte ist, dass ein Abschluss als Betriebswirt oder Master of Business Administration (MBA) Ihnen dabei hilft, ein Unternehmen zu gründen. Wenn Sie in einem großen Konzern im mittleren Management tätig werden wollen, empfiehlt sich durchaus ein MBA. Wenn Sie einen Master auf Business Administration machen, lernen Sie nämlich, das Geschäft eines anderen zu betreiben. Wenn das die Arbeit ist, zu der Sie sich berufen fühlen, oder wenn diese drei Buchstaben in Ihrem Lebenslauf Ihnen dabei helfen, eine automatische Beförderung oder eine Gehaltserhöhung zu bekommen, dann ist ein MBA womöglich eine gute Investition. Für alle anderen, und insbesondere wenn Sie ein eigenes Unternehmen gründen und führen wollen, ist es eventuell viel besser, keine Universität zu besuchen.

Wenn Sie nicht sicher sind, ob ein Betriebswirtschaftsstudium etwas für Sie ist, dann liefert dieser Spickzettel Ihnen den Vergleich zwischen dem, was Sie im Betriebswirtschaftsstudium lernen, und dem, was Sie wissen müssen, um als Selbstständiger zu arbeiten. Beachten Sie, wie unterschiedlich diese Bereiche sind.

Management

Was Sie im Studium lernen:

- Fallstudien darüber, wie Führungskräfte einen Betrieb mit Hunderten oder Tausenden von Angestellten managen

Was Sie wissen müssen:

- Wie Sie mit allen möglichen Leuten zusammenarbeiten und wie Sie verhandeln müssen, um Ihre Ziele zu erreichen

Betrieb

Was Sie im Studium lernen:

- Wie Sie Fabriken, Krankenhäuser, Flugzeugflotten, Öl- und Gasunternehmen und ähnliche Großunternehmen managen

Was Sie wissen müssen:

- Wie Sie die Sache managen, die Ihnen Geld einbringt

Finanzen

Was Sie im Studium lernen:

- Modelle zur Aktien- und Anleihenbewertung, Prognosen und Projektevaluierung; wie man kurzfristige Gewinne generiert, um Aktienkurse zu erhöhen

Was Sie wissen müssen:

- Wie Sie genug Geld verdienen – was immer auch „genug“ für Sie persönlich heißen mag –, und zwar auf regelmäßiger Basis

Rechnungslegung

Was Sie im Studium lernen:

- Wie man Geschäftsberichte für große Unternehmen erstellt, die Abschreibung immaterieller Anlagen und mehr

Was Sie wissen müssen:

- Wie Sie Ihre Rechnungen bezahlen und mit dem Geld auskommen, das Sie verdienen

Marketing
Was Sie im Studium lernen:
- Wie man Millionen Dollar vom Geld anderer Leute für Werbekampagnen ausgibt

Was Sie wissen müssen:
- Wie Sie Leute erreichen, die Ihr Produkt, Ihre Dienstleistung oder Ihr Angebot kaufen wollen

Statistik
Was Sie im Studium lernen:
- Differenzialrechnung, lineare Programmierung, etwas namens „Ableitungen“ und etwas über „Häufigkeitsverteilung“

Was Sie wissen müssen:
- nicht viel

Wenn der richtige Zeitpunkt gekommen ist und es Ihnen ein echtes Bedürfnis ist, dann sollten Sie es in Erwägung ziehen, mit vollem Einsatz Ihr eigenes Unternehmen zu gründen. Vergessen Sie dabei nicht, dass das Freude-Geld-Flow-Modell im Zentrum Ihrer Überlegungen stehen sollte. Wenn eines dieser Schlüsselelemente fehlt, wird es Ihnen viel schwerer fallen, Ihr kleines (oder auch nicht so kleines) Imperium aufzubauen. Wenn Sie aber etwas Passendes für sich finden, dann wird Ihnen der Sprung in die Freiheit gelingen. Begnügen Sie sich nicht damit, sich als Franchisenehmer einem größeren Unternehmen anzuschließen – schaffen Sie stattdessen Ihre eigene unternehmerische Sicherheit.

Anmerkungen

1. „Der Erste zu sein ist kein Ziel an sich, sondern nur eine Taktik. Es ist besser, als Letzter zu kommen.“

– Peter Thiel

„Ich hatte noch nie ein Aha-Erlebnis. Bei mir war es ein Prozess des Entdeckens, der mich zu etwas führte, was gut bezahlt war und mir die ersehnte Unabhängigkeit bot."

– KELLY, 35
ONLINE-COMMUNITY-MANAGERIN

KAPITEL 9

WIE SIE FEUERWEHRMANN WERDEN (ODER WAS IMMER SIE WOLLEN)

ZIEL: Das Spiel spielen, das Ihre Gewinnchancen erhöht

Hören Sie auf, das Zahlenspiel zu spielen. Ach ja, und verschicken Sie nie wieder eine Bewerbung. Anstatt auf Ihre große Chance zu hoffen, sollten Sie besser das Spiel spielen, das Ihre Chancen erhöht.

Es ist sehr schwierig, Mitglied der Berufsfeuerwehr zu werden. Angesichts einer durchschnittlichen Aufnahmequote von einem Prozent herrscht bei vielen Feuerwehren ein stärkerer Wettbewerb als bei der Stanford University oder der Harvard University. Bei jeder Stellenausschreibung legen Hunderte oder sogar Tausende von Bewerbern den Einstellungstest ab und nur wenige bestehen ihn. Um Mitglied der Feuerwehr zu werden, brauchen Sie eine Bescheinigung für einen Erste-Hilfe-Kurs, einen Lkw-Führerschein, eine Bescheinigung, dass Sie in der Lage sind, einen Feuerwehraufzug zu betreiben, und vieles mehr. Es ist auch ein körperlich anspruchsvoller Job, der schweres Heben unter extremen Bedingungen erfordert. Grundsätzlich müssen Sie sehr klug und gleichzeitig sehr stark sein. Zudem müssen Sie sich viel Spezialwissen aneignen, um Leben retten zu können. Daraus ergibt sich das klassische Problem bei allen hochqualifizierten Berufen: Viele sind berufen, aber wenige sind auserwählt. Oder einfacher ausgedrückt, ein professionelles Mitglied der Feuerwehr zu werden ist nicht nur schwierig. Es ist *äußerst* schwierig. Aber nicht unmöglich.

Im Alter von 20 Jahren war Shelli Rae Varela eine selbsternannte Bohème-Künstlerin, die in Ontario, Kanada, lebte. Sie war handwerklich sehr geschickt, da sie in ihrer Jugend ihrem Vater bei der Reparatur von Lastwagen geholfen hatte. Doch sie hatte auch eine kreative Seite: So hatte sie bereits früh in der Kindheit begonnen zu zeichnen und sie fotografierte, sobald sie eine Kamera benutzen konnte. Noch etwas: Shelli war nur 1,57 Meter groß und wog 59 Kilo. Ihr Spitzname in der Kindheit lautete „Peanut“ (Erdnuss). Wenn man von ihrem Äußeren ausging, hätte man nie vermutet, dass sie einmal Feuerwehrfrau werden würde.

Als junge Erwachsene hatte sie viel Zeit mit einem Freund der Familie verbracht, der gerade eine schwere Zeit durchmachte. Der Freund namens Steve arbeitete als Feuerwehrmann in Toronto und Shelli war gefesselt von seinen Geschichten über Rettungen und Beinahunfälle. Wenn er nicht gerade in der Feuerwache war, ging sie in sein Haus hinüber, um mit ihm zu sprechen. Als ihm die Geschichten ausgingen, begann er, ihr etwas über den Job selbst beizubringen.

Eines Tages fuhren sie im Auto irgendwohin und Shelli entdeckte einen Lastwagen mit einem Gefahrengut-Aufkleber. Da sie sich an die Dinge erinnerte, die Steve ihr beigebracht hatte, wies sie sofort darauf hin, dass der Aufkleber falsch angebracht sei.

Steve war beeindruckt. „Warum bewirbst du dich nicht einfach um einen Job bei der Feuerwehr?“, fragte er.

Damals gab es in Kanada nur wenige Feuerwehrfrauen. Zudem entsprach „Peanut“ Varela von ihrem Erscheinungsbild her nicht gerade einer starken Person, egal welchen Geschlechts. Ihre Chancen standen nicht gut, aber die Idee fand sofort Anklang bei ihr.

Das ist es, was ich tun will, dachte sie. *Ich werde Feuerwehrfrau.*

Wer Mitglied der Feuerwehr werden will, muss ein mehrstufiges Auswahlverfahren durchlaufen. Von den wenigen Leuten, welche die schriftliche Prüfung bestehen, scheitern viele in der praktischen Prüfung oder sie werden im Bewerbungsgespräch als ungeeignet abgelehnt. Manche geben auch einfach auf. Um erfolgreich zu sein und eingestellt zu werden, müssen Sie sich monatelang, wenn nicht sogar jahrelang auf Ihren Vollzeitjob vorbereiten.

Shelli war immer eine Draufgängerin gewesen. Wenn sie etwas wollte, setzte sie es in die Tat um. Feuerwehrfrau zu werden war allerdings nicht so einfach. Sie meldete sich für den Test in Toronto an und stand dann mit 5.000 anderen Leuten in der Schlange vor einer Halle. Was machten all diese Leute hier? *Oh,* begriff sie, *sie wollen alle Feuerwehrleute werden.*

Für diesen Test, der in Kanada als National Fire Select Test bekannt ist, reicht es nicht aus, ein wenig in der vorhergehenden Nacht zu büffeln. Shelli hatte sich darauf verlassen, ihr handwerkliches Geschick und Steves Lektionen würden sie durch den Test bringen, aber ihr war nicht klar gewesen, dass es noch viel mehr zu lernen gab. Die Ergebnisse ihrer ersten Tests waren entsprechend schlecht.

Immerhin konnte sie den Test so oft wiederholen, wie sie wollte, und sie war bereit, alles daranzusetzen, um ihr Ergebnis zu verbessern. In den nächsten paar Monaten lernte sie alles über professionelle Feuerbekämpfung. Sie machte sich mit sämtlichen erforderlichen Fertigkeiten vertraut und bemühte sich, in jeder Geschick zu gewinnen. Es dauerte nicht allzu lang, bis sich ein Haufen Zertifikate in der Aktenmappe ansammelten, die sie immer bei sich trug. Ihren Lebensunterhalt verdiente sie mit der Arbeit in einem Nagelstudio, aber sie verlor ihr eigentliches Ziel nie aus den Augen: *Das ist es, was ich machen will. Ich werde Feuerwehrfrau.*

Es dauerte über drei Jahre (oder genauer gesagt 1.162 Tage), um diesen Traum Realität werden zu lassen. Sie kennt die genaue Anzahl der Tage, da sie seit ihrem Aha-Erlebnis im Alter von 20 Jahren nie aufgehört hatte, daran zu denken. Während sie daran arbeitete, die unterschiedlichen Anforderungen zu erfüllen, oder für einen weiteren Test lernte, stellte sie sich täglich vor, wie sie den Telefonanruf mit der Zusage bekommen würde. Durch den Gedanken an diesen Anruf blieb sie motiviert und es gelang ihr, sich auf ihre Studien zu konzentrieren.

Sie legte den Test noch acht Mal an verschiedenen Orten der Provinz ab. Größtenteils bestand sie ihn, war allerdings trotzdem etwas schlechter als die wenigen Leute, die es in die nächste Runde schafften. Einmal erreichte sie 92,5 Prozent und lag damit knapp unter den 93 Prozent, die für die nächste Stufe des Bewerbungsverfahrens erforderlich waren. So nah dran! Doch jedes Mal wurde ihr Ergebnis besser.

Schließlich erreichte sie das Ergebnis, das erforderlich war, um in die letzte Runde des Auswahlverfahrens zu kommen. Doch weitere Hindernisse stellten sich ihr in den Weg. Unter anderem jenes, dass die Personalentscheider skeptisch im Hinblick auf ihre körperliche Eignung waren (bedenken Sie, zum damaligen Zeitpunkt waren nur sehr wenige Frauen so weit gekommen und Shelli war wirklich sehr klein), aber sie bewies ihnen das Gegenteil, indem sie die erforderlichen Ergebnisse in der Fitnessprüfung sogar noch übertraf.

Und dann kam eines Tages der Anruf. Sie hatte alles glänzend bestanden, und das Mississauga Fire Department, die sechstgrößte Feuerwehrabteilung Kanadas, bot ihr einen Job an.

Es stellte sich heraus, dass es genau das war, wovon sie immer geträumt hatte. Sie nahm den Job an, begann in der darauffolgenden Woche mit der offiziellen Ausbildung und hat das nie bereut. Trotz aller Widrigkeiten – der heftige Wettbewerb, der zermürbende Bewerbungsprozess, ihre kleine Körpergröße – war sie erfolgreich. Als ich mit ihr sprach, hatte sie gerade ihr 21. Berufsjahr als professionelle Feuerwehrfrau beendet.

WIE KÖNNEN SIE *IHREN* TRAUMJOB AN LAND ZIEHEN?

Lassen Sie uns erst einmal eine deprimierende Tatsache ansprechen. Die meisten Ratschläge, wie Sie Ihren Traumjob finden, sind hochgradig irreführend und sogar gefährlich. Als ich zu diesem Kapitel recherchierte, hielt ich es für gut, mir anzusehen, was die Experten als beste Herangehensweise empfehlen, um trotz geringer Erfolgschancen einen bestimmten Job zu bekommen. Was ich fand, war entweder falsch oder uninspirierend – oder beides.

Thomas Friedman, der populäre Kolumnist der *New York Times*, empfahl den Absolventen, „sich abzuheben". Die Arbeitgeber interessiert es heutzutage nicht, wo Sie zur Schule gegangen sind, schrieb er, indem er einen Bildungsexperten der Harvard University und eine Unternehmensgründerin, die nach Yale gegangen war, zitierte. Die Unternehmensgründerin hatte für McKinsey, das multinationale Beratungsunternehmen, und ihr Partner hatte für Goldman Sachs gearbeitet.

Das ist großartig. Sie müssen nur an eine Elite-Universität gehen – es kann hoffentlich jemand die jährliche 40.000-Dollar-Rechnung für Sie übernehmen? –, dann bekommen Sie einen elitären, gut bezahlten Job. Damit sind Sie in der Lage, „sich abzuheben".

Die meisten Experten betrachten die Jobsuche offenbar als ein reines Zahlenspiel. Je mehr Bewerbungen Sie abschicken, so die Idee dahinter, umso größer sind Ihre Chancen auf einen Job. In der Realität funktioniert es jedoch nicht so, zumindest nicht direkt. Warum nicht? Ein Grund ist, dass für Einstiegspositionen sowie auf der mittleren Hierarchieebene in den letzten Jahren eine wahre Bewerberflut entstanden ist. Da auf dem Arbeitsmarkt immer mehr Wettbewerb herrscht, geraten Bewerber – nicht nur Absolventen, sondern Arbeitssuchende aller Altersgruppen – zunehmend in Panik und verschicken möglichst viele Bewerbungen in der Hoffnung auf eine einzige Einladung zu einem Bewerbungsgespräch. Diese Massenbewerbungsstrategie funktioniert jedoch nur selten, denn die Forschung zeigt, dass die meisten Leute außerhalb des normalen Bewerbungsverfahrens eingestellt werden.

Das größere Problem ist, dass die Logik hinter der Trial-and-Error Methode grundlegend fehlerbehaftet ist. Denken Sie doch mal nach! Wenn jeder Bewerber, sagen wir mal, 75 Bewerbungen verschickt, bedeutet dies, dass Arbeitgeber mindestens 75 zusätzliche Bewerbungen für jede verfügbare Stelle bekommen. Es ist ein Problem, das seit den späten 1990er-Jahren, als Online-Stellenausschreibungen üblich wurden und Bewerber sich keine gedruckte Zeitung (erinnern Sie sich noch daran?) mehr holen mussten, um Stellenanzeigen zu studieren, immer größer geworden ist. Die

College-Berufsberatungsstelle hat vielleicht weiterhin dicke Ordner mit Stellenangeboten von örtlichen Betrieben vorgehalten, aber die meisten Studenten gingen direkt an den Computer und loggten sich in ein Online-Jobportal ein.

In mancher Hinsicht machten die Online-Stellenausschreibungen die Arbeitssuche einfacher. Man konnte nun überall nach allen möglichen Jobs suchen und sich oft direkt auf der Website bewerben, ohne Bewerbungen auszudrucken und verschicken zu müssen. In anderer Hinsicht haben die einfach zugänglichen Stellenausschreibungen und die Möglichkeit zur sofortigen Bewerbung die Sache jedoch tatsächlich *schlimmer* gemacht, indem sich auf diese Weise die Anzahl der Bewerber für jede Stelle deutlich erhöht hat. Es klingt verrückt, aber der Grund dafür ist, dass eine Bewerbung für die meisten Jobs nicht besonders aufwendig ist. Wenn Sie nur einen Button anklicken müssen, um an einem Auswahlverfahren teilzunehmen, verleitet dies die Leute dazu, einfach immer wieder irgendwelche Buttons anzuklicken.

Es gibt zwei Methoden, sich an diese Gegebenheiten anzupassen: Versuchen Sie, besser zu sein und arbeiten Sie härter als alle anderen (verschicken Sie 76 Bewerbungen anstatt 75 – klicken Sie weiter fleißig den Bewerbungs-Button). Oder gehen Sie an das Problem aus einem völlig anderen Blickwinkel heran. Höchstwahrscheinlich können Sie nicht ein besserer Button-Klicker als alle anderen werden. Ach ja, und haben Sie in Ihrem kostspieligen Studium nicht etwas Besseres gelernt, als Buttons anzuklicken?

SPIELEN SIE NICHT LÄNGER DAS ZAHLENSPIEL

Wenn Sie an das Problem aus einem anderen Blickwinkel herangehen wollen, dürfen Sie nicht mehr das Zahlenspiel spielen und sollten es stattdessen mit einem Spiel versuchen, das Ihre Chancen tatsächlich erhöht. Gehen wir zu dem Casino zurück, das wir in Kapitel 3 kurz besucht haben. Die meisten Leute, die ins Casino gehen, sind Spieler – das bedeutet, dass sie nach und nach ihr Geld an die Bank verlieren. Natürlich wird das Casino dafür sorgen, dass ihre Getränke immer aufgefüllt sind, und vielleicht bekommen sie im Austausch für ihre Spende sogar ein kostenloses Buffet, aber im Laufe der Zeit werden die meisten Leute, die in einem Casino spielen, zwangsläufig verlieren.

Es gibt jedoch Ausnahmen. In Atlantic City traf ich einen Typ, den ich Dan nennen werde. Er arbeitet als professioneller Videopoker-Spieler und es gibt ihn wirklich, er ist keine fiktive Figur. Trotzdem bat er mich, nicht seinen echten Namen zu verwenden. In den letzten beiden Jahren hat er an einer Strategie gearbeitet, die ihm einen winzigen, aber profitablen 0,02-prozentigen Vorteil gegenüber der Bank verschafft.

Die Strategie besteht kurz gesagt darin, *den richtigen Spielautomaten auszusuchen*. Alle Spielautomaten sind so eingerichtet, dass sie dem Casino mehr oder weniger Gewinne liefern. Dan entdeckte eine optimale Strategie der Automatenauswahl, die in Verbindung mit einem nahezu perfekten Spiel (eine Fertigkeit, die tatsächlich nicht so schwierig zu erwerben ist, da Sie immer dieselben Entscheidungen treffen, sobald Sie wissen, was zu tun ist) dazu führte, dass er bei jeder achtstündigen Schicht, die er in Atlantic City einlegte, durchschnittlich 200 Dollar verdiente.

Wenn wir Dans Gewinnstrategie auf Ihre Stellensuche anwenden, ist die wichtigste Aktion nicht, sich für immer mehr Jobs zu bewerben, sondern vielmehr, sich für die *richtigen* Jobs zu bewerben. Wie wählen Sie den „Automaten" aus, der Ihnen die besten Chancen bietet?

KLUGES SPIELEN: STUFEN 1 BIS 5

Wie bei den meisten Dingen im Leben ist es auch bei der Suche nach Ihrem Traumjob hilfreich, die Perspektive des Gegenübers zu berücksichtigen. Wollen Unternehmen sich durch Tausende von Bewerbungen hindurchwühlen, um eine einzige Stelle zu besetzen? Wohl kaum. Bei der Besetzung von Stellen wollen erfolgreiche Unternehmen und Organisationen einfach nur die besten Leute in möglichst kurzer Zeit finden.

Anders gesagt, Ihre Ziele und deren Ziele müssen irgendwie übereinstimmen.

Wenn es darum geht, eine Stelle zu finden, folgen die meisten Leute einem ausgetretenen Pfad, indem sie Aktionen wie die folgenden unternehmen:

- zu einer Bewerbermesse oder einem Assessment Center gehen
- Websites mit Stellenanzeigen lesen
- die Bewerbung oder den Lebenslauf optimieren
- Branchen- oder Ehemaligen-Netzwerken beitreten
- Das LinkedIn- oder Xing-Profil aktualisieren

Bei solchen Aktivitäten bilden Sie sich oft ein, Fortschritte zu machen, während Sie sich in Wahrheit vielleicht nur im Kreis drehen. Warum? Denken Sie daran, wie viele andere kluge, qualifizierte Bewerber momentan genau dasselbe tun. Diese Aktivitäten mögen produktiv erscheinen, aber wahrscheinlich helfen sie Ihnen nicht dabei, Ihren Traumjob zu finden. In einem wettbewerbsintensiven Umfeld reicht es nicht, einfach nur Schritt zu halten mit dem, was andere tun. Sie müssen etwas tun, was Ihnen einen echten Vorteil bringt.

Hier sind einige Maßnahmen, die Ihnen tatsächlich helfen werden, Ihre Chancen zu verbessern.

1. Wählen Sie die Berufsbezeichnung, die Ihnen zusagt. Wenn Sie den Job als „Leiter der Personalabteilung“ bekommen wollen, dann kriegen Sie genau das – nun ja, zumindest dann, wenn Sie die glückliche Person sind, die es durch alle Runden des Auswahlverfahrens schafft. Aber wie wäre es, wenn Sie Ihre eigene Berufsbezeichnung kreieren und sich entschließen würden, ein Unternehmen oder eine Organisation zu finden, die bereit wäre, dafür eine Stelle zu schaffen? Plötzlich wäre die Konkurrenz viel geringer.

Im Gespräch mit Leuten, die mit einer selbst erfundenen Berufsbezeichnung kreativ waren, hörte ich von einem „Chief Happiness Officer“ (Glücksvorstand). Diese Rolle gibt es nun in mehreren Startup-Unternehmen, aber ursprünglich geht sie auf das Jahr 2003 zurück, als McDonald’s die Aufgabe, Kunden und Mitarbeiter glücklich zu machen, an die Clownfigur Ronald McDonald delegierte. Ich hörte auch von einem „Mayor“ (Bürgermeister) Tony Bacigalupo, der einen Coworking Space in New York betreibt.

Wenn Sie jede beliebige Berufsbezeichnung haben könnten, wie würde Ihre dann aussehen?

2. Schaffen Sie ein Artist’s Statement, das Ihr zukünftiges Selbst beschreibt. Anstelle der Standardbewerbung verfassen viele Maler, Bildhauer und andere bildende Künstler typischerweise ein „Artist’s Statement“, das ihre Arbeit und ihre Absichten beschreibt. Der Unterschied zwischen einem starken Artist’s Statement und einem schwachen ist leicht zu erkennen. Letzteres enthält viele große Worte, verwendet Passiv- statt Aktivsätze und ist endlos lang. [1] Gute Artist’s Statements kommen schnell auf den Punkt und lassen wenig Raum für Verwirrung:

- Bei meinen Aquarellbildern geht es um Nostalgie und Sentimentalität.
- Ich schaffe Skulpturen und andere Installationen, um die Entwicklung der Menschheit und den menschlichen Einfluss auf die Umwelt zu zeigen.
- Mein wöchentlicher Podcast erkundet die Veränderungen in der Arbeitswelt, insbesondere für Babyboomer und Menschen, die eher an traditionelle Karrieren gewöhnt sind.

Naturgemäß werden die meisten Artist’s Statements verfasst, um künstlerische Ziele zu beschreiben, und nicht zum Zweck der Bewerbung um eine Stelle, aber warum nicht das Konzept so abändern, dass es karrierebezogen verwendet werden kann? Der wesentliche Punkt besteht darin, dass Sie sich zum einen darauf konzentrieren, was Sie in der Vergangenheit bereits geleistet haben, und zum anderen darauf, was Sie in der Zukunft noch zu erreichen hoffen. In der Kürze liegt die Würze, aber es sollte auch kein Wettlauf um möglichst wenige Wörter sein. Hier sind ein paar Beispiele:

- Als erfolgreiche Lehrerin der Mittelstufe habe ich eine hohe Kommunikationsfähigkeit und Führungsqualitäten entwickelt. Mein Ziel ist es, diese Fertigkeiten in einer neuen Karriere in der Öffentlichkeitsarbeit anzuwenden.
- Mit meinen erwiesenen Fertigkeiten und meiner fünfjährigen Erfahrung als Frontend-Entwickler will ich einem Unternehmen dabei helfen, enorme Verbesserungen in seinen IT-Systemen und -Netzwerken vorzunehmen.
- Ich habe mein Studium mit einer Durchschnittsnote von 3,9[2] abgeschlossen (leider bekam ich ein A– in höherer Mathematik). Ich würde gerne Unternehmen dabei helfen, ihre Rentabilität zu verbessern und neue Einkommensquellen zu erschließen.

3. Bitten Sie fünf Personen um Hilfe. Verschicken Sie eine Reihe persönlicher E-Mails, in denen Sie um konkrete Hilfe bitten. Schicken Sie nicht E-Mails an jeden in Ihrem Netzwerk und keine Blindkopien an mehrere Empfänger – die meisten Leute werden diese Nachrichten einfach löschen. Schreiben Sie kein unpersönliches Posting auf Facebook und keinen austauschbaren Tweet auf Twitter. Entscheidend ist es, die Leute möglichst konkret darauf anzusprechen, wie gerade sie Ihnen helfen können. Bitten Sie um Hinweise, wie Sie an Ihren Traumjob kommen, oder sogar um eine Empfehlung an jemanden, der Ihnen die richtige Richtung weisen könnte. Schauen Sie, was passiert. Wenden Sie sich dann an fünf weitere Personen.

Wenn Sie einer einflussreichen Person empfohlen werden, sollten Sie sich möglichst mit ihr treffen, auch wenn es nur für einen kurzen Zeitraum ist. Das wird nicht immer möglich sein, aber wenn es sich ergibt, bemühen Sie sich, einen guten Eindruck zu machen, und hören Sie mehr zu als selbst zu sprechen. Wenn die andere Person das Treffen nicht eindeutig verlängern möchte, beenden Sie es nach dem vereinbarten Zeitraum. Schicken Sie im Anschluss eine Nachricht an Ihren Gesprächspartner oder Ihre Gesprächspartnerin, um sich dafür zu bedanken, dass er beziehungsweise sie sich die Zeit für Sie genommen hat. Wenn es angemessen erscheint, bitten Sie konkret um einen weiteren Kontakt, ein Stellenangebot oder ein Bewerbungsgespräch.

4. Zeigen Sie ernsthaftes Interesse und nutzen Sie dies als Strategie fürs Leben, nicht nur für College-Bewerbungen. Da Colleges mit Bewerbungen regelrecht überschwemmt werden, haben sie begonnen, neben Testergebnissen und Durchschnittsnoten einen weiteren Faktor einfließen zu lassen. Kurz gesagt, sie wollen wissen, ob die Bewerber sich *wirklich* für die Hochschule interessieren, für die sie sich bewerben, oder ob sie ihre Bewerbungen wahllos überallhin verschicken. Dieser Faktor, den die Auswahlgremien als „ernsthaftes Interesse" bezeichnen, lässt sich unter Umständen nur schwer quantifizieren, aber er bezieht sich auf Punkte wie die folgenden:

- Hat der Bewerber die Hochschule bei einem offiziellen Rundgang besucht?
- Warum denkt der Bewerber, dass diese Hochschule besonders gut zu ihm passt?
- Inwiefern wird dieser Bewerber einen positiven Beitrag zur Kultur unserer Hochschule leisten?

Ebenso wie erfolgreiche College-Bewerber heutzutage ihr Bestes geben, um ernsthaftes Interesse an den Hochschulen zu zeigen, die sie am besten finden, können auch Sie eine ähnliche Strategie bei Ihrer Stellensuche anwenden. Als beispielsweise Shelli Rae Varela sich entschloss, Feuerwehrfrau zu werden, eignete sie sich möglichst viele Kenntnisse über die Tätigkeit an. Immer wenn sie auf eine Fertigkeit oder einen Wissensbereich stieß, der ihr nicht vertraut war, stellte sie eifrig Fragen, las Bücher oder belegte sogar Kurse, um sicherzustellen, dass sie für den Beruf voll qualifiziert war. Sie wollte wirklich um jeden Preis Feuerwehrfrau werden, und das zeigte sie auch.

Meine Assistentin Ashley wurde meine Mitarbeiterin, nachdem sie mich aus heiterem Himmel angemailt und mir ihre Unterstützung angeboten hatte. Wir hatten uns ein paar Monate zuvor kurz getroffen und sie war mir fleißig und vertrauenswürdig vorgekommen.

Zu dieser Zeit kämpfte ich mit einer wirklich langweiligen Aufgabe: Ich hatte eine riesige Excel-Tabelle mit Tausenden Zeilen voller Adressdaten, die geordnet werden mussten. Ich wusste, dass die Aufgabe mindestens mehrere Stunden, wenn nicht sogar länger dauern würde. Als ich ihr den Job anbot, entschuldigte ich mich fast bei ihr: „Ähm, wie würde es Ihnen gefallen, bis zu acht Stunden auf eine Excel-Tabelle zu starren?"

Ihre Antwort überraschte mich. „Das wäre super!", sagte sie.

Sie erklärte sich nicht nur begeistert bereit, die Aufgabe zu erledigen, sondern investierte noch zusätzliche Zeit, indem sie sich über Tabellen informierte und Trainingsvideos auf YouTube ansah. Wenn ich jemals ernsthaftes Interesse erlebt habe, dann bei ihr. Nach ein paar Monaten und einigen weiteren Testaufgaben bot ich ihr einen Vollzeitjob an – und schätzte mich glücklich, als sie ihn annahm.

Fangen Sie einfach an zu arbeiten und schauen Sie, was passiert. Sie haben keine Zeit für all diesen lästigen Papierkram? Vielleicht sollten Sie einfach irgendwo aufkreuzen und anfangen zu arbeiten. Es gibt tatsächlich Leute, die das getan haben!

Mark Suster arbeitete als Berater in London, als er von einem neuen Unternehmensprojekt hörte, das in Tokio startete. Mark hatte sich schon immer zur asiatischen Kultur hingezogen gefühlt und einmal in Japan arbeiten wollen, aber er wusste, die Chance, dass er dem Projekt zufällig zugeteilt würde, war gering. Ebenso war ihm klar, dass er, wenn er sich um die Aufgabe bewarb und dann abgelehnt wurde – ein wahrscheinliches Szenario, da seine Fertigkeiten anderswo gebraucht wurden –, nicht einfach die Anweisungen missachten und trotzdem nach Tokio fliegen konnte.

Also schloss er einen Kompromiss: Er bewarb sich nicht um die Aufgabe, sondern nahm sie gewissermaßen einfach selbst an. Nachdem er ein Flugticket gekauft hatte (eines, von dem er nicht sicher war, ob es erstattungsfähig wäre), flog er übers Wochenende nach Tokio und kreuzte am Montagmorgen in der örtlichen Niederlassung auf. „Was machen Sie hier?", fragte der Projektmanager.

„Ich habe gehört, dass Sie Hilfe brauchen", sagte er – allerdings kam ein Teil des Gesprächs, wie er selbst zugab, in der Übersetzung wohl falsch herüber.

Das Unternehmen gab ihm Arbeit für eine Woche – schließlich war er ja schon dort, also warum nicht? –, und er machte seinen Job extrem gut. Am Ende der Woche baten sie ihn, am nächsten Montag wiederzukommen. Das Ende vom Lied war, dass Mark sechs Monate lang in Tokio blieb. Bevor er Japan verließ, bat der Projektleiter ihn, darüber nachzudenken, ob er nicht dauerhaft zu der örtlichen Niederlassung wechseln wollte. Zu diesem Zeitpunkt war er schon wieder bereit, sich auf etwas ganz Neues einzulassen, aber das riskante Spiel hatte sich ausgezahlt.

WÄHLEN SIE DEN SPIELAUTOMATEN MIT DER KÜRZESTEN SCHLANGE DAVOR

Was, wenn Ihr Problem nicht unbedingt darin besteht, einen Job zu *finden* oder zu *bekommen*, sondern darin, zur nächsthöheren Hierarchieebene oder Position aufzusteigen? Es ist nicht immer möglich, sich eine Beförderung einfach selbst zukommen zu lassen oder Stufen auf der Karriereleiter auszulassen. Denken Sie beispielsweise an eine typische Karriere im Militär. Dort werden Offiziere und Soldaten nach einem rigiden, linearen System befördert, bei dem es kaum möglich ist, Stufen auszulassen. Der Soldat muss sich über mehrere Dienstgrade vom Gefreiten bis zum Stabsfeldwebel hocharbeiten.

Natürlich gibt es gewisse Abweichungen von diesem System. In einigen Bereichen gibt es schnellere Beförderungen und in einigen Truppengattungen wird früher befördert. Und nachdem Sie die Einstiegsränge erklommen haben, hängen alle weiteren Beförderungen ausschließlich von Ihrer Leistung ab. Im Wesentlichen sind die einzelnen Karriereschritte jedoch festgelegt. Sie können ausgehend von Ihrem Alter bei Diensteintritt und Ihrer Verweildauer normalerweise mit ziemlicher Sicherheit voraussagen, wie weit Sie vorankommen.

Nehmen wir mal an, Sie erwägen, zum Militär zu gehen, ohne dass Sie jedoch das Gefühl haben, zu einer bestimmten Truppengattung berufen zu sein. Warum sollten Sie bei gleich bleibenden Variablen nicht zu der Truppengattung gehen, bei der es schnellere Beförderungen gibt? Anders gesagt, wenn Sie vor fünf Spielautomaten mit verschieden langen Schlangen davor stehen würden und sie alle dieselben Erfolgschancen hätten, dann wäre derjenige mit der kürzesten Schlange die beste Wahl.

Bei vielen Unternehmen verhält es sich ähnlich. Wenn Sie die Wahl zwischen einer Funktion haben, die ein beschränktes, lineares Karrierepotenzial bietet, und einer anderen, die viel früher weitaus lohnender sein könnte, sollten Sie die beschleunigtere Option genau prüfen. Wenn Sie für mehr als einen Bereich qualifiziert sind und jeder attraktiv ist, warum sollten Sie dann nicht in denjenigen gehen, der eine schnellere Beförderung bietet?

WIE SIE EINEN VERLAGSVERTRAG BEKOMMEN UND WARUM „BEZIEHUNGEN" IHNEN MEHR HELFEN KÖNNEN ALS ENGE FREUNDE

Selbst wenn Sie in Ihrem Keller wohnen, sich ausschließlich von Nudeln ernähren und kaum jemals ans Tageslicht kommen, kennen Sie wahrscheinlich bereits viele Leute, die Ihnen bei Ihren Karrierezielen behilflich sein können. Wenn Sie diese Beziehungen bewusst pflegen – auf eine natürliche, nicht aufdringliche Weise –, können Sie bei der Stellensuche, bei einer Unternehmensgründung oder auch, wenn Sie persönlichen Rat oder Unterstützung benötigen, darauf zurückgreifen.

Es gibt ein populäres Prinzip aus der Soziologie namens „the strength of weak ties" (die Stärke lockerer Beziehungen). Die Kurzversion dieses Prinzips lautet, dass *Ihre Bekannten Ihnen mehr Türen zu mehr Personen öffnen und Ihnen daher mehr Chancen bieten können als Ihre Freunde*. Der Grund dafür ist, dass wir uns im Allgemeinen in denselben Kreisen wie unsere Freunde bewegen, während Leute, die wir nur beiläufig kennen („weak ties"), häufig ganz andere Freundes- und Bekanntennetzwerke haben. Es ist gut dokumentiert, dass Bekanntschaften aus diesem Grund unglaublich wertvoll für die Stellensuche sind. Noch wichtiger als viele Bekannte zu haben, ist es jedoch, die *richtigen* Bekannten zu haben.

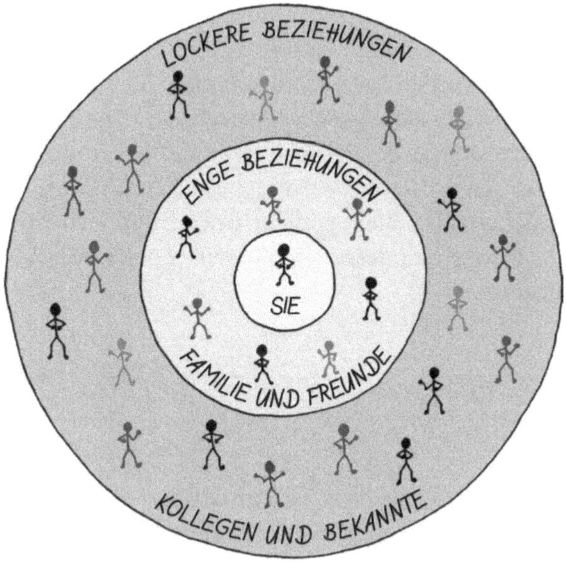

Hier ein Beispiel aus dem wahren Leben, wie dieses Prinzip funktioniert. Als ich erstmals ein Buch schreiben wollte, kannte ich nicht viele andere Autoren, die ich um Rat hätte fragen können. Ich machte brav eine Online-Suche und ging zur Bibliothek, um nach Büchern zu schauen, in denen erläutert wird, wie man am besten Kontakt zu einem Agenten oder Verleger aufnimmt. Dann wandte ich mich an Verleger und Agenten, aber ich kam nicht besonders weit (die meisten Personen reagierten einfach nicht auf meine Anfragen).

Als diese Herangehensweise nicht funktionierte, fragte ich alle meine Bekannten, ob sie irgendwelche Ratschläge oder Kontakte hätten, die mir weiterhelfen könnten. Auf die Empfehlung von einem der anderen Autoren hin, die (ohne dass ich das wusste) meinen Blog lasen, kontaktierte ich schließlich David Fugate, der bald mein Literaturagent wurde. In den folgenden sieben Jahren haben David und ich zusammen vier Bücher herausgebracht. Zudem konnte ich ihm einige andere erfolgreiche Autoren empfehlen. In gewisser Hinsicht war meine Bekanntschaft mit David das menschliche Äquivalent von

Dans Gewinn im Casinospiel. Es ist eine sehr enge Beziehung, die aus einer anfangs lockeren Verbindung geschmiedet wurde.

Das Beispiel ist für viel mehr als nur das Schreiben von Büchern relevant. Es bezieht sich auf das Prinzip, das im Zentrum dieses Kapitels steht. Erfolg ist nicht nur eine Frage der Hartnäckigkeit; es geht darum, hart zu arbeiten *und* dies auf eine intelligente Art und Weise zu tun. Versuchen Sie es und versuchen Sie es immer wieder – aber versuchen Sie es stets auf strategische Art. Ähnlich wie bei der Bewerbung um eine Stelle gilt auch beim Aufbau von Beziehungen der Grundsatz, dass Qualität wichtiger als Quantität ist.

Anders gesagt, das Ziel ist nicht unbedingt, sich mit anderen Leuten zu vernetzen, sondern sich mit *mehr Leuten von der richtigen Sorte* zu vernetzen.

SOZIALE MEDIEN IM WAHREN LEBEN: EINE LEKTION VON OMA UNA

Ob Sie nun auf Stellensuche sind, auf der Karriereleiter aufsteigen oder ein neues Unternehmen gründen, Sie werden immer die Empfehlung bekommen, „soziale Medien zu nutzen". Aber wie? Den Leuten zu empfehlen, „soziale Medien zu nutzen", ist, als würde man sagen: „Nutze deine Worte." Was sonst sollte man zur Kommunikation nutzen?

Soziale Netzwerke sind etwas Lustiges. Fast jede Woche schießt ein neues aus dem Boden und es kann alles etwas verwirrend sein. Sollten Sie 100 Profile in 100 Netzwerken einrichten und dann Ihre ganze Zeit mit dem Posten von Updates verbringen? Sollten Sie einen virtuellen Assistenten anstellen, der sich auf Twitter als Sie ausgibt? Sie wissen wahrscheinlich schon, dass keine dieser Ideen besonders zielführend ist. Entscheidend ist, dass Sie herausfinden, wer Ihre Zielgruppe ist und wo sie sich befindet. Dort sollten Sie auch sein, nicht unbedingt in dem angesagtesten neuen Netzwerk. Und keineswegs sollten Sie sich derart verzetteln, dass Sie keine Zeit haben, die tatsächliche Arbeit zu machen, mit der Sie bekannt werden wollen.

Welches Netzwerk, welche Plattform oder welches Instrument auch immer Sie benutzen, um Leute zu erreichen – das wichtigste

Ziel besteht darin, authentisch und echt zu sein. Ich habe immer gerne scherzhaft gesagt, dass ich damals, als ich zu bloggen anfing, nur fünf Leser hatte und einer davon war meine Oma Una. Dann entdeckte ich, dass sie sich für meinen Newsletter mit zwei unverwechselbaren E-Mail-Adressen eingetragen hatte – Oma Una repräsentierte also volle 40 Prozent meines Publikums.

Ein anderer in unserer Familie gern erzählter Witz kam auf, als sie erstmals den von mir verschickten Newsletter erhielt. Zunächst begriff sie nicht, dass es eine Serien-Mail war – sie dachte, ich hätte nur ihr geschrieben. „Chris schrieb mir kürzlich eine nette lange Mitteilung", sagte sie zu meinen Eltern bei deren Besuch. Mein Vater versuchte zu erklären, dass der Newsletter tatsächlich an einen Haufen Leute gleichzeitig geschickt wurde, aber als er das nächste Mal vorbeikam, sagte sie wieder dasselbe: „Ich habe eine nette Nachricht von Chris in meiner elektronischen Post bekommen."

Eine Zeit lang lachten wir alle darüber, aber als ich mich das nächste Mal hinsetzte, um meinen Newsletter zu schreiben, erinnerte ich mich an die Geschichte und die ihr zugrunde liegende Lektion. Ein guter Autor schreibt eigentlich nicht für die Massen, auch wenn die Massen letztendlich seine Texte lesen. Ein guter Autor versucht, eine Beziehung mit dem Leser aufzubauen, und es fängt damit an, dass man die Person, die vor dem Bildschirm oder der Buchseite sitzt, beachtet.

Vielleicht hatte meine Oma recht: Im Prinzip schrieb ich nur ihr. Schließlich hatte sie sich auf meiner Website für den Newsletter angemeldet. Als die E-Mail in ihrem Posteingangsordner auftauchte, war es etwas, worum sie gebeten hatte. Der nächste Schritt lag bei mir: Würde ich etwas Wertvolles oder zumindest etwas Interessantes liefern? Bei dieser Gelegenheit schwor ich mir, möglichst immer so zu schreiben, als würde ich mich nur an meine Oma oder an eine andere Person wenden, an der mir etwas lag – eine Strategie, die mir seither immer gute Dienste geleistet hat.

Sie müssen kein professioneller Autor sein, um diesem Rat zu folgen. Auch ohne einen Newsletter oder Blog können Sie sich darum bemühen, dasselbe Niveau an Authentizität bei Ihren Kontakten in sozialen Medien aufrechtzuerhalten, egal was Sie für Ihre Karriere oder Ihren Job tun oder tun wollen. [3]

WIE SIE DIE ENDRUNDE GEWINNEN

Fragen, die Sie bei einem Bewerbungsgespräch stellen sollten

Sie haben also endlich die sehnsüchtig erwartete Einladung zum Vorstellungsgespräch erhalten. Wie schaffen Sie es, Ihre Chancen zu verbessern und die Stelle zu bekommen? Bewerbungsratgeber sind meistens ziemlich langweilig und bieten lediglich grundlegende Informationen, aber es gibt eine Sache, bei der die meisten Karriere-Experten sich einig sind: Es ist wichtig, dass Sie gut vorbereitet zum Bewerbungsgespräch kommen und ein paar eigene Fragen auf Lager haben. Dies dient einerseits dazu, Ihr persönliches Informationsbedürfnis zu befriedigen, und andererseits dazu, einen neugierigen und intelligenten Eindruck zu machen. Schließlich wollen Sie nicht als Rädchen in irgendeinem Getriebe enden; Sie wollen vielmehr sicher sein, dass der Job Ihnen das perfekte Gleichgewicht zwischen Freude, Geld und Flow bietet.

Hier sind ein paar Fragen, die Sie (in ihren eigenen Worten) stellen können:

- Was ist das größte Problem, mit dem Ihr Team momentan zu tun hat?
- Was ist der wertvollste Beitrag, den ich in dieser Funktion leisten könnte?
- Können Sie einen alltäglichen Arbeitstag in dieser Funktion beschreiben? Wie würde eine erfolgreiche Person ihre Zeit aufteilen oder ihre Aufgaben organisieren, um es gut zu machen?
- Wie wird meine Leistung gemessen? Wie erfahre ich, ob ich gute Arbeit mache und wie ich mich verbessern kann?
- Wäre es grundsätzlich denkbar, dass ich außerhalb der offiziellen Funktion zusätzliche Arbeitsbereiche, vielleicht im Umfang von 15 Prozent der Arbeitszeit, übernehme?

Mit solchen Fragen erreicht man zweierlei. Erstens werden die Antworten hilfreich für Sie, den Bewerber, sein, indem sie die Entscheidungsfindung unterstützen, ob die Stelle das Richtige für Sie ist. Zweitens demonstrieren Sie mit den Fragen Interesse – den Wunsch, sich einzubringen, und gleichzeitig den Wunsch, Ihre Unabhängigkeit und Autonomie zu behaupten.

Um die besten Ergebnisse zu erzielen, sollten Sie einige dieser Fragen mit ein paar eigenen kombinieren, die sich konkreter auf das jeweilige Unternehmen oder die jeweilige Organisation beziehen, sowie auf die Fertigkeiten, Interessen und Leidenschaften, die Ihnen am wichtigsten sind.

INTELLIGENTER ARBEITEN BEDEUTET NICHT, DASS MAN NICHT HART ARBEITET

Als die 20-jährige Shelli Rae Varela sich entschloss, Feuerwehrfrau zu werden, berechnete sie die Kosten und informierte sich über die Anforderungen. Es dauerte mehrere Jahre, bis sie den Job bekam, aber nun ist sie seit über 20 Jahren im Beruf. Es gibt keinen Zweifel: Dieser Job ist das, wofür sie geboren wurde.

Eines unserer Gespräche musste Shelli plötzlich abbrechen, um auf einen Notruf zu reagieren. Ein Patient zeigte keine Vitalzeichen mehr. Ihre Mannschaft eilte zu Hilfe und als sie wieder ging, hatte der Patient wieder einen Puls. Als sie mir später darüber berichtete, sagte Shelli mit deutlicher Freude in ihrer Stimme, wie glücklich sie darüber sei, dass sie jeden Tag dieser Tätigkeit nachgehen dürfe. Es ist kein einfacher Beruf, aber genau darum geht es. Die Arbeit ist wichtig und sie hat ein gutes Gefühl dabei.

Für Shelli haben sich die 1.162 Tage, in denen sie studierte, trainierte und Prüfungen ablegte, gelohnt. Wie viel Aufwand wollen Sie betreiben, um *Ihren* Traumjob zu bekommen?

Anmerkungen

1. Leider sind schwache Artist's Statements allzu verbreitet. Beispiele für besonders lächerliche finden Sie unter artybollocks.com.
2. Entspricht im US-amerikanischen Notensystem fast der Bestnote (Anm. d. Übers.).
3. Zum Glück hat sie sich noch nicht von meinem Newsletter abgemeldet. Oma, wenn du das liest, die E-Mails sind nur an dich gerichtet.

„Ich wollte nicht so lange warten, bis ich wusste, wie man es richtig anfängt. Ich fing einfach an. Die meiste Zeit hatte ich Angst, trotzdem muss ich sagen, dass nichts so befriedigend ist wie die Verwirklichung eines Traums. Niemand will als Fantast gelten, jeder will doch jemand sein, der Pläne in die Tat umgesetzt hat."

– HEATH, 24
AUTOR UND FILMEMACHER

KAPITEL 10

DER SELBSTSTÄNDIGE ANGESTELLTE

ZIEL: Unentbehrlich werden

Es ist kein Fehler, für einen Chef oder ein Unternehmen zu arbeiten, insbesondere dann, wenn Sie den Job so gestalten können, dass er für Sie passt. Seien Sie erfolgreich in Ihrem Job, indem Sie sich für das Unternehmen unentbehrlich machen – und gestalten Sie dabei gleichzeitig Ihren Traumjob.

Wenn Leon Adato seinen Job als Technologie-Guru in einem Software-Unternehmen beschreibt, bezeichnet er seine Funktion und seinen Beruf stolz als „Chef-Computerfreak“. „Wer würde nicht einen Job wie meinen wollen?“, erwiderte er begeistert als Antwort auf eine meiner Umfragen. Als ich mich über Skype mit ihm unterhielt – er befand sich in seinem Home Office in Cleveland, Ohio –, um mehr zu erfahren, erklärte er mir, wie er an seinen Traumjob gekommen war.

Als Chef-Computerfreak muss er Vorträge auf Konferenzen halten, an denen er auch gern auf eigene Kosten teilnehmen würde. Und er muss über Themen schreiben, über die er bereits zuvor ohne Honorar geschrieben hat. Wie Sie wahrscheinlich erwarten werden, kam dieser Traumjob nicht aus dem Nichts. Die ganze Geschichte begann mit einem frühen Berufswechsel.

Leon wuchs in Cleveland als Sohn eines Schlagzeugspielers im örtlichen Symphonieorchester auf. Die darstellenden Künste wurden in seiner Familie gefördert und Leon wollte schon früh zum Theater. Nachdem er einen Abschluss in Theaterwissenschaft an der Universität New York gemacht hatte, legte er sich eine Zeit lang ins Zeug und nahm einen Job in einem Theater für Gehörlose mit einer Wochenarbeitszeit von 70 Stunden an, der ihm gerade einmal 10.000 Dollar pro Jahr einbrachte. Klar, es war Theater – und Schauspieler bringen oft Opfer für die Bühne –, aber der Lebensstil ließ sich nicht mit Leons Zielen vereinbaren. Er wollte eine Familie gründen und er erkannte, dass seine Erfolgschancen als Schauspieler gering waren.

Leider war Leon mit seinem Abschluss in Theaterwissenschaft für kaum mehr als eine Reihe von Jobs in der Gastronomie und in der Ungezieferbekämpfung qualifiziert, was ganz klar nicht sein endgültiges Ziel war. Als er jedoch 1988 aushilfsmäßig als Verwaltungsassistent arbeitete, bemerkte er, dass er sich wirklich gut mit Computern auskannte. Er erklärte sich bereit, alle anderen im Büro beim Wechsel von den altmodischen Textverarbeitungssystemen zu den neuesten PCs zu unterstützen, und bald bot man ihm EDV-Unterricht in Vollzeit für Sekretärinnen als „echten Job“ an.

Er hatte das Gefühl, eine nützliche Arbeit zu tun, selbst dann wenn er den Unterricht vorbereitete, indem er in den Handbüchern, aus denen er unterrichtete, eine Seite Vorsprung vor seinen Schülern hatte. „Damals“, sagte er zu mir, „gab es zwei Voraussetzungen, um einen Job mit Computern zu bekommen: Die erste lautete ‚Atmen Sie?‘ und die andere lautete ‚Haben Sie einen Anzug?‘ Eine von beiden war optional.“

Der Job als EDV-Trainer dauerte fünf Jahre und Leon lernte in dieser Zeit enorm viel – letztendlich wurde er dafür bezahlt, über 100 unterschiedliche Software-Programme zu beherrschen. Er wurde für das Unternehmen nicht nur immer unentbehrlicher, er sammelte in seinem Lebenslauf auch eine seitenlange Liste von Fertigkeiten an. Zudem konnte er seine Fähigkeiten als Schauspieler im Klassenzimmer anwenden: Er meinte, sein täglicher Unterricht wäre im Grunde acht Stunden Stand-up-Comedy gewesen.

Mit dieser viel höheren Qualifikation machte Leon Karriere als Computertechniker, Netzwerkadministrator und schließlich in dem neuen Aufgabenbereich des Systemmonitoring. In diesen Funktionen war er dafür verantwortlich, dass Netzwerke liefen und Computersysteme online blieben – eine ganz wichtige Aufgabe im Unternehmen. Er arbeitete in diversen weiteren Jobs, wobei er alle zwei bis drei Jahre das Unternehmen wechselte. In vielen Berufen ist ein häufiger Jobwechsel nicht sehr angesehen, aber in der IT-Branche zweifeln Arbeitgeber an Ihren Fähigkeiten, wenn Sie *nicht* oft wechseln.

Jeder dieser Jobs war normalerweise ein Schritt vorwärts im Hinblick auf das Einkommen und die Aufgaben. Unter anderem arbeitete er eine Weile für Nestlé, indem er für das Unternehmen ein großes System in Nordamerika und dann in der Schweiz aufbaute, wo er ein Jahr lang mit seiner Familie lebte.

Viele Jahre arbeitete er auch nebenbei, indem er Websites für Kunden und Freunde gestaltete und über die neuesten Entwicklungen in der Technologie schrieb. Er bezeichnete dies scherzhaft als seine „von Mitternacht bis 5:00 Uhr morgens dauernde Schicht", aber er machte es lieber nebenbei und nicht als Vollzeitjob. Leon war ein Befürworter der Telearbeit und er hatte genug Selbstdisziplin, um selbstständig zu arbeiten, aber es gefiel ihm auch, zu einem größeren Unternehmen mit anderen Mitarbeitern zu gehören.

Leons Traumjob tauchte am Horizont auf, als er anfing, Beiträge in einem Forum zu schreiben, das von SolarWinds, einem Software-Unternehmen, betrieben wurde. Nachdem er sich mit seinem Wissen hilfreich eingebracht hatte, übernahm er die bezahlte Funktion eines leitenden Computerfreaks. Diese einzigartige Rolle konnte er sowohl auf seine Fertigkeiten und Interessen als auch auf die Bedürfnisse des Unternehmens zuschneiden.

Als Leon noch an der Universität New York studiert hatte, wollte er Schauspieler werden. Nun spricht er bei Konferenzen, eine Tätigkeit, die er als „vor Gruppen von Menschen aufstehen und sich wichtig machen" bezeichnet. Als er sich Kenntnisse über Computer aneignete, schrieb und verteilte er Texte einfach nur zum Spaß. Nun gehört etwas, was er kostenlos machte, zu seinem Job.

Man kann sich darüber streiten, ob jeder unbedingt einen Job wie Leon haben möchte, aber zweifellos hat er die Arbeit gefunden, für die er geboren wurde. Er hat das Risiko und die Unsicherheit umgangen, die mit einer Kündigung seines Jobs ohne Sicherheitsnetz oder mit dem Versuch, einen Nebenjob in ein Vollzeitgeschäft zu verwandeln, oder mit einer Unternehmensgründung verbunden gewesen wären. Stattdessen erreichte er sein Ziel, indem er hervorragend in seinem Job war, der ihm einen für ihn idealen Lebensstil ermöglichte – während er sich gleichzeitig für seine Arbeitgeber unentbehrlich machte. Nachdem er über eine so lange Zeit hinweg alle zwei Jahre die Stelle gewechselt hat, hofft Leon nun darauf, eine Weile beständig zu bleiben.

SIE SIND SO ODER SO SELBSTSTÄNDIG

Es gibt massenweise Geschichten darüber, wie gute Leute gute Stellen verlieren. In der heutzutage herrschenden „Gig Economy", in der zunehmend Freiberufler in zeitlich befristeten Projekten tätig sind, gibt es auch für qualifizierte, fleißige Angestellte keine Garantie mehr, lebenslang Arbeit und Gehalt von einem Arbeitgeber zu bekommen. Selbst in der öffentlichen Verwaltung, im Bildungswesen oder in anderen traditionell „sicheren" Bereichen sind die Jobs heutzutage nicht mehr so sicher. Ich kenne jemanden, der 20 Jahre lang beim Militär war und dann ohne Begründung entlassen wurde – kurz bevor die staatliche Rente fällig gewesen wäre.

Das bedeutet, dass Sie selbst dann, wenn Sie ein regelmäßiges Gehalt haben, insofern selbstständig sind, als Sie für Ihre eigene Karriere verantwortlich sind. Daher sollten Sie kontinuierlich ihre Fertigkeiten weiterentwickeln und auf sich aufpassen. Das ist aus zwei wesentlichen Gründen wichtig: Erstens müssen Sie Ihre aktuelle Position sichern und zweitens als Instrument des Karriereaufstiegs.

Leon konnte in seiner Karriere durch die Übernahme verschiedener Funktionen bei mehreren Unternehmen aufsteigen, indem er seine Fertigkeiten permanent weiterentwickelte und sich bemühte, mehr zu leisten, als von ihm erwartet wurde. Diese Bemühungen zahlten sich aus – sie machten ihn letztendlich für seine neuen Arbeitgeber so unentbehrlich, dass er seine Wunschposition im Unternehmen selbst gestalten durfte.

Die meisten Leute denken normalerweise, dass man ein soziales Netzwerk im Keller starten oder ein Computerunternehmen in der Garage aufbauen müsse, um Unternehmer zu werden. Nichts könnte der Wahrheit ferner liegen. Heutzutage brauchen Sie nicht einmal ein Unternehmen zu gründen, um sich Unternehmer zu nennen; Sie können ebenso in einer traditionellen Firma oder einer traditionellen Organisation unternehmerisch tätig sein. Der Trick besteht darin, es so zu machen wie Leon und eine Position so zu gestalten, dass sie es Ihnen ermöglicht, sich Ihren Interessen zu widmen und so innovativ zu sein, wie Sie es sein könnten, wenn Sie *tatsächlich* selbstständig wären.

Aber wie? Es geht darum, dass Sie für Ihren aktuellen Arbeitgeber unentbehrlich werden. Wenn Ihr Team, Ihr Unternehmen oder Ihr Geschäft einfach nicht ohne Sie funktioniert, haben Sie das beste Druckmittel der Welt, um mit Ihrem Chef erfolgreich auszuhandeln, dass er Sie Ihren Traumjob im Unternehmen selbst gestalten lässt. Unentbehrlichkeit stellt sich nicht von selbst ein, sondern Sie müssen sie im Laufe der Zeit aufbauen, indem Sie die vier unten aufgeführten Strategien anwenden:

SEIEN SIE DER/DIE UNENTBEHRLICHE ANGESTELLTE: VIER STRATEGIEN

Strategie Nr. 1: Sorgen Sie für einen reibungslosen Ablauf.

Jeder kennt eine Person, die am Arbeitsplatz mehr als nur ihre Pflichten erledigt. Diese Person erledigt den Job, klar – aber darüber hinaus versucht sie auch, überall auszuhelfen, wo es nötig ist.

Mitunter kommen Sie beispielsweise zu einer Besprechung, bei der es nicht klar ist, wer sie leitet. In diesem Fall sollten Sie die Situation bewerten, um die Führungsstärke der anderen Teilnehmer zu bestimmen. Denken Sie daran, dass es Ihr Ziel ist, für einen reibungslosen Ablauf zu sorgen und andere Leute gut aussehen zu lassen. Ergreifen Sie dann die Initiative, ohne die Kontrolle zu übernehmen. Seien Sie hilfreich, stellen Sie Fragen und bieten Sie an, Aufgaben für die Gruppe zu übernehmen.

Am Ende der Besprechung sollten Sie eine kurze Zusammenfassung der Maßnahmen anbieten, auf welche die Gruppe sich geeinigt hat: „Okay, John wird sich also mit dem Lieferanten in Verbindung setzen, um die Lieferung zu überprüfen, ich ziehe weitere Erkundigungen ein und berichte darüber“ und so weiter. Und wenn kein anderer offen Protokoll führt, dann tun Sie es selbst. Tippen Sie das Protokoll ab und schicken Sie es innerhalb von 24 Stunden nach dem Meeting an die Teilnehmer.

Vielleicht haben Sie schon mal die Redensart „Wenn Sie wollen, dass etwas schnell erledigt wird, lassen Sie es eine viel beschäftigte Person machen“ gehört. Um unentbehrlich zu sein, seien Sie die viel beschäftigte Personen, welche die Dinge erledigt – und für den Rest der Gruppe den Überblick behält.

Strategie Nr. 2: Unterlassen Sie Rent-Seeking und andere schlechte Verhaltensweisen am Arbeitsplatz.

Wenn Sie schon mal irgendeinen Job hatten oder auch wenn Sie selbstständig sind, dann ist Ihnen vermutlich bewusst, dass nicht jeder Moment der Arbeitszeit hochproduktiv ist. Tatsächlich ist ein Großteil unproduktiv. Es ist schwierig, unproduktive Arbeit *komplett* auszuschließen, da es immer ein bestimmtes Maß an unvermeidlichen Verzögerungen bei unseren täglichen Aufgaben und Besprechungen gibt. Die meiste unproduktive Arbeit ist jedoch einfach das Ergebnis der allgemein verbreiteten schlechten Gewohnheit, Arbeit anzunehmen, um gut dazustehen oder den Status im Unternehmen zu verbessern, ohne einen echten Mehrwert beizutragen.

Wirtschaftswissenschaftler bezeichnen Aktivitäten, bei denen es darum geht, Geld einzustreichen, ohne den Wert zu erhöhen, als „Rent-Seeking“. Es ist das, was Lobbyisten tun, indem sie versuchen, führende Politiker davon zu überzeugen, Verträge in ihrem Sinne abzuschließen. Ebenso tun dies unentbehrliche Mitarbeiter, wenn sie sich während der offiziellen Arbeitszeit mit sinnlosen Aufgaben beschäftigen. Egal welche Art von Jobs Sie schon hatten, Sie können sich wahrscheinlich Ihre eigenen Beispiele für diese Praxis vorstellen.

Ich selbst habe einen extremen Fall von Rent-Seeking erlebt, als ich zwischen Benin und Nigeria in Westafrika die Grenze überquerte. Nigeria ist ein schönes Land mit vielen freundlichen Menschen, aber die meisten würden Ihnen sofort sagen, dass die Regierung dort unglaublich korrupt ist. Bestechung gehört dort im Prinzip zum Geschäft und ist ein normaler Teil des Alltags. Damals hatte ich bereits mehrere Jahre in Westafrika gelebt, wo eine endemische Korruption herrscht. Dennoch war ich schockiert über das Ausmaß und die Unverfrorenheit der Forderungen, mit denen ich es bei diesem Grenzübertritt zu tun hatte. Um es kurz zu machen, ich musste meinen Pass nicht weniger als acht verschiedenen Typen zeigen, die alle in einem Freiluftbüro in einer Reihe standen. Vermutlich waren sie alle dort, um eine wichtige Funktion zu erfüllen, aber worin diese bestand, war mir nicht klar. Einige winkten mich wortlos zu sich heran, andere stellten mir ein oder zwei Fragen und wieder andere hielten einfach meinen Pass in der Hand und warteten auf mich. Aus meiner Sicht leistete keiner etwas anderes, als Reisende einzuschüchtern und ihnen möglichst zusätzliches Geld aus der Tasche zu ziehen.

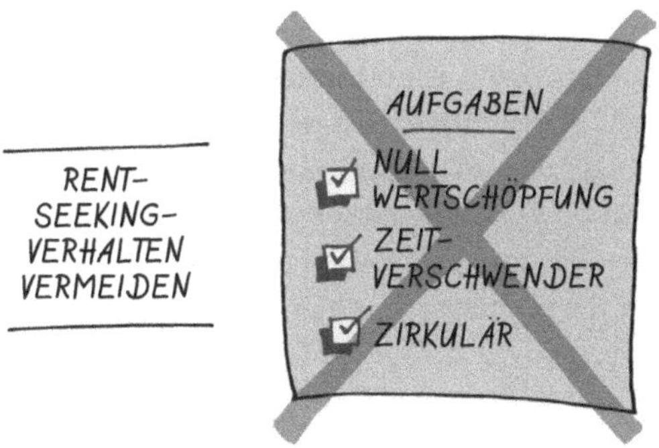

Hoffentlich gibt es in Ihrem Büro kein solches Ausmaß an Rent-Seeking. Dennoch können Sie unter Umständen feststellen, dass eine Aktivität stattfindet, die einen zirkulären Charakter hat oder die Ziele des Unternehmens nicht voranbringt. Stellen Sie sich diesem Verhalten möglichst entgegen – und achten Sie darauf, dass Sie nicht der Versuchung erliegen, ihm selbst zu frönen.

Strategie Nr. 3: Helfen Sie Ihrem Unternehmen dabei, seine Hauptziele zu erreichen, auch wenn diese keinen direkten Bezug zu Ihrem aktuellen Job haben.

Es gibt viele unterschiedliche Funktionen in einem großen Unternehmen und nicht alle von ihnen sind direkt dafür verantwortlich, Einkommen zu generieren oder andere konkrete Ziele zu erreichen. Vielleicht leisten Sie wesentliche Arbeit hinter den Kulissen, aber Sie sollten eine Methode finden, darüber hinauszugehen. Arbeiten Sie nicht nur hart – finden Sie einen Weg, die Gewinne zu erhöhen, oder schaffen Sie auf andere Weise eine direkte Verbindung zwischen Ihrer Leistung und dem größeren Unternehmenserfolg.

Ich kannte einmal einen Entwicklungshelfer, der für die gemeinnützige Organisation, für die er ehrenamtlich in einer Vollzeittätigkeit arbeitete, das Geld selbst auftreiben musste. Jedes Vierteljahr schrieb er Briefe an seine Unterstützer und erinnerte sie an den aktuellen Finanzbedarf. Die Herausforderung bestand darin, dass er bei dieser Organisation als Buchhalter tätig war – eine dieser wesentlichen Funktionen, die auf Außenstehende nicht unbedingt aufregend wirken. Um die Leute zu mehr Spenden zu animieren, dachte er sich eine kreative Methode zur Beschreibung seiner Arbeit aus. Anstatt über seine alltäglichen Aufgaben zu schreiben, zu denen das Erstellen von Bilanzen und das stundenlange Starren auf Tabellen gehörte, erzählte er die interessantere Story über die Tätigkeit der Organisation. Erst dann sprach er darüber, wie die unterstützende Funktion, die er und seine Mitarbeiter ausübten, einen Beitrag zu diesen größeren Zielen leistete. „Sie helfen bei der Realisierung dieser Projekte mit!“ war die unausgesprochen enthaltene Aussage, und es war äußerst effektiv.

HELFEN SIE IHREM UNTERNEHMEN, SEINE ZIELE ZU ERREICHEN

Strategie Nr. 4: Wenn Ihre Arbeit Gefahr läuft, obsolet zu werden, klammern Sie sich nicht daran fest – machen Sie etwas anderes.

Jedes Jahr bin ich immer wieder erstaunt, wenn ich sehe, wie vor meinem Büro stapelweise gedruckte Telefonbücher angeliefert werden. Und jedes Jahr schaue ich zu, wie ein Mieter nach dem anderen das Telefonbuch sofort in den Mülleimer wirft (ich mache es ebenso). Der Rest der 500-seitigen Wälzer bleibt in der Lobby, bis irgendjemand schließlich auftaucht, um sie zu entfernen, vermutlich indem er sie zu einer Müllkippe oder zumindest zu einem Recyclingzentrum bringt.

Diese Praxis ist nicht nur unglaublich verschwenderisch, sie ist auch ein offensichtliches Zeichen dafür, dass ein Geschäft kurz vor dem Aussterben steht. Handys haben heute die Rolle der Festnetztelefone übernommen, und dennoch werden immer noch Hunderttausende dieser nutzlosen Telefonbücher gedruckt. Vermutlich gibt es das Telefonbuchgeschäft nur deshalb noch, weil Werbetreibende immer noch bereit sind, es mit ihrem Geld zu unterstützen, aber sobald dies wegfällt, ist das Geschäft am Ende.

Stellen Sie sich vor, dass Sie den operativen Betrieb in einem Telefonbuchverlag leiten. Was würden Sie tun? Zuallererst sollten Sie sich wohl sofort nach einem anderen Job umsehen. Aber wenn Sie relativ zufrieden sind, sollten Sie sich vermutlich Gedanken darüber machen, wie Sie dieses zunehmend irrelevante Produkt wieder zu neuem Leben erwecken können – oder wie Sie zumindest den Übergang der Branche zu einer in der heutigen Zeit sinnvolleren Betätigung unterstützen können.

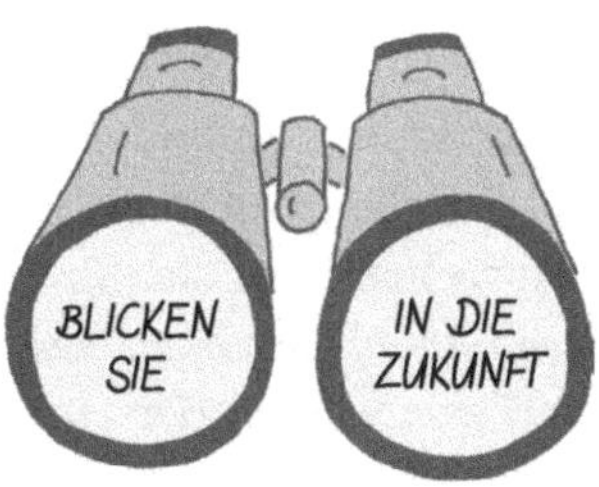

In welcher Branche auch immer Sie arbeiten und egal, welchen Arbeitgeber Sie haben, stellen Sie die folgenden Fragen in Bezug auf das Geschäft und überlegen Sie sich, was Sie tun können, um eine positive Veränderung zu unterstützen:

- Werden die Leute unsere Produkte und Dienstleistungen auch in fünf Jahren noch wollen?

- Wie kann unser Geschäft in sich ändernden Zeiten relevant bleiben?
- Was können wir tun, um uns für die Zukunft gut aufzustellen?

VON DER BERATERIN ZUR UNTERNEHMENSGRÜNDERIN UND ZUR ANGESTELLTEN, NACH IHREN EIGENEN VORSTELLUNGEN

Auch wenn Sie die allseits bekannten Vorteile eines traditionellen Jobs (regelmäßiges Gehalt, Sozialleistungen, ein gewisses Maß an Sicherheit) nicht wertschätzen, können Sie viele Karrieren als Solo-Künstler nicht verfolgen. Shelli Rae Varela, die Feuerwehrfrau, die Sie im vorhergehenden Kapitel kennengelernt haben, ist ein großartiges Beispiel. Sie können nicht einfach eine Solo-Feuerwehrfrau werden, egal, wie sehr Sie sich anstrengen. Entscheidend ist es, diesen Job hervorragend zu machen, sodass er für Sie funktioniert – und wahrscheinlich werden Sie im Verlauf dieses Prozesses eine bessere Mitarbeiterin.

Chiara Cokieng wuchs auf den Philippinen auf und wollte sich schon immer selbstständig machen. In ihrem Umfeld erlebte sie viele Mikro-Unternehmer, die auf kreative Art und Weise Geld verdienten – normale Leute, die ihren Lebensunterhalt mit dem Verkauf von Waren auf dem Markt oder mit dem Fahren von Jeepneys, den auf den Philippinen typischen Autobussen, verdienten –, und der Lebensstil wirkte ansprechend auf sie. Sie hatte bereits in der Kindheit unternehmerische Ambitionen gezeigt und ihre erste Geschäftschance als Murmelverteilerin in der Grundschule entdeckt. Chiara hatte gemerkt, dass sie Murmeln in großen Mengen für nur einen Peso pro Stück kaufen und sie wiederum für fünf Pesos weiterverkaufen konnte. Die Differenz steckte sie in die eigene Tasche.

Nachdem sie an der Universität der Philippinen ein angesehenes Studium abgeschlossen hatte, arbeitete sie für eine weltweit tätige Beratungsfirma, der altbewährte Weg für die Eliteabsolventen des Landes. Der Job war interessant und ermöglichte es ihr, für mehrere Monate in die Vereinigten Staaten zu reisen. Ihre Arbeit war in Atlanta, Chiara nutzte jedoch ihre Wochenenden für Besuche in San Francisco, New York und anderen Städten. Das machte eine Zeit lang Spaß, doch wenn sie am Sonntag- oder Montagabend zum Büro des Kunden zurückflog, befand Chiara sich oft in Gesellschaft anderer Berater, die auch auf dem Weg zu ihrem Arbeitsplatz waren. Viele von ihnen machten einen unglücklichen Eindruck auf sie. Sie beschloss, dass sie langfristig auf eine solche Erfahrung keinen Wert legte.

Chiara hatte einschlägige Literatur gewälzt und einen Plan für die Gründung einer neuen Textagentur geschmiedet. Sobald sie zurück auf den Philippinen war, wagte sie den Sprung. Sie lehnte sich weit aus dem Fenster, indem sie verfrüht ein ziemlich optimistisches Blog-Posting mit dem Titel „Wie ich meinen Job kündigte und mein Einkommen verdoppelte" schrieb. Das einzige Problem war, dass der zweite Teil nicht wirklich geschah. Ihre Textagentur war zwar kein Flop – sie gewann sofort mehrere Kunden und begann, sich eine Anhängerschaft im Internet aufzubauen –, aber es war auch nicht der Blitzerfolg, von dem sie geträumt hatte.

Sie fand etwas Besseres, nachdem sie sich mit der Bitte um Rat an einen Mentor gewandt hatte. Der Mentor hatte ein interessantes Unternehmen gegründet. Es war keineswegs vergleichbar mit der großen Beratungsfirma, für die sie vorher gearbeitet hatte, aber es war definitiv viel größer als ihr Eine-Frau-Betrieb. Ganz plötzlich wurde ihr klar, dass sie ihn bei der Expansion seines Unternehmens unterstützen wollte, um es erfolgreich zu machen und um sich auf einen weiteren Versuch als Unternehmerin vorzubereiten. „Ich würde Ihnen gern bei etwas helfen", sagte sie zu ihrem Mentor. „Wenn es funktioniert, werden Sie mich vielleicht einstellen."

„Okay", erwiderte er. „Aber was meinen Sie mit ‚etwas'?"

Aus einer Laune heraus sagte Chiara, sie habe einige Ideen zur Verbesserung der Webanalyse des Unternehmens. Die Kenntnisse dafür hatte sie sich im „Learning by Doing"-Verfahren angeeignet: Ihre Anfangsziele entnahm sie der Online-Zusammenfassung eines Buches über Web-Controlling. Sie lernte schnell und *machte es dann einfach*, ohne auf offizielle Erlaubnis oder auch nur eine mündliche Garantie zu warten, dass die Arbeit zu einem Job führen würde. Das zahlte sich aus. Nach kurzer Zeit richtete der Firmengründer ihr einen Vollzeitjob mit völlig flexiblen Arbeitszeiten ein.

Zwei Jahre später unterstützt sie noch immer das Start-up. Aber sie hat auch ihre eigenen unternehmerischen Pläne nicht aus den

Augen verloren. Langfristig will sie beide Ziele erreichen: dem Start-up zur Expansion verhelfen und zu ihren eigenen Geschäftsideen zurückkehren.

LIEFERN SIE EINEN MACHBARKEITSNACHWEIS

Wenn Sie sich für Ihren Chef oder Arbeitgeber unentbehrlich gemacht haben, wie bringen Sie dann Ihre Vorgesetzten dazu, Ihnen die Umwandlung Ihres bestehenden Jobs in die Arbeit zu ermöglichen, für die Sie geboren wurden?

Chiaras Strategie bestand darin, einen „Machbarkeitsnachweis" zu liefern – sie zeigte einem potenziellen Arbeitgeber genau, wozu sie fähig war, indem sie es einfach tat. Sie stellte auch einen direkten Bezug zwischen diesem Machbarkeitsnachweis und dem Mehrwert her, den sie für das Unternehmen schaffen konnte.

Sie bat nicht um Erlaubnis und wartete nicht einmal darauf, bis sie offiziell eingestellt wurde. Stattdessen ergriff sie die Initiative, stürzte sich direkt in die Aufgabe und demonstrierte den Mehrwert, den sie dem Unternehmen bringen konnte – und es funktionierte. Diese Strategie kann auch bei Ihnen wirken, ob Sie nun versuchen, von Ihrem Traumarbeitgeber eingestellt zu werden oder in Ihrem aktuellen Job eine andere Funktion zu übernehmen. Einfach gesagt, wenn Sie beweisen können, dass Sie bei etwas unentbehrlich sind, warum sollte Ihr Chef oder Arbeitgeber nicht wollen, dass Sie es übernehmen?

SEIEN SIE DIE RICHTIGE ART VON HELD ODER HELDIN

Es war einmal ein Mann – nämlich ich –, der in dem kleinen Land Togo in Westafrika lebte. Ich war auf einem Krankenhausschiff stationiert, das in Lomé, der Hauptstadt, vor Anker lag, und gehörte zu einem Team, das in einem drei Fahrtstunden in nördlicher Richtung entfernten Dorf ein Bildungsprojekt durchführte.

Lori, ein Mitglied unseres Teams, musste an Wochentagen im Dorf sein, aber nicht am Wochenende. Da wir viele Projekte am Laufen hatten, bei denen wir ein Transportmittel brauchten, konnten wir ihr nicht ein Fahrzeug für ihren persönlichen Gebrauch zuteilen. Sie hätte am Wochenende im Dorf bleiben können, aber nach ein paar Tagen wird das Leben dort langweilig. Was tun?

Ich löste das Problem, indem ich ihr anbot, sie so lange hin und zurück zu fahren, wie es nötig war. So wäre der Wagen unter der Woche für die anderen verfügbar, aber sie wäre nicht gezwungen, all diese zusätzlichen Tage im Dorf zu verbringen.

„Das ist verrückt", sagte ein anderer Kollege, als er von meiner Idee hörte. „Du kannst nicht drei Monate lang zweimal in der Woche sechs Stunden hin und her fahren."

Aber genau das tat ich, und es war gar nicht so hart. Alles, was ich tun musste, war … fahren.

Woche für Woche fuhr ich einen Land Rover drei Stunden lang in nördlicher Richtung, setzte Lori ab und fuhr dann allein zurück. Donnerstags machte ich die Rückfahrt, holte sie ab und brachte uns beide zum Schiff zurück.

Mir erschien die Sache ganz einfach: Etwas musste getan werden, ich sah keine andere Möglichkeit, es zu tun, also machte ich es einfach selbst.

War ich deshalb ein Held? In mancher Hinsicht war ich *hilfreich* und ich hatte gute Absichten, aber im Rückblick betrachtet war dies vielleicht nicht die klügste Entscheidung. Indem ich für sie „so hilfreich" war, war ich in diesen Stunden für andere Leute nicht verfügbar. Einige meiner regelmäßigen Aufgaben blieben unerledigt, und da ich nach der sechsstündigen Hin- und Rückfahrt immer müde war, beeinträchtigte dies meine Arbeitsleistung.

Klar, ein paar Mal die Fahrt zu machen war großartig – es ist immer gut, sein Team zu unterstützen und sich als Erster für eine freiwillige Tätigkeit zu melden. Aber anstatt jedes Mal selbst zu fahren, hätte ich mir etwas anderes ausdenken können. Ich hätte zum Beispiel ein paar andere Freiwillige finden können, sodass wir uns die Last hätten teilen können. Ich hätte Spenden sammeln können, um für einige Fahrten einen Wagen mit Fahrer zu buchen, sodass nicht einer von uns sechs Stunden lang der anderen wichtigen Arbeit hätte fernbleiben müssen.

Natürlich wollen Sie verlässlich und unentbehrlich sein. Die wahren Helden sind jedoch in der Lage, das Gesamtbild zu sehen, und Lösungen zu finden, die wirklich gut für alle Beteiligten sind.

HEY, CHEF, LASS UNS ÜBER PRIORITÄTEN SPRECHEN: DEINE UND MEINE

Unentbehrlich zu werden ist großartig, aber es bringt eine große Herausforderung mit sich. Sobald Sie sich als vertrauenswürdiger und geschätzter Mitarbeiter erwiesen haben, kann es sein, dass Ihre Chefs Ihnen immer mehr Arbeit übertragen wollen. Wenn es darum geht, ein weiteres Projekt oder eine weitere Funktion zu übernehmen, empfiehlt es sich unter Umständen, dass Sie darum bitten, dieses Ansinnen vor dem Hintergrund der anderen Funktionen zu betrachten, die Sie bereits ausüben.

Das Gespräch auf eine „Wie kann ich Ihnen helfen?“-Weise zu formulieren ist am besten. Ihr Chef oder Ihre Kollegen sind sich vielleicht nicht bewusst, dass Sie bereits sehr viel tun. Daher sollten Sie unbedingt eine Liste vorbereitet haben. Ein guter Satz für den Anfang des Gesprächs könnte so lauten: „Ich arbeite momentan an einer Reihe anderer Projekte mit hoher Priorität. Welche dieser Prioritäten ist am wichtigsten für Sie?“

Sie können auch um zusätzliche Ressourcen bitten, um den Job gut machen zu können. Versuchen Sie diesen Ansatz: „Okay, ich verstehe, dass dies wichtig ist, aber ich habe auch einen Haufen anderer Sachen am Laufen. Damit ich diese neue Sache machen kann, brauche ich Folgendes.“

Weisen Sie schließlich darauf hin, welches positive Potenzial sich daraus ergibt, dass Sie die Aufgabe in einer Art und Weise übernehmen, die es auch anderen ermöglicht, sich zu beteiligen. Folgendes Argument könnte helfen: „Wollen Sie, dass ich diese ganze Aufgabe allein übernehme, oder soll ich eine Methode finden, die es möglich macht, dass jemand anders sie in der Zukunft übernehmen kann?"

Letztendlich funktioniert Ihr Ziel, ein unentbehrlicher Mitarbeiter oder eine unentbehrliche Mitarbeiterin zu werden, nur dann, wenn Sie sich nicht so überfordern lassen, dass Sie überhaupt nicht mehr hilfreich sind. Achten Sie darauf, dass Sie Ihre aktuellen Aufgaben hervorragend erfüllen können, bevor Sie sich freiwillig dafür melden, massenhaft anderes Zeug zusätzlich zu übernehmen.

MACHEN SIE EIN SABBATICAL, SELBST WENN SIE IM JOB BLEIBEN

Manchmal wissen Sie genau, was Ihre Traumrolle in Ihrem aktuellen Job oder Unternehmen ist. Aber mitunter sind Sie vielleicht nicht so sicher. Was dann?

Sie kennen vielleicht das Konzept eines Sabbaticals, bei dem Sie eine längere Pause von Ihrem Job nehmen, entweder ausschließlich, um sich zu erholen oder um vor der Rückkehr in den Job etwas anderes zu machen. Ein Sabbatical kann eine fantastische Methode sein, um neue Kraft zu schöpfen, sodass Sie mit frischer Energie zur Arbeit zurückkehren und es kaum erwarten können, loszulegen. Es kann auch eine großartige Gelegenheit sein, darüber nachzudenken, was bei Ihrer aktuellen Tätigkeit im Betrieb nicht funktioniert. Zudem können Sie in dieser Zeit die eigene Perspektive erweitern und vielleicht ein paar Experimente machen, um herauszufinden, welche Veränderungen Sie vornehmen können, damit aus Ihrem aktuellen Job die Arbeit wird, für die Sie geboren wurden. Professoren machen beispielsweise oft Sabbaticals, damit sie sich auf das Forschen und Publizieren in ihrem Fachbereich konzentrieren können. Traditionelle Sabbaticals dauern normalerweise ein bis drei Monate oder länger und heutzutage sind sie eher selten geworden. Dennoch finden einige Leute die Möglichkeit, längere Pausen in ihre beruflichen Verpflichtungen einzubauen.

Rachael O'Meara, eine langjährige Google-Mitarbeiterin, hatte Probleme mit ihrer Arbeitsleistung. Dennoch glaubte sie an die Mission des Unternehmens und die Arbeitsbedingungen waren großartig, aber sie brauchte eine Pause. Sie wandte sich an ihren Chef mit einer Bitte: „Kann ich drei Monate unbezahlten Urlaub nehmen?" Es war keine leichte Verhandlung, aber Rachael erklärte, dass sie sich Google verpflichtet fühle und zurückkehren wolle, sie brauche einfach nur eine gewisse Auszeit. Nach einer Diskussion mit der Personalabteilung wurde die Bitte genehmigt unter der Bedingung, dass sie vor Antritt des Sabbaticals eine Aushilfe einarbeiten würde.

In ihrem Sabbatical plante sie bewusst keine großen Aktivitäten. Sie unternahm einige kleine Reisen mit Freunden und Familienmitgliedern und zog dann in die Ferienwohnung eines Freundes in Tahoe. Sie verbrachte die Zeit damit, sich zu entspannen und eine Reihe von Online-Kursen zu absolvieren mit dem Ziel, etwas zu finden, was ihr gefiel und worin sie ebenfalls gut war. In der letzten Woche ihres Sabbaticals ging sie zum Burning-Man-Festival, einem jährlich in der Wüste Nevada stattfindenden Kunst- und Kulturfestival. Nach ihrer Rückkehr zu Google war sie gut erholt und übernahm eine völlig neue Funktion als Kundenbetreuerin in der Verkaufsabteilung.

In Alexandria, Virginia, hat eine Finanzberatungsfirma eine eigene unkonventionelle Sabbatical-Praxis. Die Firma The Motley Fool („Scheckiger Narr"), die etwa 300 Mitarbeiterinnen und Mitarbeiter hat, schickt jeden Monat eine oder einen davon in den „Pflichturlaub". In Übereinstimmung mit der Unternehmenskultur heißt dieser Urlaub „Fool's Errand" („vergebliche Mühe") und jeden Monat wird die oder der Glückliche durch Los bestimmt (wobei langjährige Mitarbeiter mehrere Gewinnchancen basierend auf der Dauer ihrer Betriebszugehörigkeit haben). Wer gewinnt, bekommt zwei Wochen Urlaub und 1.000 Dollar zur freien Verfügung. Dabei gibt es eine strenge Regel: Der Mitarbeiter muss den Betrieb sofort verlassen und darf in seiner Abwesenheit keinen Kontakt mit dem Büro haben. Die Gewinner werden auch dazu ermutigt, in irgendeiner Form einen Beitrag zur Mission des Unternehmens zu leisten („der Welt zu besseren Investitionen zu verhelfen"). Abgesehen davon, dass es nicht erlaubt ist, dienstliche E-Mails abzurufen oder an Telefonkonferenzen teilzunehmen, gibt es jedoch keine Beschränkung dahingehend, was man in diesem Urlaub tun kann.

Vielleicht gibt es in Ihrem Betrieb keine solche großzügige und flexible Belohnung, aber Sie können sich eventuell davon inspirieren lassen, ein ähnliches Programm in Ihrem Unternehmen vorzuschlagen. Gibt es einen Fool's Errand, an dem Sie selbst Interesse hätten? Wenn es nicht möglich ist, es zwei Wochen lang zu machen, könnten Sie sich wenigstens einen einzigen Tag von der Arbeit freinehmen, um etwas anderes zu machen?

Wenn letztendlich kein Sabbatical außerhalb des Büros für Sie drin ist, dann überlegen Sie, ob ein *In-house Sabbatical* eine Alternative wäre, bei dem Sie eine andere Funktion oder andere Aufgaben ausprobieren könnten. Sie könnten anbieten, Mitarbeitern in anderen Funktionen über die Schulter zu schauen, oder sogar um die Erlaubnis fragen, eine Woche lang in einer anderen Abteilung tätig werden zu dürfen. In dieser Zeit werden Sie ein besseres Verständnis für die Abläufe in anderen Abteilungen oder Positionen gewinnen, was Sie möglicherweise auf Ideen bringt, die Sie für sich adaptieren können.

Wie immer gilt der Grundsatz, dass das Aushandeln eines für Sie günstigen Arrangements umso einfacher für Sie sein wird, je größer der Mehrwert ist, den Sie für das Unternehmen generieren. Es ist für Ihre Chefin vielleicht hart, eine Zeit lang ohne Sie zurechtzukommen, aber wenn Sie sie daran erinnern, dass Sie ausgeruht und unentbehrlicher als jemals zuvor zurückkommen, wird eine kluge Chefin begreifen, dass Ihr Vorschlag für beide Seiten ein Gewinn ist.

Leon, Rachael und andere wurden Mitarbeiter von unschätzbarem Wert und konnten ihre Jobs erfolgreich in Positionen umwandeln, die für sie eine ideale Kombination aus persönlichen Vorlieben, Fertigkeiten und Flow darstellten. Sie schufen auch eine viel größere Arbeitsplatzsicherheit für sich selbst, sei es nun in ihrer aktuellen Funktion oder in Form zusätzlicher Chancen.

Es ist nichts falsch daran, Angestellter zu sein, insbesondere dann, wenn Sie dafür sorgen, dass der Job für Sie funktioniert.

„Einige Leute würden beim Blick auf meinen Lebenslauf nur Chaos sehen. Der beste Freund meines Vaters sagte schon früh, dass er mich nie einstellen würde, da ich so häufig die Arbeitsstelle gewechselt habe. Für mich macht es aber absolut Sinn. Ich würde nie in die festen Strukturen eines Unternehmens hineinpassen oder in feste Arbeitszeiten von neun bis fünf. Indem ich meine Karriere selbst gestalte, kann ich wachsen und expandieren. Ich glaube, dass ich dadurch die Möglichkeit habe, anderen und mir selbst besser zu helfen."

– LIA, 44
UNABHÄNGIGE MARKENBERATERIN

KAPITEL 11

DER „DO IT YOURSELF"-ROCKSTAR

ZIEL: Eine kleine Fanbasis schaffen

Es gab immer eine Redewendung unter Künstlern, dass sie ihren Erfolg „den Fans verdanken". Die Musiker, Künstler und Autoren, die heutzutage erfolgreich sind, begreifen jedoch, dass sie ihren Erfolg nicht nur den Fans verdanken, sondern auch der Beziehung, die der Künstler mit seinen Fans pflegt. In diesem Kapitel erfahren Sie, wie Sie ein unabhängiger Rockstar in jedem künstlerischen Bereich werden können, indem Sie sich eine loyale Fanbasis im derzeitigen ökonomischen Umfeld schaffen (Lederhosen sind nicht enthalten).

Als ich jünger war, musizierte ich gern. Ich spielte viele Instrumente und versuchte immer wieder, ein neues zu erlernen, aber am liebsten waren mir Bass und Klavier. Ich spielte ziemlich gut und versuchte, ein guter Zuhörer zu sein, wenn ich zusammen mit anderen spielte. Ich lernte, Noten zu lesen und zu improvisieren, zwei Fertigkeiten, die bei Musikern nicht immer gleichzeitig zu finden sind. Und ich war ziemlich verlässlich, wenn ein Bandleader mich für einen Auftritt engagierte.

Dennoch war ich nicht hervorragend. Ebenso wie ich akzeptieren musste, dass ich nie ein professioneller Basketballspieler werden würde, musste ich auch mit der Tatsache klarkommen, dass Katy Perry mich nicht so bald zu einer gemeinsamen Studiosession einladen würde.

Schließlich wurde mir klar, dass es bei meinem Traum, ein Rockstar zu werden, nicht darum ging, meine Tage mit dem Aufnehmen von Musik in einem fensterlosen Studio zu verbringen. Was ich wirklich wollte, war, auf *Tour* zu gehen. Ich wollte unterwegs sein. Ich war immer gerne gereist, auch schon bevor ich loszog, um die ganze Welt kennenzulernen. Und mir gefiel die Idee, eine Stadt nach der anderen zu besuchen, von einem Gig zum nächsten, tagsüber die unterschiedlichen Eindrücke auf mich wirken zu lassen und abends vor Publikum aufzutreten.

Ich brauchte keine Groupies oder Schüsseln mit M&Ms und ich musste nicht im Rampenlicht stehen. Ich wollte einfach Leute an unterschiedlichen Orten kennenlernen und fühlte mich angesprochen von einem Lebensstil vor wechselnden Kulissen.

Das Musizieren gab ich auf, als ich mit dem Schreiben anfing, aber es geschah etwas Lustiges: Ich bekam am Ende alles, was ich ursprünglich wollte. Klar, Katy Perry rief mich nie an, aber ich fand meinen Weg zu der Arbeit, für die ich geboren war.

Es entwickelte sich nur ganz anders, als ich es zunächst erwartet hatte.

ÜBER NACHT ZUM ERFOLG – IN 279 TAGEN

In den letzten sieben Jahren habe ich als freier Autor gutes Geld verdient. Ich habe das erste Jahr dieser Reise in einem Online-Manifest mit dem Titel „Über Nacht zum Erfolg – in 279 Tagen" dokumentiert. Wie ich damals schrieb, war dies die Geschichte, wie ich ein neues Vollzeiteinkommen als Autor generierte, und zwar ohne Anzeigenkunden oder Sponsoren auf meiner Seite. Diese Geschichte ist größtenteils weiterhin relevant. Nach über zwei Millionen Downloads ist sie noch immer kostenlos auf meiner Website verfügbar.

Das „279 Tage"-Manifest war nicht wirklich die Krönung von etwas; es war vielmehr eine Chronik dessen, was auf meiner Reise bis dahin geschehen war. Diese Reise dauerte noch lange an, nachdem ich die ursprüngliche Geschichte geschrieben hatte, da ich mindestens 20 Länder pro Jahr besuchte, über meine Abenteuer schrieb und überall Leser und interessante Menschen kennenlernte. Als ich damals schrieb, dass der Gedanke mich begeisterte, ordentliches Geld als freier Autor zu verdienen, stimmte das – aber mehr begeisterte mich noch das „nächste Kapitel", das darin bestehen sollte, Bücher zu schreiben und auf Reisen zu sein.

Spulen wir vor zum Jahr 2010, als die Veröffentlichung meines ersten Buches bevorstand. Ich war zu diesem Zeitpunkt sieben Jahre lang auf Reisen gewesen und der Blog gewann wöchentlich neue Leser.

Ich wusste, dass diese sich entwickelnde Community nur so stark war wie meine Verbindung mit den Leuten, die ihn lasen und daran teilnahmen. Also entschloss ich mich, bei einer Tour durch alle 50 US-Bundesstaaten und durch alle zehn kanadischen Provinzen möglichst viele von ihnen zu treffen. Ich schob noch ein paar weitere Stopps ein, sodass es insgesamt 63 waren, und forderte meine Leser auf, mir bei der Organisation einer „unkonventionellen Lesereise" zu helfen.

Die Tour war ein großer Erfolg. Überall unterwegs traf ich Leute, die mit interessanten Geschichten auftauchten und manchmal sogar bis zu sieben Stunden gefahren waren, um mich zu treffen. Ich hielt bei jedem Aufenthalt einen kurzen Vortrag und machte im Anschluss eine Frage-und-Antwort-Runde, wobei ich versuchte, mich bei den Events weniger auf das Buch und mehr auf die *Leute* zu konzentrieren.

Unter anderem traf ich mich mit Lesergruppen in einem Pilates-Studio (New Haven), in Cafés (Wilmington, Lexington und Louisville), einer Pizzeria (Anchorage), einem Bed-and-Breakfast-Hotel (Atlanta), einer Kunstgalerie (Lawrence), auf einer Farm (Nashville), einem Heavy-Metal-Konzert (San Francisco), in einem Bürogebäude (Philadelphia) und in zahlreichen Coworking Spaces.

Die verrückteste Veranstaltung fand in einem Lebensmittelgeschäft im Zentrum von Minneapolis statt. Der Veranstaltungsort war nicht ganz so unorthodox, wie es zunächst klingen mag: Das Geschäft gehörte zu einem Wiederbelebungsprojekt des Stadtzentrums und war von vielen interessanten Lebensmittelgeschäften mit ausländischen Spezialitäten umgeben. Trotzdem war es ein *Lebensmittelgeschäft* mit einer schrecklichen Akustik und einer Bühne, die direkt gegenüber der Tiefkühlabteilung errichtet worden war. Ladenbesucher, die gekommen waren, um einen Liter Milch zu kaufen, und keine Ahnung hatten, was vor sich ging, mischten sich mit Lesern, die extra wegen der Veranstaltung da waren. Ab und zu gab es eine Ansage über die PA-Anlage, die meinen Vortrag unterbrach: „Sehr geehrte Damen und Herren, wir haben in der Bäckerei zwei Pfund Kuchen zum Preis von einem. Es gibt auch einen Sonderpreis auf Blumenkohl!"

Nach dieser Erfahrung traf ich einen Entschluss: keine Lebensmittelgeschäfte mehr.

Aber ich fuhr weiter in der Gegend herum und tat mein Bestes, um Interesse an meinen Büchern zu wecken und die wachsende Community zu unterstützen. Ich wusste, dass ich nie gefeuert werden würde, solange ich weiterhin schrieb und Texte produzierte, die den Leuten so gut gefielen, dass sie bereit waren, dafür zu bezahlen – und ich konnte auf Tour gehen, wann immer ich wollte. Auch ohne die Schüsseln mit M&Ms hatte ich meinen inneren Rockstar gefunden.

VERGESSEN SIE REALITY-TV-CASTINGS, BAUEN SIE IHRE EIGENE FANBASIS AUF

Um „in der guten alten Zeit" ein erfolgreicher Musiker zu werden, mussten Sie von einem Gatekeeper (normalerweise ein Plattenlabel) gesalbt oder anerkannt werden. Dasselbe galt für Autoren: Um erfolgreich zu sein, mussten Sie in erster Linie einen Verleger davon überzeugen, ein Risiko mit Ihnen einzugehen. Ebenso brauchten bildende Künstler Galerien und Radiomoderatoren brauchten Radiosender.

Anders gesagt, Talent allein reichte nicht aus. Selbst wenn Sie nachgewiesenermaßen über die Mittel verfügten, einem Publikum etwas Wertvolles zu liefern, waren Sie immer noch abhängig von den Mächten, die Ihnen dabei halfen, dieses Publikum zu erreichen.

Zum Glück haben die Zeiten sich in der Welt der Stars geändert. Heutzutage gelingt es immer mehr Leuten mithilfe von Medien wie Instagram und Twitter, welche die Kommunikation mit den Fans leichter als jemals zuvor machen, sich einen Weg zu einer unabhängigen, von Fans unterstützten Arbeit zu bahnen. Indie-Musiker entscheiden sich oft dafür, ihren Weg allein zu gehen, auch dann, wenn sie die Möglichkeit hätten, einen Vertrag bei einer Plattenfirma zu bekommen. Traditionelle Verlage reißen sich nun um Autoren, die bereits Hunderttausende von Büchern über Amazons Kindle-Plattformen oder manchmal auch direkt über ihre eigenen Websites an Leser verkauft haben.

Die Musiker, Künstler und Autoren, die heutzutage erfolgreich sind, begreifen, dass ihr Erfolg nicht nur „von den Fans" abhängt, wie es Künstler immer gesagt haben. Der Unterschied ist, dass der Erfolg nun von der Beziehung abhängt, die *der Künstler mit seinen Fans unterhält.*

Ich könnte Ihnen tagelang Erfolgsgeschichten erzählen. Dies sind einige meiner Favoriten:

- Der Romancier Robin Sloan veröffentlichte im Selbstverlag eine Geschichte, die ein Bestseller wurde und Tausende von Lesern begeisterte.
- Die Indie-Band Pomplamoose erreichte Hunderte von Millionen Views auf YouTube und machte dann in Eigenregie eine Tournee durch 28 Städte (mehr darüber in Kürze).
- Die franko-amerikanische Malerin Gwenn Seemel veröffentlicht all ihre Arbeiten unter einer freien Lizenz und verdient dennoch gutes Geld durch die Porträts, auf die sie sich spezialisiert hat.

Aus diesen Beispielen lässt sich viel lernen, aber zunächst einmal sollten Sie einen wichtigen Haftungsausschluss zur Kenntnis nehmen: Insbesondere bei kreativen und künstlerischen Betätigungen ist der Erfolg nie direkt replizierbar in dem Sinne, dass Sie genau das tun können, was andere Leute getan haben, und genau dieselben Ergebnisse erzielen.

Wenn Sie jedoch eine ähnliche Art von Erfolg suchen, ist es auch wichtig, zu verstehen, welche Gemeinsamkeiten die Erfolgsgeschichten haben. Leider ist die Antwort sehr klar. Fast ausnahmslos haben all diejenigen, die in der New Economy Erfolg haben, vier spezifische Merkmale: ein Oeuvre (Produkt), eine Gruppe von Fans (Publikum), ein Mittel, um das Oeuvre zu verbreiten (Plattform), und eine Methode, für ihre Arbeit bezahlt zu werden (Geld).

DAS PRODUKT

Jede Künstlerin hat ein Portfolio, ein Oeuvre, das sie für andere herstellt. Das muss nicht „Kunst" im traditionellen Sinne sein; es können auch zahlreiche andere Dinge sein, wie Gemälde, Podcasts, Essays, Lehrmittel, herunterladbare Singles, Alben, handgemachter Schmuck, Markenwaren, lustige Katzenfotos (es gibt für alles einen Markt ...) und viele andere Optionen. Jede erfolgreiche Künstlerin muss sich vor allem darauf konzentrieren, ihr Oeuvre zu erweitern und zu entwickeln.

DAS PUBLIKUM

Ein brillantes Portfolio ist nutzlos ohne Fans, also die Leute, welche die Arbeit des Künstlers schätzen und vor allem natürlich unterstützen. Angehende Künstler haben oft Mühe, Fans zu gewinnen, und das ist schnell frustrierend. Fans zu gewinnen ist kein einfacher Prozess; Sie können nicht einfach in den Fanshop gehen und einen Zwölfer-Pack kaufen. Es erfordert Geduld, Hartnäckigkeit und ein authentisches Engagement auf beiden Seiten. Die populärsten Künstler sind diejenigen, die *mit* ihren Fans sprechen und nicht *zu* ihnen.

Wenn Sie sich jedoch im Laufe der Zeit konsequent und authentisch mit Menschen vernetzen können, die Ihre Arbeit schätzen und irgendwie daran teilhaben wollen, werden Sie eine loyale Anhängerschaft von Fans, Aposteln und Botschaftern gewinnen. Und diese Anhänger werden sich nicht nur begeistert auf Ihr Werk stürzen, sondern die Botschaft auch an andere weiterverbreiten.

DIE PLATTFORM

Um diese Anhängerschaft aufzubauen, brauchen Sie eine Plattform, auf der Sie sich mit Fans auf mehr oder weniger regelmäßiger Basis vernetzen können. Heutzutage versteht man unter „Plattform" vor allem eine aktive Anhängerschaft in sozialen Medien oder vielleicht bei einer E-Mail- oder anderen Newsletter-Liste. Aber diese Konzentration auf eine relativ neue Technologie sollte nicht als etwas Exklusives oder Abgeschlossenes gelten. Vor langer Zeit, bereits

Jahrzehnte vor dem Aufkommen der sozialen Medien, hatten viele kluge Künstler, Autoren und Musiker bereits eine Plattform. Man kann sich eine Plattform auch als Methode vorstellen, um andere Menschen zu erreichen, die an Ihrer Arbeit interessiert sind. Es gibt mehr als nur einen möglichen Weg, aber Sie können diese Anforderung nicht völlig außer Acht lassen.

DER MARKT

Letztendlich – und das ist das Entscheidende – haben erfolgreiche „Do it yourself"-Rockstars eine Möglichkeit, Fans für ihre Arbeit bezahlen zu lassen. Auch hier gibt es wiederum viele verschiedene Methoden, bezahlt zu werden, aber wenn Sie eine echte Karriere anstreben und nicht nur ein Hobby pflegen wollen, müssen Sie irgendwie zumindest eine regelmäßige Methode etablieren, mit der ein Geldeingang auf Ihrem Konto sichergestellt wird.

Die einfachste und übliche Methode, bezahlt zu werden, besteht einfach darin, das Oeuvre direkt an Fans und andere Interessierte zu verkaufen. Manche finden jedoch auch andere kreative Lösungen. Die Musikerin und Performance-Künstlerin Amanda Palmer ist zum Beispiel unter anderem dafür berühmt, dass sie in einer Crowdfunding-Kampagne über eine Million Dollar für ein neues Album gesammelt hat. Sie bezeichnet die im Lauf der Jahre sorgfältig aufgebauten Beziehungen mit ihren Fans als den wichtigsten Erfolgsfaktor in der Kampagne, die ohne die Begeisterung dieser Fanbasis nie Anklang gefunden hätte.

Keine dieser vier Anforderungen ist optional; Sie brauchen alle, um in der New Economy erfolgreich zu sein. Es kann verführerisch sein, sich ein Beispiel einer berühmten Person herauszusuchen, die groß herausgekommen ist, obwohl sie etwas aus der oben stehenden Liste ausgelassen hat, aber das sind die sehr seltenen Ausnahmen. Wenn Sie am liebsten einem bewährten Modell folgen wollen, brauchen Sie alle vier Anforderungen.

SEIEN SIE NICHT NUR INSPIRIEREND; SCHAFFEN SIE DINGE, DIE DIE LEUTE KAUFEN KÖNNEN

Denken Sie daran: Ihre Fans werden sich in unterschiedlicher Weise mit Ihnen vernetzen und sie wollen jemanden unterstützen, den sie mögen. Wenn Sie mit Ihrer Tätigkeit jedoch Ihren Lebensunterhalt verdienen wollen, müssen Sie ganz klar etwas schaffen, was Sie verkaufen können. Den meisten Leuten dürfte es nicht schwerfallen herauszufinden, was das ist. Als Musiker machen Sie Musik; als Maler machen Sie Bilder.

Manchmal müssen Sie, um von Ihrer Kunst wirklich leben zu können, etwas mehr bieten. In den sieben Jahren, in denen ich mich hauptberuflich auf die Pflege einer Community konzentriert habe, wurde von mir ein breites Angebot an Produkten geschaffen, welche die Leute konsumieren (und für die sie bezahlen) können. Natürlich funktionierten nicht alle von ihnen gut, aber das ist eine andere Geschichte. Meine unvollständige Liste lautet wie folgt:

- auf traditionelle Weise veröffentlichte Bücher (wie dasjenige, das Sie gerade lesen)
- selbst veröffentlichte Bücher, Ratgeber und Reportagen
- eine „Günstig Reisen"-Website, wo ich den registrierten Lesern dabei helfe, Vielfliegermeilen zu sammeln und die Welt zu bereisen
- ein einjähriger Marketingkurs
- verschiedene andere Online-Kurse
- der Aufbau von Geschäftsbeziehungen mit Reiseveranstaltern und Kapitalgebern

- In-Person Events (auch wenn in meinem Fall die meisten eher auf nicht kommerzieller Basis stattfinden)
- einige Dinge, die ich vergessen oder besser gesagt nicht erwähnt habe (noch einmal: nicht alles funktioniert!)

Noch ein Haftungsausschluss: Diese Liste kommt Ihnen vielleicht wie ein teuflischer Plan zum Reichwerden vor, aber das ist sie wirklich nicht. Alle diese Angebote haben sich ganz natürlich ergeben und sich im Laufe der Zeit weiterentwickelt, indem ich mich bemüht habe, erstens auf die Bedürfnisse der Community zu achten und zweitens darauf, wie diese Bedürfnisse sich mit dem überschneiden, was ich anbieten kann. Ich kenne mehrere andere Autoren, die viel aktiver als ich beim Aufbau eines kompletten „Netzwerks" an Produkten und Dienstleistungen sind. Ich hingegen habe nur eine einzige Assistentin und verbringe lieber mehr Zeit mit Schreiben und Reisen. Infolgedessen gibt es viele Geschäftsideen, die ich nicht verfolge und die vielleicht für andere optimal sind. Ich biete beispielsweise keine Coachings oder Beratungsdienstleistungen an und habe keine Sponsoren oder Werbekunden.

Das ist nur einer der Vorteile, wenn man ein „Do it yourself"-Rockstar ist – Sie müssen Ihr eigenes Geschäftsmodell wählen. Und was die Angebote angeht, die völlige Fehlschläge waren, nun ja, auch sie haben ihre Berechtigung. Manchmal ist es nicht verkehrt, kurzfristig Geld zu verlieren, um ein größeres langfristiges Ziel zu erreichen.

WERDEN SIE ERSTER, INDEM SIE GELD VERLIEREN

Auf meiner bereits erwähnten ersten Lesereise, die mich in sämtliche US-Bundesstaaten und kanadischen Provinzen führte, verlor ich Geld. Dasselbe widerfuhr der Band Pomplamoose auf der oben genannten Indie-Tour (die Band hatte Ausgaben in Höhe von 147.802 Dollar und Einnahmen in Höhe von 135.983 Dollar, also einen Nettoverlust von 11.819 Dollar). Sie haben recht, wenn Sie denken, dass der Verlust von Geld kein optimales Ziel ist, nicht einmal für Künstler. Aber die Wahrheit sieht bei diesen beiden Erfahrungen so aus, dass der Erfolg sich langfristig einstellte und nicht in dem kurzfristigen Gewinn beziehungsweise Verlust bestand.

Der zweite Frontman von Pomplamoose, Jack Conte, sagte dazu Folgendes: „Wir wussten, dass das Ganze recht teuer werden würde, trotzdem haben wir uns zu dieser Investition entschlossen. Natürlich hätten wir auch zu zweit auftreten können, anstatt sechs Leute für die Tournee einzustellen. So hätten wir über 50.000 Dollar gespart, aber in diesem Stadium unserer Bandkarriere war es uns wichtig, eine wilde, verrückte Rock-Show auf die Bühne zu bringen. Wir wollten an jeden Spielort wieder eingeladen werden und wir wollten, dass unsere Fans nächstes Mal ihre Freunde mitbrachten. Der Verlust war eine Investition in zukünftige Tourneen."

Nicht schlecht als langfristige Perspektive, oder? Ich fühlte mich auf dieser ersten eigenen Tour von mir ganz ähnlich. Bei dieser Erfahrung war meine Buchhaltung nicht annähernd so detailliert wie die von Jack (wie Sie sich vielleicht erinnern werden, habe ich das Hauptfach am College nicht grundlos gewechselt); aber soweit ich es sagen konnte, betrugen die Ausgaben etwa 30.000 Dollar, und da der Eintritt frei war, gab es keine direkten Einnahmen.

Trotzdem war es kein echter Verlust, weder im Hinblick auf den wesentlichen langfristigen Aufbau eines Publikums noch im Hinblick auf das kurzfristige Wachstum meines Geschäfts. Wie Pomplamoose hielt auch ich es für eine Investition in den Aufbau einer Anhängerschaft und betrachtete es nicht als einen einmaligen Kostenaufwand, der sich unmittelbar auszahlen musste. [1]

KONZENTRIEREN SIE SICH AUF ETWAS, DAS FUNKTIONIERT

Mindestens einmal im Jahr reise ich nach Dubai. Ich liebe diesen Ort. Aber eine Sache verblüfft mich dort immer. Immer wieder war ich in schönen Restaurants mit opulenten Gedecken und eifrigen Kellnern – es gab jedoch zu wenige Gäste für die vielen Tische, manchmal sogar überhaupt keine. Diese Restaurants geben sich so viel Mühe und wenden so viel Zeit auf, um ihren Gästen ein besonderes Erlebnis zu bieten, und dennoch bleiben die Gäste aus. Was also treibt die Restaurantbesitzer an, weiterzumachen? Das wäre ein Thema für ein ganzes Buch, aber worauf ich hinauswill: Oft ist es viel besser, sich in der entgegengesetzten Position zu befinden, wo nicht alles glänzend und perfekt ist und Sie nicht alle Details bereits festgelegt haben. Machen Sie stattdessen etwas für eine wachsende Community von Menschen, die genug Interesse haben, um aufzutauchen.

Wenn Gästen ein neues Restaurant gefällt, spielt es keine Rolle, ob die Gedecke angeschlagen sind oder ob man eine Stunde lang in der Schlange stehen muss. Sie können später noch alles auf Hochglanz polieren oder verbessern. Entscheidend ist, dass die Leute – Ihre Fans – sich überhaupt blicken lassen.

Mit anderen Worten: Wenn Sie ein paar wesentliche Dinge richtig machen, können Sie viele Kleinigkeiten falsch machen. Richten Sie nicht Ihre ganze Aufmerksamkeit auf die äußeren Zeichen des Rockstar-Daseins. Konzentrieren Sie sich stattdessen darauf, etwas zu tun, was von Bedeutung ist, und vernetzen Sie sich mit Leuten, die verstehen, worum es geht.

DER PROFI-NEUERFINDER

Immer wenn er in einem Flughafen durch die Security ging, hatte Jason ein Problem: Welchen Ausweis sollte er nehmen? Er musste sich daran erinnern, wann er das Flugticket gekauft hatte, da dies ihm wahrscheinlich einen Hinweis darauf liefern würde, welchen Nachnamen er letztes Mal angegeben hatte.

Das klingt dubios, aber Jason war kein Krimineller; er hatte lediglich die Rechte an seinem Nachnamen versteigert. Für ein ganzes Jahr lautete sein Name Jason HeadsetsDotCom – ein tatsächlicher, legaler Name, aber offenbar nicht derjenige, den er von seinen Eltern bekommen hatte. Ein weiteres Jahr danach war er Jason SurfrApp, ein weiterer Name, der auf den meisten Geburtsurkunden nicht auftaucht. Wie kam es dazu? Wie Sie sich vielleicht denken können, gibt es dazu eine Geschichte.

Die meisten Leute behalten ihren Geburtsnamen, sofern sie nicht den Namen eines Ehepartners annehmen. Jason jedoch wechselte in nur wenigen Jahren seinen Namen drei Mal auf legale Weise.

Er hatte schon immer Lust auf verrückte Experimente gehabt. Nachdem er seinen College-Abschluss in Florida gemacht hatte, arbeitete Jason mehrere Jahre als Grafikdesigner in einem langweiligen Job. Da er sah, dass unzählige Unternehmen darum kämpften, ihre Botschaft zu verbreiten, hatte er eine Idee: Wie wäre es, wenn er seine Dienste als freiberuflicher Werbetreibender jedem Unternehmen anbieten würde, das bereit war, dafür zu zahlen? Er nannte das Konzept „Ich trage Ihr T-Shirt" und genau so funktionierte es auch. Ein ganzes Jahr lang trug Jason täglich das T-Shirt eines anderen Unternehmens und machte aktiv Werbung in sozialen Medien.

Am 1. Januar 2009 begann das Projekt. Das T-Shirt des ersten Tages kostete einen Dollar, das T-Shirt des zweiten Tages zwei Dollar und so weiter – bis zum Preis von 365 Dollar am letzten Tag des Jahres. Als die Aktion sich herumsprach, buchten Unternehmen die Werbung bereits Monate im Voraus und dann für das folgende Jahr zu einem höheren Preis. Fast fünf Jahre lang verfolgte Jason das Projekt weiter, indem er *Tausende* von T-Shirts trug und Marken anpries, wobei die Bandbreite von winzigen Unternehmen, von denen noch niemand etwas gehört hatte, bis hin zu großen Konzernen wie Nike und Nissan reichte. Das Projekt lief gut. Es brachte bereits im ersten Jahr ca. 80.000 Dollar ein und in den nächsten vier Jahren noch viel mehr – aber was sollte er als Nächstes tun? Jason wollte nicht für den Rest seines Lebens täglich gesponserte T-Shirts tragen. In diesem Moment kam er auf die nächste große Idee: die Rechte an seinem Nachnamen zu versteigern.

Zunächst einmal etwas Hintergrundwissen: Jason war ohne stabile Vaterfigur aufgewachsen. Durch eine Reihe von Stiefvätern war er zu unterschiedlichen Nachnamen gekommen, von denen keiner ihm besonders am Herzen lag. Wenn du deinen Namen nicht magst, dachte er, warum holst du dir nicht einen neuen?

Als verrückter Werbetreibender entschloss er sich, seinen Namen auf Wunsch des Höchstbietenden zu ändern. Er startete eine Website namens BuyMyLastName.com und führte eine Online-Auktion durch. Der Gewinner war Headsets.com, ein Start-up, das selbst verrückte Nummern abzog. „Wir boten einmal jedem, der unseren Namen auf seinen Körper tätowieren ließ, lebenslang kostenlose Kopfhörer an", sagte der Unternehmenschef. „Dies erschien uns also eine logische Weiterentwickung unseres Werbekonzepts."

Headsets.com bezahlte Jason 45.500 Dollar dafür, dass er Jason HeadsetsDotCom wurde. So lustig dies klingen mag, der Namenswechsel war real – Jason wechselte seinen Namen auf *legale* Weise, indem er seinen Lichtbildausweis und möglichst viele offizielle Dokumente aktualisierte. In der heutigen Zeit gehörten dazu auch die Aktualisierungen von Accounts in sozialen Medien, wo Tausende von Leuten täglich mit ihm interagierten.

Ein Jahr später wiederholte er das Experiment, indem er seinen Nachnamen in SurfrApp umbenannte. Dafür bezahlte ein weiteres Start-up, das den Leuten eine Dokumentation und das Austauschen ihrer Surf-Abenteuer ermöglicht, ihm 50.000 Dollar.

Ich hatte von Jasons Mätzchen bereits gehört, schenkte dem Ganzen jedoch mehr Aufmerksamkeit, als ein von ihm geschriebenes Buch mit dem Titel *Kreativität zu verkaufen* auf meinem Schreibtisch landete. Der Plan für sein Buchprojekt machte Anleihen an seine anderen Kampagnen: Als er ein Buch schreiben wollte, verkaufte er Patenschaften in Höhe von 75.000 Dollar, darunter ein unterschiedliches Paket *für jede Seite*. Die Mischung aus Memoiren und Kampfanleitung ist überraschend interessant für ein Buch, das auf jeder seiner 224 Seiten eine Werbung als Fußnote enthält.

Ob sein Nachname nun Sadler, HeadsetsDotCom, SurfrApp oder Zook (der Name seines Urgroßvaters, den er sich schließlich als endgültige Wahl für den Rest seines Lebens zulegte) lautete, ich war fasziniert von der Fülle an Ideen und Projekten, die ich bei Jason sah. Heutzutage hört man vielleicht jede Woche von einem ähnlichen Projekt ... aber normalerweise nicht von einem Projekt nach dem anderen, das sich ein und dieselbe Person ausgedacht hat.

Das Thema, das sich wie ein roter Faden durch Jasons Arbeit zog, lautete: „Wo Gelegenheit und Aktion aufeinandertreffen." Daran dachte ich oft beim Schreiben dieses Buches. Jasons verrückten Ideen waren samt und sonders Gelegenheiten, die andere Leute verstreichen ließen, während Jason sie tatsächlich verfolgte. Jede Idee war interessant und lustig, aber es war die *Anhäufung* von Ideen und die Fähigkeit, diese zu entwickeln, was Jason langfristig erfolgreich machte. Und die Ideen waren nicht nur kreativ; sie führten auch zu einer Dienstleistung, für die es einen Bedarf gab.

LOKAL ODER GLOBAL: TREFFEN SIE EINE ENTSCHEIDUNG

Derek Sivers ist ein weiterer „Do it yourself"-Rockstar, der eine Multimillionen-Dollar-Einzelhandelskette auf einer hochgradig ungewöhnlichen Strategie aufbaute: ans Telefon gehen, wenn Kunden anrufen. Später verkaufte er das Unternehmen und spendete einen Großteil der Gewinne einer Stiftung, bevor er eine Reihe anderer Projekte verfolgte.

An einem bestimmten Punkt in seinem rastlosen Leben lebte er in Singapur, während er eine neue Website erstellte. Derek hatte einige populäre TED-Talks bei der Innovationskonferenz in Monterey gehalten und war so etwas wie eine kleine Berühmtheit bei angehenden Unternehmern. Fast täglich erhielt er Einladungen zum Kaffee oder zum Mittagessen. Er nahm möglichst viele dieser Einladungen an und normalerweise genoss er die Treffen – doch ziemlich bald begriff er, dass sie ein Problem verursachten. Er verbrachte so viel Zeit mit Trinken und Essengehen, dass er keine Zeit mehr dafür hatte, das neue Unternehmen aufzubauen, das ein globales Publikum von Tausenden bedienen sollte. Er begriff, dass er vor einer Wahl stand und diese betraf nicht nur ihn selbst.

Er formulierte es so:

Sie können sich auf lokaler oder *globaler Ebene engagieren. Wenn Sie sich jedoch zu sehr lokal engagieren, dann engagieren Sie sich zu wenig global und umgekehrt.*

Wenn Sie lokal engagiert sind, sind Sie vermutlich auf sozialer Ebene aktiv, erledigen viele Dinge persönlich und gehören zu Ihrer Community. Aber dies bedeutet, dass Sie weniger Zeit haben, um etwas für die Welt zu schaffen.

Wenn Sie global engagiert sind, dann konzentrieren Sie sich auf Dinge, mit denen Sie die ganze Welt erreichen können. Das bedeutet jedoch, dass Sie weniger Zeit haben, um in Ihrer Community vor Ort aktiv zu sein.

Keine der beiden Optionen ist per se richtig oder falsch, aber Sie sollten Ihre Entscheidung bewusst treffen.

In meiner Arbeit versuche ich, mich sowohl auf den globalen als auch auf den lokalen Aspekt zu konzentrieren, wobei ich mehr Gewicht auf das Globale lege, aber ich verstehe genau, was Derek meint. Keiner von uns wird in der Lage sein, in beiden Sphären voll präsent zu sein. Es ist also wichtig, dass Sie entscheiden, was Ihnen am wichtigsten ist.

Jasons Geschichte zeigt, dass es möglich ist, es allein zu schaffen und bei vielen kreativen Bestrebungen erfolgreich zu sein. Als Künstler von heute – ob es sich nun um Musik, Schreiben, Essen, Fotografie, Tanz, Malerei oder etwas anderes handelt – können Sie eine Karriere basierend auf direkten Beziehungen mit Fans aufbauen. Nicht nur das, Sie können gut davon leben, insbesondere wenn Sie das, was Sie mit Ihrer kreativen Hauptarbeit verdienen, mit diversen anderen Einkommensquellen kombinieren.

Das Beste daran ist, dass Ihnen das niemand wegnehmen kann. Wenn Ihr Geschäft voll und ganz von Fans und Lesern unterstützt wird, können Sie nicht entlassen werden. Und wie Pomplamoose und beliebig viele andere Künstler Ihnen sagen würden, sind nur wenige Dinge im Leben lohnender als dafür bezahlt zu werden, dass Sie etwas von Ihnen selbst Geschaffenes mit der Welt teilen.

Natürlich müssen Sie immer noch Ihre eigene Lederhose kaufen.

Anmerkungen

1. Um es deutlich zu sagen, ich finde nicht, dass Sie solche Investitionen bei einem Nebenjob oder einem Experiment tätigen sollten. Sparen Sie sich das Geld, wenn Sie von einer Idee oder einem Projekt nicht voll überzeugt sind. Nur dann, wenn Sie so sehr an etwas glauben, dass Sie bereit sind, dafür Opfer zu bringen, sollten Sie investieren.

„Es war die perfekte Kombination all dessen, was mir gefällt."

– RICHARD, 33
AKUPUNKTEUR

KAPITEL 12

WIE SIE ALLES TUN KÖNNEN, WAS SIE WOLLEN

ZIEL: Gar keine Wahl treffen

Irgendwann hat man Ihnen mal einen schrecklichen Rat gegeben: Sie müssen eine Nische auswählen. Diesen Rat können Sie getrost in die Tonne treten. Es kommt vielleicht eine Zeit in Ihrer Karriere, wo Sie sich auf eine Sache konzentrieren müssen (und wollen), aber bis dahin können Sie die Arbeit, zu der sie berufen sind, im Sinne Ihrer Leidenschaften und Interessen gestalten.

Als ich mit Devin Gadulet, einem 49-jährigen Chefredakteur aus Los Angeles sprach, warnte er mich, seine Karriere sei schwierig zu erklären. In den letzten 30 Jahren hatte er ein Antiquitätengeschäft besessen, sich als professioneller Pokerspieler betätigt, in der Filmindustrie gearbeitet, sich in der Immobilienbranche versucht und einen großen Reiseblog gestartet, und zwar mindestens fünf Jahre bevor die meisten Leute überhaupt wussten, was ein Blog ist. Zudem hatte er ein ziemlich einzigartiges Nebenprojekt, das darin bestand, 100 Mal zu heiraten – immer dieselbe Frau, aber an möglichst vielen verschiedenen Orten.

Er tat recht daran, mich zu warnen. Obwohl ich mir umfassend Notizen machte, hatte ich Mühe, mit der Chronologie all dieser Erfahrungen Schritt zu halten. Deshalb versuchte ich es mit einer anderen Herangehensweise: „Von welchem Beruf haben Sie im Alter von acht Jahren geträumt?"

Die Leute haben oft interessante Antworten auf diese Fragen. Devin lieferte sofort eine Antwort: „Ich wollte der First Baseman für die Dodgers werden", sagte er. Leider erledigte sich der Baseball-Traum, als er zwölf wurde und zu seinem großen Bedauern feststellen musste, dass er nicht gerade übermäßig sportlich begabt war.

In der Mittelschule, in der Highschool und im Junior College dachte er nicht mehr an Baseball und begann stattdessen eine Vielzahl von Projekten, Jobs und Unternehmungen. Er hatte einen Limonadenstand, der klassische unternehmerische Einstieg. Er verkaufte Comicbücher und bot gegen Bezahlung Nachhilfeunterricht an.

Diese Energie und dieser Ehrgeiz hielten bei ihm auch im Erwachsenenalter an, er war weiterhin in einer Vielzahl von Unternehmungen und Projekten tätig. Als seine Eltern sich scheiden ließen, überließ der Vater ihm den Antiquitätenladen. Devin übernahm ihn mit der klassischen Strategie, billig einzukaufen und teuer weiterzuverkaufen. Er lernte, Antiquitäten zu bewerten, und er schulte seinen Blick dafür, einen seltenen Wertgegenstand in einem Raum voller Krempel zu entdecken. Eine Zeit lang machte ihm das Spaß, dann bekam er seinen ersten Job in der Filmbranche, später den nächsten und daraufhin den übernächsten.

Jahre später orientierte er sich beruflich wieder um und startete einen der weltweit größten Reise-Blogs. Zudem erklärte er es zu seinem Ziel, die Welt zu bereisen. Damals wussten nur wenige Leute etwas über die neue Welt der Online-Medien, also gab Devin sich den Titel des Chefredakteurs – ebenso den des Textchefs, des Korrektors, des Webdesigners, des Technikers und des „Mädchens für alles". Sein Erfolg mit dem Blog führte zu Kontakten in der Reisebranche, Angeboten für gesponserte Kameraausrüstung und kostenlose Reisen um die Welt.

Als Devin die ganzen Drehungen und Wendungen seiner einzigartigen Karriere aufzählte, beschrieb er den Prozess des wiederholten Jobwechsels ebenso sehr als spirituellen Weg wie als Karriereweg.

„Damals", sagte er zu mir, „machte alles den Eindruck, als wäre es rein zufälliger Unsinn. Mir standen alle Türen offen. Ich arbeitete eine Zeit lang im Verkauf und war als Telefondrücker tätig ... Heute könnte ich das nicht mehr tun, aber ich bereue es nicht völlig. Einige dieser Jobs musste ich tun, um dorthin zu gelangen, wo ich heute stehe."

„Ich denke, mir gelang es vor allem", fuhr er fort, „die Unschuld der Jugend zu bewahren, und zwar viel länger als den meisten anderen Leuten." Er fürchtete sich nicht davor, verschiedene Dinge auszuprobieren – oder *wenn* er sich fürchtete, ließ er sich davon zumindest nicht abschrecken.

Mir gefiel Devins Geschichte und je mehr ich ihn drängte, mir Informationen darüber zu geben, wie er verschiedene Entscheidungen auf dem Weg getroffen hatte, umso mehr kam er auf die spirituelle, philosophische Perspektive zurück, auf die er sich verließ. „Wenn Sie sich in einem Vakuum befinden", sagte er, „wissen Sie nicht immer, was Sie wollen oder was am besten ist. Sie können eine Liste der Vor- und Nachteile machen, aber das funktioniert nicht für jeden und nicht für jede Situation."

Er erwähnte ein Zitat, das er von einem Freund gehört hatte: „Man hat eine falsche Vorstellung davon, was einen glücklich macht." In dieser Phase seines Lebens hatte Devin sich von einer Reihe von „Nicht-Erfolgen", wie er es nannte, oder Unternehmungen erholt, die nicht wie erhofft aufgingen. Diese Sackgassen führten bei ihm zu einem Perspektivwechsel. Anstatt nach äußeren Bedingungen des Glücks zu suchen, legte er sich die Sichtweise zu, das Leben in seinem gegenwärtigen Zustand zu akzeptieren. Dabei versuchte er immer, sich zu verbessern, lehnte es aber ab, sich von der Jagd nach Geld und Status blockieren zu lassen.

Inzwischen arbeitet er weiter an der Reise-Website, die im Auftrag von Fremdenverkehrsämtern zahlreiche Angebote für kostenloses Reisen bietet. Er arbeitet von Zeit zu Zeit noch immer in der Immobilienbranche und hat ein Buch geschrieben. Ach ja, und er hat etwas anderes gefunden, was ihn wirklich glücklich macht. Vor zwei Jahren heiratete Devin seine Frau, Morgana Rae, eine Unternehmerin, die selbst auf eine vielfältige Karriere zurückblickt. Ein paar Monate später waren sie wegen Devins beruflicher Tätigkeit zusammen in Mexiko. Aus einer Laune heraus fragte er sie auf einem Spaziergang: „Hey, ... willst du nicht noch mal heiraten?"

Sie sagte Ja (was gut war, da sie bereits verheiratet waren) und sie feierten ihre zweite Hochzeit in Puerto Vallata. Danach wurde es zu einer Aufgabe: 100 Mal an verschiedenen Orten der Welt zu heiraten. Zu der Zeit, als wir uns unterhielten, hatten Devin und Morgana zwölf Hochzeiten in Ländern wie San Marino, Kroatien oder der Türkei gefeiert.

Devin konnte seine Karriere und sein Leben auf der Grundlage vieler unterschiedlicher Interessen entwickeln. Entgegen dem traditionellen Rat musste er sich nicht für eine einzige Sache entscheiden. Stattdessen wählte er viele Dinge – und für ihn war dies die Arbeit, für die er geboren wurde.

WAS SOLL ICH MIT MEINEM LEBEN ANFANGEN? (ANTWORT: ANFANGEN ZU LEBEN)

Bei meiner allerersten Buchsignierrunde in New York vor vielen Jahren sah ich, wie die Leute in der Schlange standen, um mir die Hand zu geben und Hallo zu sagen. Eine der ersten Leserinnen trat an mich heran und stellte mir eine Frage, die ich nie vergessen werde. „Hallo", sagte sie, „ich will Ihre Zeit nicht übermäßig in Anspruch nehmen, daher habe ich nur eine Frage. Was soll ich mit meinem Leben anfangen?"

Ich lachte und versuchte, mir irgendeine hilfreiche Antwort auszudenken, aber in Wirklichkeit hatte ich nicht die leiseste Ahnung, was ich sagen sollte.

Wir alle sehen uns angesichts dieser Frage so viel Druck ausgesetzt. Wie wir in diesem Buch festgestellt haben, kennen die meisten Leute die beste Antwort nicht sofort und ändern sie auch oft im Laufe der Jahre. Das bedeutet aber nicht, dass es überhaupt keine Antwort gibt. Das Ziel dieses Buches besteht nicht darin, dass Sie diese Antwort schon morgen finden; vielmehr soll es Ihnen dabei helfen, die Instrumente zu entwickeln, mit denen Sie sie finden können, egal wie lange es dauert. Wenn wir die Arbeit finden wollen, für die wir geboren wurden, gehört es manchmal vielleicht dazu, ganz bewusst nicht einen einzelnen Karriereweg zu wählen. Selbst wenn wir nicht *alles* tun können, wollen manche von uns mehr als nur eine Sache tun.

Irgendwann bekamen die meisten von uns einen schrecklichen Rat: Du musst eine Karrierenische suchen, um zu überleben. Du musst dich unter Ausschluss aller anderen Dinge auf eine einzige Sache konzentrieren oder so ähnlich, hieß es, und dass es keinen Raum gebe, um Dinge zu kombinieren oder mehr als nur ein primäres Karriereinteresse zu verfolgen. Diesen Rat können Sie problemlos in die Tonne treten. Es kommt vielleicht tatsächlich ein Punkt in Ihrer Karriere, wo Sie sich auf eine Sache konzentrieren müssen (und wollen), aber bis zu diesem Zeitpunkt können Sie Ihr Leben im Sinne all Ihrer Interessen gestalten und dennoch erfolgreich sein.

ALLES HAT SEINE ZEIT

Blicken wir noch einmal auf Devins Geschichte zurück. Eine Weile hatte er den Antiquitätenladen. Dann arbeitete er in verschiedenen Funktionen in der Filmbranche. Als Nächstes startete er den Reise-Blog. In einigen Phasen überschnitten sich seine unterschiedlichen Bestrebungen und in anderen Phasen verfolgte er ein einziges Interesse hauptberuflich. Es geht darum, dass das Leben einen saisonalen Charakter hat. Es gibt eine Zeit zum Erkunden und Experimentieren und es gibt ebenso eine Zeit, um sich auf eine bestimmte Sache zu konzentrieren. Das gilt sowohl für Devins Reise als auch für unsere.

Bedenken Sie den allgemeinen Lebenszyklus, den jeder von uns durchläuft. Wenn wir erwachsen werden, treffen wir Entscheidungen, von denen einige unumkehrbar (es gibt kein Zurück) und andere revidierbar (wir können später unsere Meinung noch ändern) sind. Unser Leben verändert sich in größeren und kleineren Aspekten – wir gehen Beziehungen ein, entscheiden uns manchmal für einen langfristigen Partner, haben manchmal Kinder und werden schließlich alt.

Natürlich verlaufen viele Lebenszyklen kaum so reibungslos. Einige von uns müssen sich auf einem holprigen Weg durch diverse weitere große Veränderungen, erwartete wie unerwartete, durch-

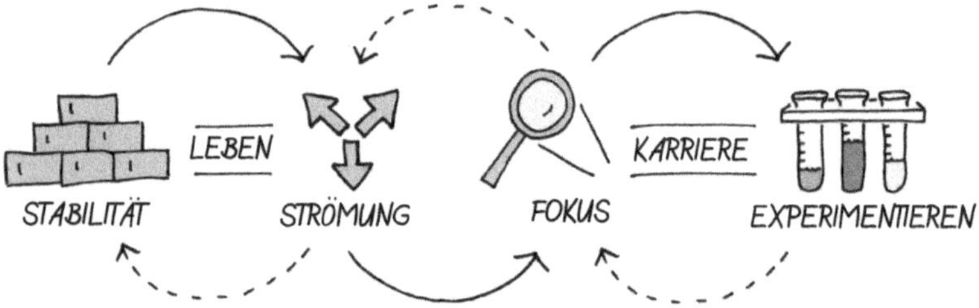

kämpfen. Wir lernen, uns an die Ereignisse auf dem Weg anzupassen, schließlich haben wir gar keine andere Wahl. Die meisten Dinge, die uns im Laufe unseres Lebens widerfahren, können wir nicht kontrollieren, ebenso wenig, wie wir es verhindern können zu altern.

Ebenso wie wir uns an die Veränderungen in unserem Lebenszyklus anpassen müssen, gilt es auch, sich an die Veränderungen in unserem *Arbeitszyklus* anzupassen. Es gibt vielleicht Zeiten in unserer Karriere, in denen ein stabiler, traditioneller Vollzeitjob mit festen Arbeitszeiten am besten zu unserer Lebenssituation passt. Gründe dafür können sein, dass wir gerade Kinder aufziehen, uns um alte Eltern kümmern oder andere Verpflichtungen haben, die uns nicht den Luxus erlauben, unsere Ersparnisse in eine neue Geschäftsidee zu stecken oder uns als „Solo-Unternehmer" an den Markt zu wagen. Zu anderen Zeiten befinden wir uns vielleicht in einer Lebenssituation, wo wir bereit und in der Lage sind, unternehmerische Ambitionen zu verfolgen oder mit ein oder zwei Nebentätigkeiten zu experimentieren. Ebenso wird es in unserem Leben wiederum andere Zeiten geben, in denen ein bestimmtes Ziel oder Interesse alles andere dominiert. In diesen Zeiten können wir dann nur an die jeweilige Aufgabe denken – ob sie nun darin besteht, ein Buch zu schreiben, Online-Marketing zu betreiben oder zum Zirkus zu gehen. Schließlich kann es auch Zeiten geben, in denen wir zwei oder mehrere dieser Optionen miteinander kombinieren wollen.

Denken Sie daran, es gibt kein Rezept dafür, wie eine Karriere aussehen sollte – wir alle gestalten sie im Laufe der Zeit auf unsere eigene Weise. Dennoch kann es eine Herausforderung sein, von einer Aufgabe oder einem Interesse zum anderen zu springen – oder mehrere gleichzeitig unter einen Hut zu bringen. Zum Glück gibt es eine Strategie, die Ihnen bei der Bewältigung dieses holprigen Weges helfen kann. Sie heißt „Workshifting".

„WORKSHIFTEN" SIE SICH IHREN WEG DURCHS LEBEN

Auch wenn wir alle uns von Zeit zu Zeit darin versuchen, ist es wissenschaftlich erwiesen, dass die Fähigkeit zum Multitasking weitgehend ein Mythos ist. Leider besitzt jeder von uns nur ein Gehirn und das kann seine Aufmerksamkeit nur auf jeweils eine einzelne Aufgabe richten. [1]

Workshifting ist etwas anderes als Multitasking – dabei bewältigen Sie verschiedene Projekte und Interessen, indem Sie sich eine Zeit lang voll auf etwas konzentrieren. Sie können dies nach der „Zeit und Kalender"-Methode, nach einer projektbasierten Methode oder intuitiv und situationsabhängig tun.

ZEITBASIERTES WORKSHIFTING

Einen Tag hierfür, einen anderen dafür oder eine Stunde für Projekt A und zwei für Projekt B – so läuft es, wenn Sie die Kalendermethode verwenden, um verschiedene Aufgaben gleichzeitig zu bewältigen.

Elon Musk ist der bekannte Unternehmenschef von zwei großen Unternehmen: Tesla Motors und SpaceX. Zudem kündigt er regelmäßig andere große Projekte an und macht weltweit Schlagzeilen mit Ideen, die keinerlei Bezug zu seinen aktuellen Projekten haben. Auf jeden Fall teilt er seine Zeit zwischen verschiedenen Büros auf, indem er sich einem großen Aufgabenbereich zuwendet, bevor er seine Aufmerksamkeit auf einen anderen richtet.

Dies klingt vielleicht einschüchternd, aber Sie müssen kein Autounternehmen gründen oder in den Weltraum fliegen, um eine ähnliche Workshifting-Praxis zu verwenden. Sie brauchen nur zwei oder mehr Projekte und Sie müssen sorgfältig Ihre Aufmerksamkeit auf die Terminplanmethode richten, die Sie entwickelt haben. Nicht jeder wird natürlich unter diesen Bedingungen gut arbeiten – aber etliche Leute werden Erfolg damit haben.

ERGEBNISBASIERTES WORKSHIFTING

Ich traf einmal jemanden, der ein betriebsames Landschaftsgärtnereiunternehmen in Alberta, Kanada, besaß. Im Frühjahr und Herbst hat er viel zu tun. Im Sommer hat er *richtig* viel zu tun. Im Winter jedoch, wenn die Temperaturen regelmäßig unter den Gefrierpunkt sinken und fast immer Schnee liegt, kommt das Geschäft zum Erliegen. Zum Glück hat der Landschaftsgärtner eine andere Leidenschaft. Wenn er keine Tulpenzwiebeln in Erwartung der ersten Anzeichen des Frühlings einpflanzt, schreibt er Drehbücher.

Diese unterschiedlichen Interessen ermöglichen eine saisonale, wenn auch atypische Terminplanung:

Sommer: alle Landschaftsgärtnerei-Tätigkeiten, die ganze Zeit
Winter: fast das ganze Drehbuchschreiben, die ganze Zeit
Frühling und Herbst: etwas von beidem

Ebenso wie Sie keine Weltraumfahrt planen müssen, um zeitbasiertes Workshifting anzuwenden, müssen Sie auch kein Landschaftsgärtner sein, um ergebnisbasiertes Workshifting anzuwenden. Viele Leute in allen möglichen Berufen passen dieses Modell in kreativer Weise für sich an. Beispielsweise könnte eine Lehrerin sich in den Sommerferien eine Nebentätigkeit aufbauen (nachdem sie den wohlverdienten Urlaub gemacht hat). Ein Angestellter in einem großen Unternehmen, der sich erfolgreich ein Sabbatical erkämpft hat (siehe Seiten 207 bis 209), könnte in der Zeit, in der er nicht in seinem Job tätig ist, vielleicht ein Buch schreiben. Es gibt viele Methoden, wie dieses Modell für Sie funktionieren könnte, worin auch immer Ihre Leidenschaft besteht.

INSTINKTIVES WORKSHIFTING

Die meisten von uns organisieren ihren Kalender nicht so genau wie Elon Musk und wir haben nicht immer so ordentliche Saisonarbeit wie der kanadische Landschaftsplaner. Was, wenn Sie einfach gern die meiste Zeit vielerlei Verschiedenes machen?

Wenn es Ihnen gelungen ist, ein flexibles Arbeitsumfeld zu schaffen, wie es bei Devin der Fall ist, dann planen Sie Ihre Aktivitäten vielleicht eher instinktiv. Wenn Sie darüber nachdenken, was als Nächstes zu tun ist, dann fragen Sie sich: „Wie fühlt sich dies an?“ und „Was würde ich gern als Nächstes tun?“

...

Natürlich können Sie auch eine Kombination dieser drei Modelle verwenden. Wenn bei Ihrer Arbeit Verpflichtungen gegenüber anderen eine Rolle spielen, wie es bei den meisten von uns der Fall ist, müssen Sie Ihre Besprechungen und anderen Verabredungen zumindest teilweise nach der zeitbasierten Methode koordinieren. Es empfiehlt sich zwar, darauf zu achten, wie Sie sich mit der jeweiligen Aufgabe fühlen, aber Sie werden wohl kaum *immer* tun können, was Sie wollen – manchmal gibt es Dinge, die getan werden müssen, egal wie Sie sich dabei fühlen. Was ich über Multitasking gesagt habe, gilt auch hier. Sie sollten nicht die ganze Zeit versuchen, an einer Vielzahl von Aufgaben zu arbeiten; Ihr Ziel sollte es sein, sich voll auf etwas zu konzentrieren, bevor Sie sich entschließen, zu etwas anderem zu wechseln.

Denken Sie schließlich daran, dass Workshifting nicht für jeden funktioniert. Für einige Leute ist es hilfreich und befreiend. Für andere fühlt es sich eher störend an. Erinnern Sie sich auch hier an das Freude-Geld-Flow-Modell und machen Sie das, was am besten für *Sie* funktioniert.

FRAGE: WAS SOLL ICH TUN?
ANTWORT: ES IST WAHRSCHEINLICH EGAL, ALSO WÄHLEN SIE EINFACH IRGENDETWAS AUS

Es gibt eine alte Geschichte über einen Schüler, der sich mit einem Problem, das vielen von uns vertraut ist, an seinen Lehrer wendet. „Ich habe so viele Ideen!“, sagt der Schüler. „Aber ich weiß nicht, welche am besten ist.“

„Es spielt wahrscheinlich keine Rolle“, sagt der Lehrer. „Such dir einfach eine aus und mach es.“

Es geht darum, dass das Verharren in einem Zustand der Lähmung oft schlimmer ist, als irgendeine umsetzbare Wahl zu treffen. Ob es Ihnen nun gefällt oder nicht, indem Sie sich weigern, eine Wahl zu treffen, haben Sie bereits die Wahl getroffen, nichts zu tun. Und etwas zu tun – oder mehrere Dinge, selbst wenn sie sich als das Falsche herausstellen –, ist fast immer besser, als überhaupt nichts zu tun. Selbst wenn Sie sich gelähmt fühlen und unentschlossen sind, müssen Sie einen Weg finden, um aktiv zu werden und vorwärtszugehen.

WORKSHIFTING IN DER PRAXIS: DIE ONLINE-COMMUNITY-MANAGERIN

Nach ihren Abschlüssen in Informationstechnologie und Englisch an der University de Notre Dame du Lac, Indiana, war Kelly Stocker nicht sicher, was sie damit anfangen sollte, aber ihr gefiel die Kombination beider Disziplinen. „Ich dachte mir, dass wir Computer wahrscheinlich lange Zeit brauchen werden", sagte sie, „und ich lese gerne."

Sie war in McAllen, Texas, aufgewachsen, wo ihr Vater eine Reinigung besaß. Schon früh hatte sie einen Chemiekasten und wollte Chemikerin werden. Sie baute für ihre Freunde Holzhäuser, indem sie sich irgendwo draußen in der texanischen Hitze versteckte. Und schließlich beschloss sie, das angesehene College in Indiana zu besuchen.

Nach dem Abschluss bereiste sie Europa und lud bei den damals aufkommenden Online-Communitys Reisenotizen hoch. Sie buchte ihre Unterkünfte über eine Website namens Hostel World und wurde schnell eine treue Nutzerin. Als sie von Barcelona nach Nizza reiste, buchte sie ebenfalls all ihre Unterkünfte über dieses Netzwerk und dokumentierte ihre Erfahrungen mit Rezensionen.

Nach ihrer Rückkehr in die Vereinigten Staaten waren Bewerbungsgespräche für Kelly ebenso unangenehm wie für die meisten Leute, insbesondere wenn sie direkt vom College kommen. „Die Unsicherheit ist riesengroß in solchen Bewerbungssituationen", sagte sie. „Da sitzen normalerweise Leute auf der anderen Seite des Tisches, die viel älter sind als du, beurteilen auf nonverbale Weise deine vermeintlichen Kompetenzen und fragen dich: ‚Was ist Ihre größte Schwäche?'"

Dennoch ergatterte sie einen Job bei Dell in ihrem Heimatsstaat Texas, wenn auch fünf Stunden entfernt von der Kleinstadt, wo sie aufgewachsen war. Der Job war in Ordnung – nichts Herausragendes, aber sie konnte sich dort weiterentwickeln und wertvolle Erfahrungen sammeln. Unterdessen entdeckte sie die Restaurants und das Nachtleben in Austin, ihrer neuen Heimatstadt, was für sie eine ganz neue Welt war. Indem sie ihre Leidenschaft für das Schreiben von Rezensionen fortsetzte, startete sie einen Newsletter für Freunde und empfahl ihnen verschiedene Locations zum Ausprobieren.

Wie Sie in anderen Geschichten in diesem Buch gesehen haben, gehörte jede dieser scheinbar zufälligen Erfahrungen tatsächlich zu einem wichtigen Prozess. Ein Zusammentreffen von Ereignissen – sie begegnete einem neuen Freund, erhielt eine weitergeleitete E-Mail und war zufällig auf der richtigen Party – führte dazu, dass Kelly bei Dell kündigte, um für Yelp, das bekannte Online-Empfehlungsportal, zu arbeiten. Aus diversen Gründen passte dies perfekt. Zunächst einmal hatte Kelly sich praktisch jahrelang auf den Job vorbereitet, ohne es zu wissen. Sie war sehr gemeinschaftsorientiert, hatte eine extrovertierte Art und traf sich gern mit Menschen. Der Abschluss in Informationstechnologie war hilfreich bei einem Internetunternehmen, aber noch wertvoller war ihre Fähigkeit, Konzepte zwischen technikaffinen und nicht technikaffinen Leuten zu kommunizieren. Und dann hatte sie ja diese Rezensionen geschrieben – sie wusste genau, wie das Ganze funktionierte, welche Aspekte die Glaubwürdigkeit von Online-Rezensionen ausmachten und was man tun konnte, um mehr Leute zum Teilen von Erfahrungen anzuregen.

Die Aufgaben in dem neuen Job waren ideal, und dies galt auch für die Arbeitsbedingungen. Bei der Arbeit musste Kelly eine Vielzahl von Funktionen erfüllen: Sie hatte die Sisyphusarbeit einer Community-Managerin, die neue Rezensenten ermutigen (und ab und zu einem Troll oder übermäßig negativen Nörgler eine Abfuhr erteilen) musste. Gleichzeitig war sie die Geschäftsentwicklungsmanagerin, die neue Werbekunden gewann, und schließlich eine Eventmanagerin an mehreren Abenden der Woche.

Die Erfüllung all dieser Aufgaben und das Erreichen der hohen Standards, die sie sich selbst gesetzt hatte, erforderten einen enormen Zeitaufwand – anfangs seien es 80 Stunden pro Woche gewesen, sagte sie –, aber da es in Austin kein Büro gab, konnte Kelly zu Hause oder an einem beliebigen anderen Ort arbeiten. Ihre Aufgaben waren klar und sie konnte sie nach ihren Vorstellungen erfüllen. Der unerwartete Vorteil dieses Arrangements bestand darin, dass sie immer besser in dem Job wurde, je länger sie ihn machte, und schließlich mit einem geringeren Zeitaufwand dasselbe Gehalt verdienen konnte.

Yelp ermutigt seine Community-Manager dazu, „Ehrenbürgermeister" der Städte zu werden, für die sie verantwortlich sind. In den ersten beiden Jahren in diesem Job arbeitete Kelly die ganze Zeit, traf sich mit Hunderten von Geschäftsinhabern und organisierte unzählige Partys und Events. Das ganze Netzwerken hatte weitere Vorteile. Gegen Ende unseres einstündigen Gesprächs bemerkte Kelly nebenbei, dass sie etwa in derselben Zeit „noch ein paar andere Jobs" hatte. Ich fragte mich, wie dies möglich war – schließlich war ich davon ausgegangen, dass ihr Hauptjob eine Vollzeittätigkeit war.

Der Job bei Yelp war tatsächlich ein Vollzeitjob mit einem guten Gehalt, aber nachdem sie ihn bewältigt hatte, wollte sie auch andere Dinge ausprobieren. Sie arbeitete an mehreren Morgen pro Woche als Radiomoderatorin bei einem Sender. Unter Nutzung der Moderationsfertigkeiten, die sie sich beim Veranstaltungsmanagement angeeignet hatte, übernahm sie eine Nebentätigkeit bei einer regionalen Kinokette, wo sie interaktive Mitsing-Aktionen organisierte. Sie begann, eine Kolumne für ein lokales Wochenblatt zu schreiben. Wo nahm sie die Zeit her? Ihre Antwort ist typisch für Leute, die tun, was ihnen gefällt: „Es geht weniger darum, wie ich die Zeit finde, sondern eher darum, *warum* ich die Zeit finde. Man findet immer Zeit für etwas, wofür es einen ausreichend starken Grund gibt."

Sie ging den Nebentätigkeiten nach, da sie andere Bedürfnisse erfüllten. Sie war tatsächlich eine Ehrenbürgermeisterin geworden dank ihrer unermüdlichen Anstrengungen in der ganzen Stadt, und das war gut für Yelp. Ach ja, und all diese Tätigkeiten waren auch gut für sie, nicht nur für ihren Arbeitgeber.

Kelly liebt ihren Job, aber sie hat auch ihren eigenen Markenwert aufgebaut. Sie war nicht *nur* eine großartige Community-Managerin; die Summe aller Teile war größer als alle Einzelteile allein.

SCHREIBEN SIE DAS SKRIPT UM – MACHEN SIE VERÄNDERUNG ZUR STANDARDEINSTELLUNG

Workshifting und das Jonglieren mit mehreren Projekten gleichzeitig erfordert viel Selbstdisziplin. Indem Sie Optionen reduzieren und

Entscheidungen im Voraus treffen, sind Sie besser auf einen Erfolg vorbereitet.

Verhaltensökonomen wenden diese Methode ständig an. Ein Beispiel dafür ist ein einfacher Trick, um Leute dazu anzuregen, mehr für den Ruhestand zu sparen. Die Ausgestaltung eines neuen Rentenplans ist entscheidend. Wenn dieser so eingerichtet wird, dass automatisch eine Summe von Ihrem Gehalt einbehalten wird („opt-out“ genannt), werden Sie wahrscheinlich eher einer hohen Sparrate zustimmen. Wenn Sie jedoch einen extra Schritt gehen und aktiv sicherstellen müssen, dass Geld einbehalten wird („opt-in“ genannt), geht die Sparrate für gewöhnlich stark zurück.

Indem Sie diese Denkweise auf Ihr Leben und Ihre Karriere anwenden, können Sie sich zwingen, bessere Entscheidungen zu treffen. Dazu müssen Sie die „opt out“-Methode anwenden, bei der Sie die kluge oder vorteilhafte Entscheidung zur Standardoption machen.

Mein langjähriger Freund J. D. Roth brachte mir bei, wie man dies unter Verwendung der Konzepte von „Barrieren“ und „Selbstverpflichtung“ macht. Eine „Barriere“ ist etwas, was Sie von einem bestimmten Verhalten, sei es nun positiv oder negativ, abhält. Beispielsweise fährt J. D. gern Fahrrad, aber als er in eine neue Wohnung zog, verstaute er das Fahrrad in der Garage, wo er es an einem Ständer hinter seinem Auto ankettete. Jetzt war es sehr mühselig, an das Fahrrad heranzukommen. Zwar war dies kein unüberwindliches Problem, aber das kleine Ärgernis schuf eine Barriere gegenüber einer positiven Aktion.

Alternativ können wir Barrieren auch zu unserem Vorteil nutzen. J. D. weiß, dass er eine Schwäche für Kekse und Eiscreme hat. Wenn Süßigkeiten im Haus sind, isst er sie alle auf einmal. Als er mehr für seine Fitness tat (und öfter das Fahrrad aus der Garage holte), führte er eine „Keks- und Eiscremebarriere“ ein, indem er sich einfach weigerte, diese Lebensmittel länger im Haus zu haben. Ab und zu kauft er sich immer noch einen Keks, aber nur wenn er unterwegs ist, und immer nur einen einzigen.

Eine *Selbstverpflichtung* ist die logische Erweiterung einer Barriere. Mit einer Selbstverpflichtung schaffen Sie im Voraus die Bedingungen, die zu dem von Ihnen gewünschten Verhalten oder Ergebnis führen. Wollen Sie morgen Abend trainieren? Holen Sie Ihre

Trainingskleidung heraus und legen Sie diese heute Abend neben Ihr Bett. Müssen Sie dieses Arbeitsprojekt morgen als Erstes fertig haben? Lassen Sie alle Dateien auf Ihrem Computer offen und loggen Sie sich aus Social-Media-Plattformen und anderen der Zeitverschwendung dienenden Online-Diensten aus.[2]

DIE DREITEILIGE PROJEKTTAFEL

1953 begann Toyota, ein vereinfachtes Arbeitserfassungssystem zu nutzen, um den Fortschritt in der Autoproduktion des Unternehmens und bei anderen Projekten zu messen. Die meisten Projektmanagementsysteme sind hochkomplex, mit Hunderten von Einzelschritten und einer großen Menge von Daten, die auf unterschiedliche Zeitachsen verteilt sind.

Daher war die sogenannte *Kanban*-Methode auf schockierende Weise einfach. Die Mitarbeiter mussten jede Produktionseinheit nur drei Kategorien zuordnen: aktuell, Auftragsbestand und fertig.

Aktuell: woran Sie gerade arbeiten
Auftragsbestand: was noch ansteht
Fertig: was Sie bereits fertiggestellt haben

Wenn Sie ein Workshifter sind, können Sie diese einfache Technik nutzen, um den Überblick über Ihre diversen Projekte zu behalten. In einigen Fällen war es den Mitarbeitern nicht gestattet, an mehreren Aufgaben gleichzeitig zu arbeiten, und die *Kanban*-Tafel bot eine visuelle Erinnerung, sich von der zugeteilten Aufgabe nicht ablenken zu lassen. Es gibt heutzutage sogar digitale *Kanban*-Tafeln (das Instrument wird in der Softwareentwicklung und in anderen Bereichen verwendet), aber Sie können sich auch selbst eine für Ihr Büro oder Ihr Schlafzimmer machen, indem Sie ein einfaches Whiteboard verwenden. Wie die folgende Abbildung zeigt, können Sie die Terminologie noch weiter vereinfachen:

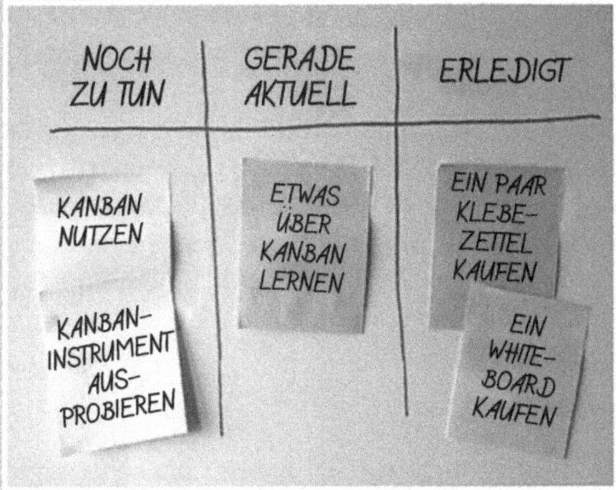

Ein Tipp: Achten Sie darauf, dass nicht zu viele Dinge in der „Gerade aktuell"-Spalte stehen. Die „Auftragsbestands"- oder „Noch zu tun"-Spalte kann eine Reihe von Einzelposten enthalten, aber da Sie nur an wenigen Dingen gleichzeitig arbeiten können, sollten Sie dem Drang widerstehen, sich mehr als ein paar Projekte oder Aufgaben auf einmal vorzunehmen.

Letztlich werden Sie sich fragen, warum die „Fertig"- oder „Erledigt"-Spalte nötig ist. Nun ja, ich bin nicht sicher, was Toyota vor langer Zeit im Sinn hatte, aber ich sehe gern, was ich *erledigt* habe, nicht nur das, was noch ansteht. Aus irgendeinem Grund inspiriert es mich, an allen anderen Dingen weiterzuarbeiten.

DAS MULTIPOTENZIELLE LEBEN: ANDERE ARBEITSMODELLE FÜR DIEJENIGEN, DIE SICH WEIGERN ZU WÄHLEN

Sind Sie ein Multipod? Nach der Definition von Emilie Wapnick, einer jungen Autorin und Forscherin, ist ein Multipod, kurz für „Multipotenzialist", eine Person, die mit einer einzelnen Karriere einfach nicht zufrieden ist. Emilies Grundprinzip ist, dass ein Multipod Vielfalt braucht. Es ist nicht nur etwas Optionales; als Multipod sind Sie sehr frustriert, wenn Sie gezwungen werden, nur eine einzige Sache zu tun.

Das Modell der Multipotenzialität besteht nicht einfach darin, „alles zu tun, was Sie mögen“, denn auch das kann frustrierend sein. Wenn Sie permanent einer Vielzahl verschiedener Projekte hinterherrennen, machen Sie möglicherweise bei keinem einzigen echte Fortschritte. Aus diesem Grund empfiehlt Emilie, ein Arbeitsmodell für das Multipod-Leben zu finden.

MODELL NR. 1: EINE ROLLE, SIE ALLE ZU KNECHTEN

Wie wir in diesem Buch gesehen haben, schaffen einige Leute es, mehrere Interessen zu verfolgen und sie gleichzeitig unter einem einzigen Thema zu organisieren. Emilie nennt dies den „Umbrella-Ansatz“ (dt.: Schirm-Ansatz). Dabei kann es unterschiedliche Aufgaben und Rollen geben, die sich jedoch alle dieselben Fertigkeiten und Interessen zunutze machen. Ein Beispiel könnte jemand sein, der hauptberuflich als Architekt arbeitet und nebenberuflich Home-Staging für Mietobjekte macht, während er an einem Abend pro Woche in einem College zusätzlich Design-Unterricht gibt.

MODELL NR. 2: ZWEI ODER MEHR KLAR VONEINANDER GETRENNTE JOBS

Ich kannte einmal eine Polizistin, die samstags Yoga unterrichtet. Sie trennt diese beiden Rollen klar, die keine logische Beziehung zueinander haben und völlig unterschiedliche Fertigkeiten verlangen. Sie arbeitet jede Woche in beiden Jobs (hauptberuflich als Polizistin und nebenberuflich als Yogalehrerin) und will keinen von beiden aufgeben. Jeder dieser Jobs steht für sich allein und es findet kaum jemals eine Interaktion statt.

MODELL NR. 3: EIN JOB FINANZIERT IHRE ECHTEN INTERESSEN

Haben Sie von Albert Einstein, dem berühmten Patentamts-Angestellten gehört? Wahrscheinlich nicht – zumindest nicht in dieser Form. Die Arbeit in einer langweiligen Regierungsbehörde in der Schweiz mit einer 40-Stunden-Woche war jedoch genau das, was er tat, als er seine Relativitätstheorie entwickelte. Er arbeitete noch ein paar Jahre danach in dem Job, bevor er schließlich eine Vollzeitstelle an der Universität annahm.

Einige Leute haben Interessen, die vielleicht nicht unmittelbar förderlich für das Geldverdienen sind. In diesen Fällen stellen sie möglicherweise fest, dass es besser ist, wenn sie ihren Lebensunterhalt anderswo verdienen, und sich gleichzeitig genug Zeit und Energie bewahren, um das zu verfolgen, was sie *wirklich* mögen.

Für Einstein war die Stelle im Patentamt völlig in Ordnung. Auch wenn es kein aufregendes Abenteuer war, konnte er damit seine Rechnungen bezahlen und seine wahre Aufgabe finanzieren – Sie wissen schon, diese ganze Relativitätsgeschichte.

MODELL NR. 4: ALLES HAT SEINE ZEIT

Dieses Modell ist für Leute, denen es liegt, sich auf eine Sache zu konzentrieren, aber nicht für immer. Vielleicht ist es ein Teilzeitjob, den sie nur für den Sommer annehmen, oder ein einmaliger freiberuflicher Einsatz mit einem absehbaren Ende. Emilie nennt diese Leute „Serienkarrieristen" und bemerkt, dass sie normalerweise anfangen, ihren nächsten Plan zu schmieden, wenn sie zum Ende ihres ersten kommen.

Auch wenn diejenigen, die multiple Karrieren verfolgen, sich nach Vielfalt sehnen, hilft Ihnen eine gewisse Struktur dabei, geerdet zu bleiben. Wählen Sie das Modell aus, das am besten zu Ihnen passt.

MEHR ALS EINE SACHE TUN: DER ALLUMFASSENDE ANSATZ

Emilie Wapnick, die auf Seite 241 erwähnt wurde, war freundlicherweise bereit, mir für dieses Buch eine Übung zur Verfügung zu stellen, die sie bei Kunden verwendet, welche versuchen, eine vielseitige Multipod-Karriere zu gestalten. Das Beantworten dieser Fragen dürfte nicht lange dauern und könnte Sie in eine Richtung führen, die Sie bisher noch nicht in Erwägung gezogen haben.

Schritt 1: Machen Sie eine Liste

Machen Sie eine Liste mit all Ihren Leidenschaften und Interessen in der Vergangenheit und in der Gegenwart. Versehen Sie diejenigen mit einem Sternchen, die Ihnen momentan besonders am Herzen liegen, oder kreisen Sie sie ein.

Schritt 2: Probieren Sie den „Roter Faden"-Ansatz

Beantworten Sie für jeden mit einem Sternchen versehenen Punkt diese Fragen:

- Was hat Sie an diesem Bereich angesprochen?
- Sehen Sie irgendwelche Gemeinsamkeiten zwischen Ihren Antworten?

Beantworten Sie dann diese zusätzlichen Fragen:

- Welche Werte sind am wichtigsten für Sie?
- Gibt es irgendeine Philosophie, nach der Sie leben?
- Was meinen Sie, warum Sie all diese Dinge tun, die Sie tun?
- Können Sie hinter Ihren Entscheidungen irgendwelche versteckten Motivationen oder treibenden Kräfte erkennen?

Schritt 3: Versuchen Sie, zwei Interessen ohne Bezug zueinander zu verbinden

Verfügen Sie über Wissen in einem Interessenbereich, das für ein Publikum hilfreich sein könnte, welches einen Bezug zu anderen Interessen von ihnen hat?

Stellen Sie Ihre Listenpunkte beliebig zusammen, indem Sie die Lücken füllen:

______________ für ______________________________

(Interesse Nr. 1) (Publikum mit Bezug zu Interesse Nr. 2)

Am Ende kommen vielleicht ein paar blöde Sätze heraus (vielleicht Sporttauchen für Führungskräfte oder gar „Jonglieren für Hunde"), aber lassen Sie nicht locker. Manchmal stellen sich die seltsamsten Paarungen als die lukrativsten Geschäftsideen heraus (auch wenn es wahrscheinlich kein Sporttauchen für Hunde ist).

Ich habe von einer Köchin gehört, die sich ausschließlich auf das Zubereiten veganer Rohkost, und zwar aus Avocados und Chia-Samen, spezialisiert hatte. Einige von uns sind so geboren – und manchmal kann es sehr wertvoll sein, der weltweit führende Experte für [fügen Sie hier ein beliebiges Thema ein] zu werden. Wenn das auf Sie zutrifft und Sie sich entschlossen haben, sich ganz auf einen bestimmten Lebensstil einzulassen, dann ist das gut für Sie. Es ist großartig. Aber für alle anderen, die damit Mühe haben, sei gesagt, dass es eine Alternative gibt. Sie müssen keine Nische suchen. Wahrscheinlich haben Sie mehr als nur ein Interesse und gerade das macht Sie interessant.

Eine vielseitige Karriere (oder mehr als eine Karriere) zu verfolgen, kann größere Anstrengungen erforderlich machen, als wenn Sie sich nur auf einen einzigen Bereich konzentrieren. Sie werden jedoch feststellen, dass der Lohn die Mühe durchaus wert ist. Warum sollten Sie nicht alles oder zumindest ein paar Dinge gleichzeitig gut tun können?

Sie können ein Leben um all Ihre Interessen herum aufbauen und Sie müssen sich nicht mit weniger zufriedengeben.

Anmerkungen

1. Wenn Sie denken, dass Sie Multitasking machen, wechseln Sie tatsächlich nur zwischen verschiedenen Aufgaben hin und her, wobei Sie während des Wechsels normalerweise eine bestimmte Menge an Energie und Arbeitszeit verlieren.
2. Sich aus Social-Media-Plattformen auszuloggen, ist eine großartige Methode, Barrieren gegen Prokrastination zu schaffen, zumal wenn es Ihnen wie mir geht und Sie sich nie die Passwörter merken können.

„Deinen Traumjob zu finden, heißt nicht, dass er das ein Leben lang sein muss. Es ist dein Traum zu einem bestimmten Zeitpunkt, und so wie du dich veränderst, kann auch er sich im Laufe der Zeit ändern. Wichtig ist, dass du mit deinen Träumen Schritt hältst, und das fängt immer damit an, dass du dich auf deine Intuition und die Regungen deines Herzens verlässt."

– SAMANTHA, 40
UNTERNEHMERIN UND COACH

KAPITEL 13

GEWINNER GEBEN IMMER WIEDER AUF

ZIEL: Die richtigen Gelegenheiten ergreifen (und die falschen meiden)

„Gib nie auf" ist ein schlechter Rat. Echte Gewinner zögern nicht, eine misslungene Unternehmung aufzugeben. Bewältigen Sie die Kunst, etwas hinter sich zu lassen, indem Sie lernen, wann Sie aufgeben und wann Sie weitermachen sollten.

Haben Sie die Geschichte über den Sportler gehört, der vor einem Hindernis nach dem anderen steht, sich weigert aufzugeben und letztendlich gegen alle Wahrscheinlichkeiten die Goldmedaille gewinnt? Das ist Stoff für einen großartigen Film, aber in der Realität scheitern die meisten Leute, die es sich zum Ziel setzen, Profisportler zu werden. Es ist wirklich eine simple Rechnung: Für jeden, der gewinnt, müssen viele andere verlieren. Wenn es darum geht, dass Sie die Arbeit finden, für die Sie geboren wurden, brauchen Sie normalerweise nicht gegen Tausende von anderen Leuten antreten. Und wenn etwas nicht funktioniert, müssen Sie nicht weitermachen. Tatsächlich sollten Sie das auch eher nicht tun. Echte Gewinner geben immer wieder auf.

Lewis Howes zählte zu diesen seltenen Sportlern, die eine echte Chance hatten, „es zu schaffen". Als All-American[1] in zwei Sportarten spielte er Profi-Football in einer Arena League und schaffte es dann in das US-amerikanische Olympia-Handball-Team. Leider kam das Schicksal dazwischen und ließ beide Träume platzen. Zuerst wurde er bei einem Football-Spiel verletzt und dann kam das Handball-Team in einer entscheidenden Qualifizierungsrunde nicht weiter.

Während eines Großteils seiner Kindheit und Jugend hatte Lewis nichts anderes als Profisportler werden wollen. Er hatte alles dafür gegeben, auf der Suche nach besseren Spielmöglichkeiten mehrmals das College gewechselt, sein letztes Geld für Proteinshakes ausgegeben und mit seinen Fertigkeiten vor Trainern der National Football League angegeben, wann immer sich die Gelegenheit bot. Doch nun gingen die Türen zu – wie sehr er sich auch bemühte, die Chance, dass er jemals wieder dasselbe Fitness- und Leistungsniveau wie in seiner Jugend erreichen würde, war gering.

Als Lewis fiel, war es ein harter Sturz. Da er keinen Plan B hatte, schlief er schließlich mit einem Gipsarm auf dem Sofa seiner Schwester und nahm alle möglichen Gelegenheitsjobs an, um seine sich anhäufenden Kreditkartenschulden zu bezahlen. Das war kaum das Leben, von dem er in seiner Jugend geträumt hatte.

Dann begriff er jedoch, dass er einen anderen Traum haben konnte.

Innerhalb weniger Jahre krempelte Lewis sein Leben um. Er gab seine Ambition, Profisportler zu werden, auf und begann, einen anderen Weg zu beschreiten – tatsächlich eine Vielzahl von Wegen. Er wurde Unternehmer und Berater, gründete mehrere kleine Firmen und verhalf Autoren zu erfolgreichen Buchveröffentlichungen in großem Stil. Dann startete er einen Podcast namens *The School of Greatness*, in dem die Lektionen für den Erfolg von Unternehmenschefs, Prominenten und Profisportlern auf den Punkt gebracht wurden – eben jene Art von Leuten, zu denen Lewis ursprünglich gehören wollte. Der Podcast, für den Lewis Hunderte von Folgen lieferte, wurde extrem erfolgreich und bescherte ihm Millionen Downloads.

Heutzutage ist Lewis nach eigener Aussage sehr glücklich. Er hatte alles gegeben, um eine bestimmte Sache zu erreichen, und es hatte nicht funktioniert – aber anstatt deshalb zu verbittern und auf dem Sofa seiner Schwester hängen zu bleiben, fand er einen Weg, um seine Energie auf neue Ziele zu richten, die nur mit hoher Leistung erreichbar sind.

Nicht jeder, der sich in einer ähnlichen Situation wie Lewis befindet, hat genauso viel Glück. Viele Leute, die es „immer wieder versuchen" und jedes Mal kurz vor einem großen Sieg scheitern, erholen sich nie wirklich davon. Manchmal scheitern selbst diejenigen, die es schaffen, später daran, noch einmal irgendein sinnvolles Projekt umzusetzen. Das wahre Geheimnis ist: Dinge, die nicht funktionieren, selektiv aufzugeben, ist eine sehr erfolgreiche Methode – Sie müssen einfach lernen, wann Sie aufgeben und wann Sie weitermachen sollten.

DIE GEFAHR, VERRÜCKT ZU WERDEN

Vielleicht kennen Sie dieses Zitat, das oft Albert Einstein zugeschrieben wird: „Die Definition von Wahnsinn ist, immer wieder das Gleiche zu tun und andere Ergebnisse zu erwarten."

Einstein hatte insoweit recht, als die reale Gefahr, verrückt zu werden oder einfach immer wieder zu scheitern, sich in der Regel nicht daraus ergibt, dass man etwas Neues macht. Vielmehr kommen die schlimmsten Fehlschläge von etwas, das wir schon eine Zeit lang tun. Die meisten von uns sind intelligent genug, um zu begreifen, dass, wenn wir etwas Neues ausprobiert haben und es nicht funktioniert hat, nicht in Erwartung anderer Ergebnisse einfach so weitermachen können. Wir können noch einen Versuch machen, aber normalerweise werden wir unsere Vorgehensweise ändern. Selbst Mäuse in einem Labyrinth lernen, sich anzupassen, und probieren andere Lösungen aus, wenn sie oft genug auf dieselbe Sackgasse stoßen.

Das größere Problem entsteht, wenn wir darauf konditioniert werden, Erfolg nach einer bestimmten Methode oder einem bestimmten Handlungsplan zu haben. Wenn etwas eine Zeit lang funktioniert und dann nicht mehr, lässt es sich nur noch schwer ändern. Wir versuchen nicht dieselbe Sache immer wieder, weil wir dumm sind oder weil wir es nicht besser wissen. Der Grund ist einfach, dass wir das Vertraute lieben und Veränderungen uns prinzipiell schwerfallen.

„Warum funktioniert es nicht?", fragen wir uns. „Es hat doch schon Tausende Male zuvor funktioniert. Vielleicht klappt es, wenn ich es einfach noch ein weiteres Mal probiere."

Sollten Sie sich noch einmal an die Sache heranwagen und es wieder versuchen? Vielleicht. Da Sie jedoch am ehesten Gefahr laufen, Fehlschläge zu wiederholen, wenn Sie bei einer Methode bleiben, die zu einem bestimmten Zeitpunkt funktioniert hat, sollten Sie vielleicht anfangen, etwas ganz anderes auszuprobieren.

Schauen wir uns einen anderen Sportler an, der es etwas weiter gebracht hat als Lewis Howes. Haben Sie schon mal von Michael Jordan, dem berühmten Baseball-Spieler, gehört? Nein, das ist kein Druckfehler. Mehrere Jahre lang gehörte Michael Jordan zu den bekanntesten Leuten der Welt. Berühmt geworden war er dadurch, dass er die Chicago Bulls zu sechs Basketball-Championships führte und die Liga-Rekorde in nahezu jeder relevanten Statistik gebrochen hatte. Seine Ankündigung im Jahr 1992, dass er sich aus dem Sport vorzeitig zurückziehen würde, machte dann Schlagzeilen in der ganzen Welt.

Aber so berühmt er auch war, es gab etwas, was die meisten Leute über Michael Jordan nicht wussten: dass er auch ein begeisterter Baseball-Spieler war, der diesen Sport bereits als Kind ausgeübt hatte und ihm auch später nachging, als er sich in einer anderen Art von Stadien einen Namen gemacht hatte.

Zwei Jahre, nachdem Jordan sich aus dem Basketball zurückgezogen hatte, unterzeichnete er einen Vertrag mit den Chicago White Sox. Er wurde einem Minor-League-Team zugeteilt und erschien pflichtbewusst zum Frühjahrstraining. Da sportliche Fertigkeiten normalerweise nicht auf Profiniveau übertragbar sind, ist es nicht verwunderlich, dass sein Talent auf dem Basketballfeld sich nicht in entsprechender Weise auf dem Baseballfeld zeigte. Tatsächlich ist es ein Wunder, dass er es überhaupt so weit brachte – er erzielte mehrere Home-Runs und erreichte als Batter in einer seiner beiden Saisons einen respektablen Gewinnprozentsatz von 0,252 –, aber dies reichte ihm nicht. Jordan, der möglicherweise der beste Basketballspieler aller Zeiten genannt werden kann, hatte Mühe, sich an die körperlichen Herausforderungen eines anderen Sports anzupassen. Anstatt weiterzukämpfen, gab er auf.

Jordan kehrte zum Basketball zurück, denn dies war der Sport, für den er geboren war und wo er herausragende Leistungen vollbringen konnte. Dies zeigte sich daran, dass er in einem einzigen Spiel innerhalb der ersten beiden Wochen, in denen er wieder aktiv spielte, 55 Punkte erreichte. Zudem gewann er drei weitere Championships in Folge.

WANN MAN AUFGEBEN UND WANN MAN WEITERMACHEN MUSS

Kein unbefangener Trainer hätte Michael Jordan dazu ermutigt, Baseball zu spielen und damit einen Sport auszuüben, in dem er nur marginal gut war. Der bessere Weg war offensichtlich: Er sollte zum Basketball zurückkehren! Als er dies tat, brachte er wieder Höchstleistungen und stand viele Jahre lang ganz vorne in der Liga.

Die großen Entscheidungen, die Sie in Ihrer Karriere treffen, können ebenso entscheidend Ihr Leben beeinflussen, wie Jordans Entscheidung, zum Basketball zurückzukehren, Einfluss auf sein Leben hatte. Zu wissen, wann man aufgeben und wann man weitermachen sollte, mag einem wie eine unerreichbare übermenschliche Kraft vorkommen – aber es gibt drei klare Strategien, die Sie zu Ihrem Vorteil nutzen können.

1. NEHMEN SIE ÄNDERUNGEN VOR ODER GEBEN SIE SCHNELL AUF, SOLANGE NOCH WENIG AUF DEM SPIEL STEHT

Weiter vorne in diesem Buch habe ich erwähnt, wie ich vom Rechnungswesen zur Soziologie als College-Hauptfach wechselte. Diesen Wechsel habe ich ziemlich schnell gemacht und nicht ganz freiwillig: Es dauerte nicht lange, bis ich feststellte, dass ich einfach nicht gut im Rechnungswesen war. Hätte ich weitergemacht, hätte ich meine Kurse vielleicht nicht bestanden. Der Wechsel nach einem Semester oder auch nach zwei bremste jedoch nicht wirklich meine Ausbildung. Schließlich hatte ich in dieser Zeit nicht nur Kurse im

Rechnungswesen belegt, sondern auch diverse allgemeinbildende Kurse absolviert, die bei jedem Hauptfach vorgeschrieben waren. Als ich zur Soziologie wechselte, lag ich also im Hinblick auf die Anforderungen nicht weit zurück.

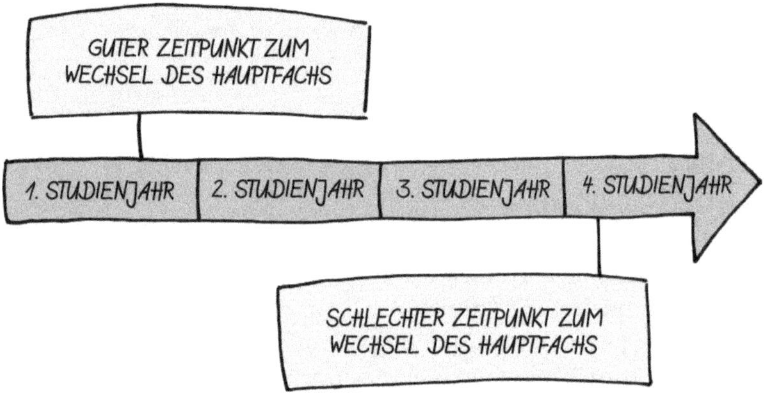

Tatsächlich brachte der Wechsel des Hauptfachs mich wahrscheinlich vorwärts, anstatt mich zu bremsen. Wenn ich das Rechnungswesen vor dem Wechsel ein paar weitere Semester verfolgt hätte, hätte ich viel mehr aufholen müssen und wahrscheinlich Mühe gehabt, in meinem neuen Hauptfach mitzukommen. Und wer will auch zu den College-Studierenden gehören, die ihr Hauptfach ein Dutzend Mal wechseln? Schließlich ist es nicht sehr zielführend, von einer Fakultät zur anderen zu wechseln und mitten im Studium noch immer kein Ziel zu haben. Es ist viel klüger, Veränderungen früher vorzunehmen, wenn noch wenig auf dem Spiel steht.

Wechsel Ihres Hauptfachs im 1. Studienjahr = es steht wenig auf dem Spiel
Wechsel Ihres Hauptfachs im Semester vor dem Abschluss = es steht viel auf dem Spiel

Dieselbe Art von Analyse trifft auf alle möglichen Entscheidungen zu. Verschwenden Sie keine Zeit mit Kleinigkeiten und nehmen Sie sofort Änderungen vor, solange noch wenig auf dem Spiel steht.

2. BEKÄMPFEN SIE IHRE ANGST, ETWAS ZU VERSÄUMEN

Es gibt eine Geschichte, die in Predigten und Motivationsreden auf der ganzen Welt immer wieder erzählt wurde. Sie heißt „three feet from gold" („drei Fuß vom Gold entfernt") und wurde durch das viel zitierte Buch *Think and Grow Rich* (dt. *Denke nach und werde reich*) von Napoleon Hill bekannt. Die Kurzversion geht so, dass ein Goldsucher im kalifornischen Goldrausch immer wieder versucht, Reichtümer zu finden, aber jedes Mal scheitert. Schließlich gibt er auf und verkauft sein Werkzeug an jemand anderen, der die Suche ernsthafter betreibt und schnell auf Gold stößt – genau drei Fuß, also einen knappen Meter von der Stelle entfernt, wo der ursprüngliche Goldsucher aufgab. Die Lektion ist offensichtlich: Wenn der Goldsucher weitergemacht hätte, hätte er das Gold gefunden, aber er gab schlichtweg zu früh auf.

Das ist eine nette Geschichte, aber sie ist auch schuld daran, dass viele Leute in Situationen feststecken, die sich niemals auszahlen werden. Es gibt keine Garantie, dass der erste Goldsucher am nächsten Tag oder auch nur im nächsten Jahrzehnt Gold gefunden hätte, ebenso wahrscheinlich oder vielleicht sogar wahrscheinlicher ist es, dass er sich weiter vergeblich abgemüht hätte. Unterdessen wären andere Türen zugegangen und andere Gelegenheiten verstrichen. Ebenso wie wir nicht wissen, wie es uns mit unserem metaphorischen „nicht gewählten Weg" ergangen wäre, wissen wir auch nicht, was der Goldsucher *gewann*, indem er aufgab und etwas anderes machte.

Vielleicht nahm er das Geld, das er mit dem Verkauf seines Werkzeugs verdient hatte, und machte ein Riesengeschäft, indem er nicht weit entfernt in eine Rinderfarm investierte. Oder vielleicht auch nicht – wir werden es nie wissen. Der Punkt ist, dass er vielleicht, nur vielleicht, am Ende viel besser dran war.

An diesen Geschichten und dieser Denkweise ist nicht nur Napoleon Hill schuld. Die Denkweise steht in direkter Beziehung zu der Angst, etwas zu versäumen, auch FOMO (Fear of missing out) genannt. Zwar ist diese Angst ein ganz normales und natürliches menschliches Gefühl, sie kann jedoch gefährlich sein, insofern sie Sie daran hindert, aufzugeben, wenn es höchste Zeit zum Aufgeben ist. Wenn Sie erfolgreich sein wollen, können Sie letztendlich nicht Ihr Leben von dieser Angst bestimmen lassen.

3. IGNORIEREN SIE „VERSUNKENE KOSTEN"

Selbst wenn Sie kein Goldsucher im Wilden Westen sind, ist die Wahrscheinlichkeit hoch, dass Sie ab und zu Lebensmittel einkaufen müssen. Stellen Sie sich folgendes Szenario vor: Es ist ein betriebsamer Tag im Supermarkt, vielleicht direkt nach der Arbeit oder vor einem Feiertag, und alle wollen ihre Vorräte für daheim auffüllen. Die Kassiererinnen sind gestresst und vor Ihnen stehen mehrere Einkaufswagen, bis zum Rand voll mit Bananen, Bier und Kartoffelchips. Dann kommt der Moment der Entscheidung. Sie sind bisher brav in der Schlange gestanden – plötzlich wird eine andere Kasse geöffnet. Was tun Sie? Sie haben in dieser Schlange bereits 20 Minuten gewartet – vielleicht sollten Sie durchhalten.

Unterdessen geht der Typ hinter Ihnen, der nur *zwei* Minuten in der Schlange gewartet hat, hinüber. Er hat schnell bezahlt und geht seiner Wege, während Sie immer noch hinter drei monstermäßig beladenen Einkaufswagen warten müssen. Ihr Fehler bei der Entscheidung, ob Sie die Schlange wechseln sollen oder nicht (und ich habe diesen Fehler auch schon oft gemacht), bestand darin, die Zeit, die Sie bereits mit Warten verbracht haben, bei Ihrer Entscheidung zu berücksichtigen. Auf diese Weise haben Sie sich fälschlicherweise verpflichtet gefühlt, bei Ihrer aktuellen Wahl zu bleiben, selbst als sich eine bessere Option bot.

Es spielt keine Rolle, wie viel Sie in etwas investiert haben, sei es nun Zeit, Geld oder irgendeine andere Ressource. Wenn Sie nächstes Mal im Lebensmittelgeschäft sind und sich eine bessere Schlange anbietet, dann wählen Sie diese.

4. NUTZEN SIE DIE ANTWORTEN AUF ZWEI FRAGEN ALS HILFE BEI DER ENTSCHEIDUNGSFINDUNG

Wenn viel auf dem Spiel steht und Sie entscheiden müssen, ob Sie bei einem Projekt oder einer Vorgehensweise aufgeben, dann stellen Sie sich diese beiden grundlegenden Fragen:

1. **Funktioniert es?**
2. **Gefällt es Ihnen immer noch?**

Sie müssen bei diesen Fragen nicht zu lange nachdenken und Sie sollten die Antworten nicht beschönigen. Sie werden langfristig viel erfolgreicher sein, wenn Sie beim Antworten ehrlich mit sich selbst sind. Ob es funktioniert oder nicht, dürfte eine objektive Frage sein, und ob es Ihnen gefällt oder nicht, sollten Sie ziemlich intuitiv beantworten. Wenn Sie im Hinblick auf die zweite Frage nicht ganz sicher sind, dann stellen Sie sich vor, einen Tag lang nicht an die Aktivität oder das Projekt zu denken beziehungsweise nicht daran zu arbeiten – wie fühlt sich das für Sie an?

Wenn die Antworten auf beide Fragen gleich lauten, sei es nun Ja oder Nein, sollte die Entscheidung, ob Sie aufgeben oder weitermachen, ziemlich klar sein.

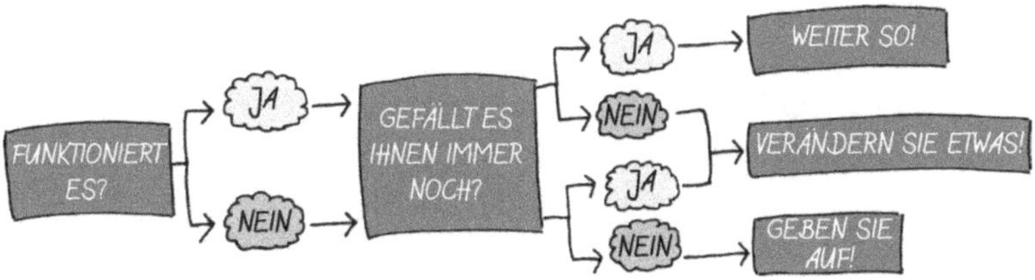

Die wirkliche Herausforderung besteht dann, wenn die Antworten unterschiedlich ausfallen. Wenn dies geschieht, müssen Sie etwas tiefer bohren. Nehmen wir an, Sie haben ein Geschäft, mit dem Sie Ihr Geld verdienen, aber Sie machen es nicht gern. Oder nehmen wir das Gegenteil an – Sie haben eine Zeit lang an etwas gearbeitet und es gefällt Ihnen immer noch, aber die Wahrscheinlichkeit, dass es sich als erfolgreich herausstellt, ist gering. In dem einen dieser beiden Szenarien haben Sie Geld, aber keine Freude bei der Arbeit, und im anderen haben Sie Freude bei der Arbeit, aber kein Geld.

In diesem Fall kann es sein, dass Sie noch eine Zeit lang mit dem Job, dem Projekt oder der Vorgehensweise relativ zufrieden sind, aber sehr wahrscheinlich ist es nicht die Sache, für die Sie geboren wurden – und Sie werden langfristig eher nicht richtig glücklich oder erfolgreich sein. Wenn dies geschieht, ist es normalerweise am besten, über einen Wechsel nachzudenken, selbst wenn Sie während der Planung des Wechsels noch eine Weile dabei bleiben.

DIE FÜNFJÄHRIGE MISSION

Daniel Ek, Mitgründer und Unternehmenschef von Spotify, beschreibt sich selbst als Missionar. Nachdem er ein früheres Unternehmen für viel Geld verkauft hatte, zog er sich anfangs aus dem Geschäftsleben zurück, um Partys zu feiern. Als er feststellte, dass schnelle Autos und teurer Champagner ihn nicht auf Dauer glücklich machten, kehrte er wieder ins Business zurück und gründete einen der weltweit größten Musikstreaming-Dienste.

Um aber ein Burnout zu vermeiden, wie er es in seinem ersten Job hatte, ersann Ek eine clevere Strategie – er gab sich selbst einen „Ablaufdatum" in fünf Jahren. „Fünf Jahre sind lang genug für mich, um etwas Sinnvolles zu erreichen, aber der Zeitraum ist gleichzeitig so kurz, dass ich mir alle paar Jahre etwas Neues überlegen kann", sagte Ek gegenüber dem *New Yorker*. „Mittlerweile befinde ich mich in meiner zweiten fünfjährigen Vertragsphase mit Spotify. In zwei Jahren muss ich meinen nächsten Vertrag abschließen. Ich werde mich wieder fragen müssen, ob das, was ich tue, mir immer noch gefällt. Das ist vielleicht etwas ungewöhnlich, aber mir gibt es Klarheit und Orientierung."

Eks Zyklus von fünfjährigen Missionen ist ein klassisches Beispiel für einen regelmäßigen Neustart, wenn auch mit einem bestimmten im Voraus festgelegten Ablaufdatum. Klar, die Deadline beschränkt die Optionen, schafft aber gleichzeitig eine gewisse *Dringlichkeit*. Wie würden Sie Ihre Herangehensweise ändern, wenn Sie wüssten, dass Sie nur noch zwei Jahre zum Beenden einer Mission hätten, bevor Sie sich selbst zum Aufgeben zwingen?

DAS LEBEN AUSMISTEN: MACHEN SIE EINE LISTE VON DINGE, DIE SIE AUFGEBEN WOLLEN

Wir alle haben schlechte Gewohnheiten, die wir gern loswerden würden. Ob es sich um Koffein, Zucker, trashige Fernsehshows oder etwas anderes handelt – wenn Sie jemals versucht haben, etwas aufzugeben, wissen Sie, dass das meist nicht so einfach ist. Plötzlich bekommen Sie einen Heißhunger auf Red Velvet Cupcakes[2] oder auf einen extra großen Pfefferminzmokka, auch wenn Sie sich vorher nie etwas daraus gemacht haben.

Es gibt jedoch eine andere Art des Ausmistens, die viel einfacher ist. Wenn Sie in irgendeiner Funktion mit anderen Leuten zusammenarbeiten, verfallen Sie mitunter in schlechte Gewohnheiten, die Ihre Produktivität untergraben – Verhaltensweisen, die nicht sonderlich zielführend sind und Sie von wichtigeren Dingen abhalten. Wenn Sie diese schlechten Gewohnheiten aufgeben, werden Sie einen unmittelbaren Nutzen feststellen und fast keine Nachteile oder seltsame Gelüste. Im Folgenden stelle ich Ihnen ein paar gute Optionen vor, die Sie ausprobieren können.

HÖREN SIE DAMIT AUF, JEDE UNWICHTIGE KLEINIGKEIT PEINLICH GENAU KONTROLLIEREN ZU WOLLEN

Sie müssen nicht eine Kopie jeder E-Mail bekommen oder über jede Entscheidung informiert werden. Wenn alles gut läuft, unterbrechen Sie nicht dauernd Ihre Arbeit. Und selbst wenn es nicht so gut läuft, müssen Sie wirklich täglich 200 Nachrichten zusätzlich sichten?

VERSUCHEN SIE NICHT LÄNGER, IHR IMAGE AUFZUBAUEN, OHNE ETWAS SUBSTANZIELLES ZU TUN

Vor Kollegen gut dazustehen ist ein erstrebenswertes Ziel, aber den besten Eindruck werden Sie machen durch echten Fortschritt bei gemeinsamen Zielen. Bevor Sie eine E-Mail senden oder eine Aufgabe beziehungsweise ein Projekt übernehmen, das vielleicht unnötig ist, fragen Sie sich: „Ist dies wichtig?"

GEBEN SIE DEN UNMÖGLICHEN TRAUM AUF, ÜBER ALLES DEN ÜBERBLICK ZU BEHALTEN

Wenn Sie versuchen, alles zu tun, müssen Sie sich auf Rückschläge gefasst machen. Werden Sie sich über Ihre Rolle klar als Teil eines Unternehmens oder ganz allgemein als Teil der Menschheit und übernehmen Sie Verantwortung für die Bereiche, die Ihnen anvertraut wurden. Machen Sie sich keine Sorgen wegen all der anderen Dinge; wenn Sie Ihren Job gut machen, werden Sie ohnehin nicht in der Lage sein, damit Schritt zu halten, und das ist auch in Ordnung.

Das sind nur ein paar Ideen, wie Sie schlechte Arbeitsgewohnheiten aufgeben können. Machen Sie Ihre eigene Liste und geben Sie noch heute etwas auf.

SCHAFFEN SIE SICHERHEIT, SODASS SIE ETWAS AUFGEBEN KÖNNEN (OHNE PLEITEZUGEHEN)

Ein Sparbuch mit einem Notgroschen bietet Sicherheit für den Fall, dass Sie Vermögenswerte verlieren, sei es nun infolge eines Jobverlusts, einer Naturkatastrophe oder einfach weil die Waschmaschine kaputt ist. Wie ich an anderer Stelle bereits erklärt habe, sind Ihre Beziehungen immer Ihr wichtigstes Kapital. Warum haben also so wenige von uns ein Notfallsparbuch für ihre Beziehungen?

Das soziale Netzwerk LinkedIn ist ein interessantes Modell, um über diese Frage nachzudenken. Wenn Sie schon einmal ein LinkedIn-Profil erstellt haben, haben Sie wahrscheinlich verschiedene Details im Hinblick auf Ihre Ausbildung, Ihre Arbeitserfahrung und Fertigkeiten hinzugefügt. Dann haben Sie „Kontakte“ mit Leuten geknüpft, die Sie kennen, normalerweise auf der Grundlage Ihres E-Mail- oder Unternehmens-Adressbuchs. (Denken Sie daran: In jedem sozialen Netzwerk sollten Sie der Versuchung widerstehen, sich die Menschen zu abstrakt vorzustellen – sie sind nicht nur Fans oder „Follower“.)

Wenn Sie LinkedIn oder einen ähnlichen Dienst nutzen, erhalten Sie jedes Mal beim Einloggen Updates von Ihren Kontakten, und es kann sein, dass Sie immer mehr Einladungen bekommen, sich mit anderen zu vernetzen. Im Wesentlichen ist es ein Beziehungsnetzwerk, genauso wie eine To-do-Liste ein Instrument darstellt, um den Überblick über Aufgaben zu behalten, oder ein Kalender ein Instrument darstellt, um den Überblick über Termine zu behalten.

Sie können dieses Netzwerk (oder jedes andere, wenn LinkedIn nicht Ihr Ding ist) nutzen, um ein „Beziehungssparkonto“ einzurichten. Damit werden Sie sich wohler fühlen, wenn Sie eine große

Veränderung in Ihrem Leben vornehmen oder etwas aufgeben, weil Sie mit dem Wissen, dass Leute Ihnen während einer Periode der Unsicherheit helfen werden, beruhigter an etwas Neues herangehen können. Es geht nicht darum, die weltweit größte Sammlung von Visitenkarten anzuhäufen; das Ziel besteht vielmehr darin, echte Beziehungen aufzubauen, auf die Sie in schwierigen Zeiten zurückgreifen können. Warten Sie jedoch nicht erst auf schwierige Zeiten, um in Ihr Beziehungssparkonto einzuzahlen, denn dann wird es möglicherweise zu spät sein. Beginnen Sie stattdessen sofort.

Sie können zum Beispiel folgende Maßnahmen ergreifen:

- Fügen Sie alle neuen Leute, die Sie kürzlich getroffen haben, als Kontakte Ihren wichtigsten Social Media Accounts hinzu.
- Fragen Sie Kollegen, woran sie arbeiten und ob Sie ihnen irgendwie helfen können.
- Seien Sie proaktiv, indem Sie Ihren Kontakten etwas Spezielles anbieten. Sie können beispielsweise jemanden über eine offene Stelle oder eine Geschäftsgelegenheit informieren, die Person jemandem in Ihrem Netzwerk vorstellen oder ihr sogar die Kopie eines Buches senden, das Sie interessant fanden.
- Tun Sie irgendjemandem einen beliebigen Gefallen.

Ebenso wie regelmäßige Einzahlungen auf Ihr Sparkonto oder in Ihren Altersvorsorgeplan im Laufe der Jahre eine größere Summe bilden, gilt dies entsprechend für Investitionen in ihre Beziehungs-Bankkonten.

WENN 100 PROZENT IHRER SCHÜSSE DANEBENGEHEN, DANN SOLLTEN SIE VOM EIS GEHEN

Jedes Buch über Erfolg beinhaltet ein Kapitel darüber, wie verschiedene berühmte Personen trotz aller Widrigkeiten nie aufgegeben und letztendlich ihre Träume verwirklicht haben. Sie haben diese Geschichten schon unzählige Male gehört: der Weltklasseautor, dessen

Erstlingswerk von Hunderten von Verlagen abgelehnt worden war, bevor es veröffentlicht wurde und er schließlich den Nobelpreis für Literatur gewann; der Erfinder, dessen erste 1.000 Erfindungen ein Flop waren, bevor er großen Erfolg mit einer Innovation hatte, und so weiter.

„100 Prozent der Schüsse, die Sie nicht machen, gehen daneben." Dieser der Eishockey-Legende Wayne Gretzky zugeschriebene Motivationsspruch wird oft zitiert, um solche Geschichten zu untermauern. Er ist im wörtlichen Sinne zutreffend: Klar, wenn Sie keinen Schuss wagen, dann schaffen Sie es auch nicht. Aber wenn Sie das Tor immer wieder verfehlen, sollten Sie vielleicht Ihre Technik ändern. Und im wahren Leben sieht die Realität ähnlich wie im Eishockey so aus, dass Sie nicht die Gelegenheit bekommen, immer wieder neue Versuche zu starten. Der Trainer wird Sie irgendwann aus der Stammmannschaft nehmen. Ihre Mannschaftskameraden werden Ihnen den Puck nicht mehr zuspielen und sich ein anderes Sprichwort ausdenken: „100 Prozent der Schüsse, die wir diesem Typ zuspielen, gehen daneben." So werden Sie keine Chancen mehr bekommen, Punkte zu machen.

Entgegen der landläufigen Meinung sollten Sie nicht immer einfach weitermachen, wenn Sie gewinnen wollen. Sie sollten sich vielmehr neu aufstellen und etwas völlig anderes probieren. „Gewinner geben nie auf, und Aufgeber gewinnen nie" ist eine Lüge. Um zu gewinnen, müssen Sie manchmal ein neues Spiel finden.

Anmerkungen

1. All-American bezeichnet Sportler, die in einer bestimmten Saison im US-amerikanischen College- oder Highschool-Sport in eine landesweite Bestenauswahl einer Sportart, die All-America, gewählt worden sind (Anm. d. Übers.).
2. Red Velvet Cupcake ist ein Kuchen der Südstaatenküche mit hell- bis dunkelroter oder rotbrauner Farbe (Anm. d. Übers.).

ANHANG 1

WERKZEUGKASTEN

In diesem Buch haben wir eine Reihe von Prinzipien und Strategien untersucht. Hier ist eine Zusammenfassung. Viele weitere Werkzeuge und Hilfsmittel finden Sie unter BornforThisBook.com.

1. Es gibt mehr als nur einen möglichen Weg. Nutzen Sie das Freude-Geld-Flow-Modell, um den besten zu finden.

Es gibt vieles, was Sie mit Ihrer Karriere tun *könnten*, aber die erfolgreichsten Leute haben die perfekte Kombination von Freude, Geld und Flow gefunden. Sie haben in der Karrierelotterie gewonnen – und Sie müssen sich nicht zwischen Geld und Leben entscheiden. Ihr Karriereziel Nummer eins sollte sein, dass Sie die Arbeit finden, zu der Sie berufen sind.

2. Machen Sie einen Plan B. Auf diese Weise können Sie mehr Risiken übernehmen und bessere Entscheidungen treffen.

Es ist keine Schande, einen Plan B oder vielleicht sogar Pläne C bis Z zu haben. Nutzen Sie die „wenn-dann"-Methode, um bei jeder Karriereentscheidung einen Plan B zu haben, und machen Sie dann einen weiteren Plan B für den Plan B. Wenn eine Strategie nicht funktioniert, dann wenden Sie sich der nächsten zu.

3. Verpflichten Sie sich selbst dazu, jährlich Ihren Job zu kündigen.

Sie sollten sich einmal im Jahr zu einem beliebigen Datum die Selbstverpflichtung auferlegen, Ihren Job zu kündigen, *wenn Weitermachen zu diesem Zeitpunkt nicht die bestmögliche Lösung für Sie ist.* Wenn es die bestmögliche Lösung für Sie ist, dann ist das großartig – Sie können zuversichtlich weitermachen in dem Bewusstsein, dass Sie auf dem richtigen Weg sind. Wenn nicht, sollten Sie sich sofort nach etwas anderem umschauen.

4. Die Verbesserung Ihrer Soft Skills kann Ihren Marktwert erhöhen, egal welche Art von Karriere Sie verfolgen.

Hard Skills sind Fertigkeiten, die Sie durch praktische oder akademische Ausbildung erlernt haben: wie man Bauzeichnungen mit einer bestimmten Software macht, wie man als Krankenpflegerin Medikamente verabreicht und so weiter. Soft Skills sind ebenso wichtig – wenn nicht noch wichtiger –, aber die werden Ihnen normalerweise nicht in der Schule beigebracht. Um effektiver (und wertvoller) zu werden, sollten Sie Ihre Soft Skills im Schreiben, im Verhandeln, im Konfliktmanagement und in der Nachbereitung verbessern.

5. Hören Sie auf, Dinge in Ihrem Kopf zu speichern.

Ihr Kopf ist keine gute Bibliothek. Schreiben Sie Ihre Aufgaben, nächsten Schritte und Ideen immer auf. Wenn Sie eine gute Geschäftsidee suchen, sollten Sie alles aufschreiben, was Sie über ein bestimmtes Thema wissen, zu dem andere Leute Sie befragen. Machen Sie einen Schritt nach dem anderen und bitten Sie andere um ihre Meinung. Wenn es einmal auf dem Papier ist, können Sie sich überlegen, was Sie daraus machen.

6. Wählen Sie Ihre eigene Berufsbezeichnung.

Wählen Sie die Bezeichnung, die Sie wollen, keine bestehende. Schreiben Sie eine Stellenbeschreibung mit Ihrem zukünftigen Know-how und Ihren Aufgaben. Legen Sie fest, wie Sie diese Rolle erreichen können; arbeiten Sie sich dann von diesem Ziel in die Vergangenheit zurück.

7. Leisten Sie Hervorragendes in Ihrem Job, um die bestmöglichen Arbeitsbedingungen zu schaffen.

Wenn Sie für ein Unternehmen oder eine Organisation arbeiten, dann schaffen Sie Sicherheit, indem Sie unentbehrlich werden und versuchen, den Gewinn des Unternehmens zu erhöhen. Zum richtigen Zeitpunkt sollten Sie es in Erwägung ziehen, innerhalb oder außerhalb der Firma ein Sabbatical zu nehmen, um sich neu zu orientieren und Ihre Fertigkeiten weiter zu verbessern.

8. Suchen Sie sich eine Nebentätigkeit, auch wenn Sie nie hauptberuflich selbstständig arbeiten wollen.

Nebenprojekte bieten Sicherheit und Ihr Einkommen sollte nie aus einer einzigen Quelle stammen. Nutzen Sie den „19 Tage bis zum Nebenverdienst"-Zeitplan (siehe Seite 142), um eine ganz neue Einkommensquelle zu erschließen. Wenn Sie wissen, was Sie tun, nutzen Sie das „24-Stunden-Produkt" (siehe Seite 146) als Herausforderung, um noch schneller fertig zu werden.

9. Fürchten Sie sich nicht vor einer Selbstverpflichtung.

Es ist in Ordnung, Fehler zu machen – und den Kurs zu ändern, um sie zu korrigieren –, aber früher oder später müssen Sie sich entscheiden. Machen Sie sich keine Sorgen darüber, dass Sie einen – oder auch viele – Fehler machen könnten. Jeder macht Fehler, entscheidend ist, wie Sie damit umgehen. Letztendlich sollten die Fehler Sie der Arbeit, zu der Sie berufen sind, näher bringen. Und je näher Sie ihr kommen, umso wählerischer sollten Sie sein.

10. Geben Sie auf, wenn etwas nicht funktioniert.

Klar, alle Schüsse, die Sie nicht machen, gehen von vornherein daneben, aber vielleicht sollten Sie einige dieser Schüsse erst gar nicht machen. Und wenn ein Schuss nach dem anderen danebengeht, sitzen Sie schließlich auf der Reservebank und haben nicht mehr dieselben Chancen. Versuchen Sie nicht immer wieder dasselbe oder, anders gesagt: Versuchen Sie etwas anderes. „Gewinner geben nie auf" ist eine andere falsche Annahme. Echte Gewinner geben im Gegenteil die ganze Zeit auf ... manchmal direkt bevor sie an anderer Stelle in der Lotterie gewinnen.

ANHANG 2

„SO VERDIENEN SIE EINE MENGE GELD MIT MIR“ (E-MAIL-ANGEBOT)

E-MAIL-ANGEBOT VON VANESSA VAN EDWARDS

In Kapitel 3 habe ich die Geschichte über Vanessa Van Edwards erzählt, die eine Blindbewerbung an Creative Live, ein Online-Bildungsunternehmen, schickte. Vanessa hätte auch den Weg über eine Empfehlung wählen können, aber sie entschied sich für einen Ansatz, der zunächst einmal riskant erschien: Sie schrieb an die E-Mail-Adresse des allgemeinen Kundendienstes auf der Website.

Vielleicht würden Sie gern sehen, wie sie ihr Angebot aufgebaut hat, und wollen etwas Ähnliches erstellen.

Sie hat folgende Nachricht abgeschickt:

Betreff: So verdient Creative Live mit mir eine Menge Geld

Liebes Creative-Live-Team,

ich bin ein großer Fan Ihrer Plattform und will Ihnen dabei helfen, Ihren nächsten großartigen Kurs zu gestalten. Ich bin Verhaltensanalystin und Autorin mit dem Spezialgebiet Lügendetektion und Körpersprache.

Ich schreibe für die ***Huffington Post*** *und gebe Kurse und Seminare über Körpersprache sowohl im Internet als auch in der ganzen Welt vor Publikum.*
Sehr gerne würde ich einen Kurs über Lügendetektion und Körpersprache für Creative Live geben. Ich habe auf der Online-Kurs-Verkaufsplattform Udemy allein in den ersten drei Monaten ohne jede Werbung über 20.000 Dollar verdient. Das ist ein Thema, das den Leuten gefällt, und ich unterrichte es mit Begeisterung.
Die Plattform Creative Live ist aus meiner Sicht ausgezeichnet für diesen Kurs geeignet. Lassen Sie es mich bitte wissen, ob ich Ihr Team zu dem Thema informieren darf.
Ich würde gern durch Reifen springen, Zaubertricks aufführen und Berge versetzen, um bei Creative Live zu unterrichten.
Zu Ihrer Kenntnisnahme habe ich eine Empfehlungsmappe beigefügt.

Mit freundlichen Grüßen
Vanessa

P.S.: In meiner Empfehlungsmappe finden Sie Referenzen, Kursrezensionen und eine Diashow mit dem Titel „Warum dieser Kurs sich verkaufen wird" über meine für Sie geplante Marketingstrategie.

Hat es sich gelohnt? Hier eine letzte Nachricht von Vanessa: „Das Unterrichten bei Creative Live war letztendlich einer der besten Momente meines Lebens. Ich erinnere mich, wie ich am dritten Tag der Filmerstellung aufwachte und dachte, dass ich den besten Job der Welt hatte. Die Blindbewerbung hatte sich definitiv gelohnt."

ANHANG 3

SO GEWINNEN SIE IMMER BEIM TIC-TAC-TOE (BONUS-LEKTION!)

Ich hoffe, dass Sie in diesem Buch ein paar hilfreiche Lektionen gelernt haben. Wenn nicht, können Sie wenigstens lernen, besser Tic-Tac-Toe zu spielen. Mit diesen Informationen werden Sie nie mehr verlieren – Sie können nur gewinnen oder Remis spielen.

Das ist alles, was Sie wissen müssen:

1. Wenn Sie als Erster dran sind, beginnen Sie mit dem Mittelfeld oder mit einem der vier Eckfelder. Spielen Sie nie das mittlere Randfeld, außer Sie verteidigen sich gegen einen Beinahe-Sieg.
2. Wenn Ihr Gegner/Ihre Gegnerin zuerst dran ist, reagieren Sie immer mit dem Mittelfeld (solange Ihr Gegner es nicht gewählt hat) oder einem Eckfeld. Auf keinen Fall sollten Sie in der ersten Runde des Spiels ein mittleres Randfeld wählen.
3. Egal ob nun Sie oder Ihr Gegner/Ihre Gegnerin das Spiel begonnen hat – falls er oder sie einen Fehler macht, sollten Sie in der Lage sein, das Spiel zu gewinnen. Wenn er oder sie gut spielt, dann spielen Sie ein Remis. Aber wie auch immer, solange Sie sich zu Anfang des Spiels von

> den Randmittelfeldern fernhalten und sie erst später besetzen, um sich zu verteidigen oder zu gewinnen, werden Sie nie verlieren.

Ach ja, falls Sie taktischer an die Sache herangehen wollen, probieren Sie doch mal den folgenden visuellen Ratgeber für eine optimale Strategie aus.

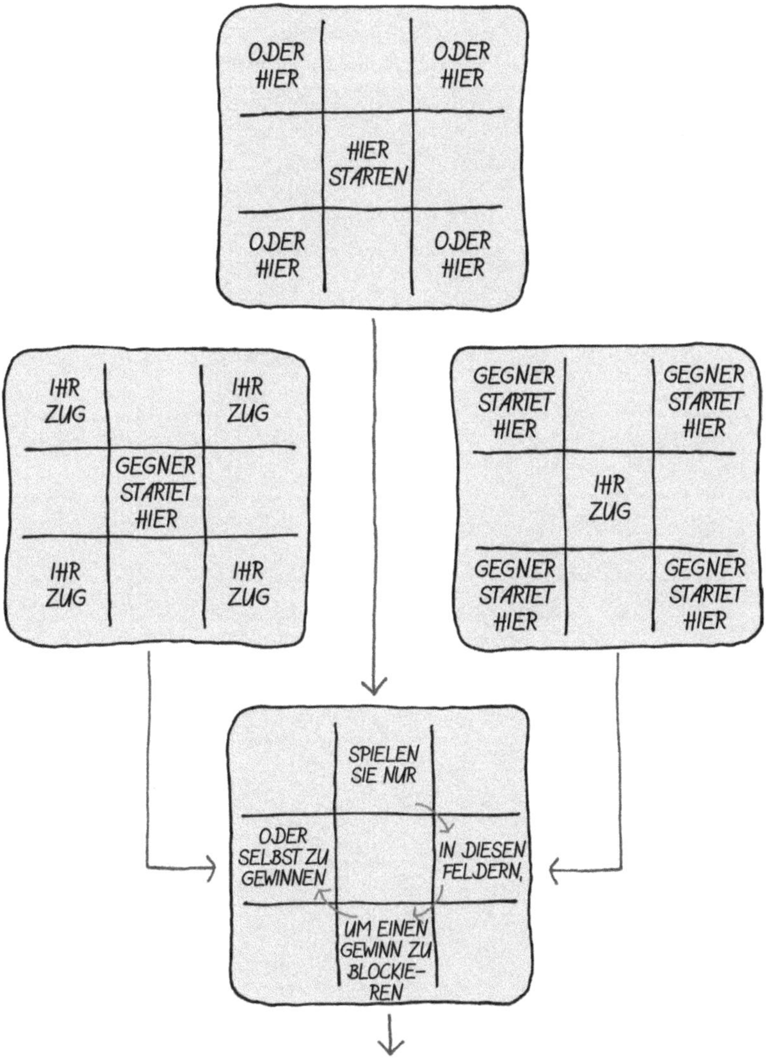

FOLGEN SIE DIESEN REGELN UND SIE WERDEN NIE VERLIEREN.